[美]

罗伯特·本菲尔德
（Robert Benefield）

——

著

——

茹炳晟
于君泽
曹洪伟
刘惊惊——

译

精益
DevOps

Lean DevOps

A Practical Guide to On Demand Service Delivery

机械工业出版社
CHINA MACHINE PRESS

本书中文简体字版由 Pearson Education（培生教育出版集团）授权机械工业出版社在中国大陆地区（不包括香港、澳门特别行政区及台湾地区）独家出版发行。未经出版者书面许可，不得以任何方式抄袭、复制或节录本书中的任何部分。

本书封底贴有 Pearson Education（培生教育出版集团）激光防伪标签，无标签者不得销售。

北京市版权局著作权合同登记　图字：01-2022-6364 号。

图书在版编目（CIP）数据

精益 DevOps /（美）罗伯特·本菲尔德（Robert Benefield）著；茹炳晟等译 . —北京：机械工业出版社，2023.12

书名原文：Lean DevOps: A Practical Guide to On Demand Service Delivery

ISBN 978-7-111-74379-8

Ⅰ. ①精…　Ⅱ. ①罗…　②茹…　Ⅲ. ①软件工程　Ⅳ. ① TP311.5

中国国家版本馆 CIP 数据核字（2023）第 231814 号

机械工业出版社（北京市百万庄大街 22 号　邮政编码 100037）

策划编辑：王　颖　　　　　　责任编辑：王　颖

责任校对：杜丹丹　李　婷　　责任印制：常天培

北京铭成印刷有限公司印刷

2024 年 1 月第 1 版第 1 次印刷

186mm×240mm·13 印张·281 千字

标准书号：ISBN 978-7-111-74379-8

定价：79.00 元

电话服务　　　　　　　　网络服务

客服电话：010-88361066　机　工　官　网：www.cmpbook.com

　　　　　010-88379833　机　工　官　博：weibo.com/cmp1952

　　　　　010-68326294　金　书　网：www.golden-book.com

封底无防伪标均为盗版　机工教育服务网：www.cmpedu.com

计算机网络的发展推动了 IT 领域中的两个重要进步——虚拟化和分布式计算，云服务是虚拟化的直接体现，而微服务架构则是分布式计算的一个重要应用领域。不论是虚拟化还是分布式计算，都对软件工程中的研发效能提出了新的问题和挑战，于是 DevOps 应运而生。

DevOps 是开发（Dev）运营（Ops）的一体化，旨在通过协作、沟通和自动化来提高 IT 服务的交付效率和质量。DevOps 使开发、IT 运营、质量工程和安全可以相互协作，以生产更好、更可靠的产品。通过运用 DevOps，研发团队能够更好地响应客户需求，增强对所构建应用程序的信心，更快地实现业务目标。

随着 IT 技术的迅速发展，DevOps 在全球范围内受到了越来越多的关注和应用。在中国，DevOps 也已经成为软件开发和运维领域的热点话题。越来越多的企业和组织开始引入 DevOps 方法，推动软件开发、测试、发布等环节的自动化。然而，大道易得，小术难求。我们很容易理解 DevOps 为 IT 服务交付带来的诸多益处，但在让 DevOps 真正融入软件工程这件事上往往缺乏真正有意义的指导方法。

本书恰恰能在这方面提供帮助。全书共分为 14 章，从 IT 服务交付中的问题出发，深入探讨了 DevOps 方法的核心要素，如任务式指挥、摩擦、风险、态势感知等，体现了精益管理和精益思想。同时，本书还结合实际案例，详细介绍了如何通过 DevOps 方法解决 IT 服务交付中的各种问题。此外，本书还提供了许多实用的工具和技巧，包括 OODA 循环、Cynefin 框架和服务交付的成熟度模型等，帮助读者更好地应用 DevOps 方法。

"他山之石，可以攻玉。"精益管理是从丰田精益生产方式衍生出的具有全新思维方式和行为方式的管理，在制造业取得了巨大的成功。精益实际上始于客户对产品或服务的使用，那么，软件工程中的核心之一是"IT 服务交付"，精益思想和精益管理会给 DevOps 带来更有价值的实践，这正是本书的价值所在。

精益思想是宣传队，是播种机，能帮助组织消除浪费、创造价值。基于精益思想的 DevOps 能有效地减少交付摩擦并管理服务交付风险。能为相关人员带来更具挑战性和更有成就感的工作。

事实上，DevOps 就像一个大熔炉，集百家之长，把精益思想应用到技术价值流中，而技术价值流是把业务构想转化为向客户交付价值的、由技术驱动的服务所需要的流程。精益思想是 DevOps 乃至敏捷开发之魂，也是指引 DevOps 及敏捷开发落地的灯塔。

本书主要面向 IT 服务交付领域的从业人员、管理人员和学者。通过阅读本书，读者可以深入了解 DevOps 方法的核心要素和实践技巧，并掌握如何解决 IT 服务交付中的各种问题。我们相信这本书将成为广大读者的良师益友。

本书译者团队的组建源自几个有趣灵魂的碰撞，每一位译者都有着或多或少的 DevOps 落地实施经验。同时，特别感谢机械工业出版社信任我们，给我们机会翻译本书，让我们能够与作者对话，深入精益 DevOps 之旅。由于水平所限，书中可能有翻译不妥之处，欢迎读者朋友斧正。

茹炳晟　于君泽　曹洪伟　刘惊惊

2023 年 8 月

按需交付服务从来都不容易。成功的交付是以一种符合客户预期的一致性、可靠性、安全性、隐私性和成本效益的方式交付客户所需的服务。无论服务提供商提供的是 IT 服务，还是更传统的快递或电力公用事业服务，这都同样适用。

与传统服务相比，IT 服务提供商因具有快速可部署的工具和云能力，在组织规模或物理位置方面受到的限制要少得多。现在小型 IT 服务提供商也能立即扩展规模，应对全球几乎任何已识别的市场需求。然而，由于在交付服务和管理服务方面存在认知差距，IT 服务提供商很难做到可预测和可靠地交付符合客户期望的服务。

随着 IT 服务体系变得越来越复杂，确定服务组件和交付生态系统之间的动态关系是否符合客户预期便越发困难，更别提确保这些动态关系完全符合预期了。交付团队没有采取措施提高对这些动态关系的认识和理解，而是将重点放在了其他因素上，如提高交付速度、使用最新的云技术和架构方法，或采用当前最流行的流程或方法。这样做反而造成了上述动态关系和客户预期的进一步脱节。

随着脱节日益严重，交付团队声称所能提供的服务与实际交付的服务之间的差距越来越大，团队也不再能做出有效决策。为了弥合差距，交付团队又会进一步增加流程，使用更多的工具，然而这对于有效弥合差距并没有太大帮助，反而会形成一个恶性循环，使得交付团队提供的服务离满足客户期望的目标越来越远。这时交付团队就需要学会洞察。

学会洞察

学会洞察是为了提高交付团队的态势感知能力，这能让团队中的每个人仿佛获得了一种从未知晓的新感官或超能力。本书的首要目标就是帮助交付团队弥合认知差距，交付能让客户实现预期目标的服务。

本书主要面向深入交付服务第一线的人员（如软件开发人员和 IT 运营人员）以及负责创建和指导交付团队的管理者与领导者。

对于第一线人员，首先要确定工作目标，以确保交付成果与客户预期成果的一致性；其次是提高交付能力，优化决策，增强行动的有效性。对于交付团队的管理者和领导者，首先要找出传统管理方法所产生的各种问题；其次是学习任务式指挥，以及激励和支持团队成员的方法，从而有效地实现团队目标。通过阅读本书，他们将能够提高态势感知能力，增强信息流质量，从而做出更好的交付决策，使服务满足客户的目标。

本书结构

本书在内容逻辑上分为三部分。

第 1、2 章为第一部分，介绍了如何应对 IT 服务交付中的问题。该部分描述了 IT 服务从业者过于关注消除交付摩擦和降低交付风险的问题，这反而使得他们的态势感知能力，以及学习和改进的能力下滑。了解这个问题对于任何 IT 服务交付组织都很重要，尤其对于那些希望实现 DevOps 承诺的组织。

第 3 ~ 7 章为第二部分，详细讲解了服务交付中每个关键要素及其所起的作用，该部分探讨了这些要素的重要性、要素被误用的场景，以及误用对服务交付和团队的后果。我个人认为这是本书中最重要的部分。

第 8 ~ 14 章为第三部分，该部分是提高服务交付效果的实用指南。这部分内容包括如何判断团队的成熟度，确保关键要素到位以实现连贯有效的交付；还提供了一些建议，关于如何组织和管理工作流程、构建与部署仪表化和自动化解决方案，以及采用法律法规要求的治理方式。

Contents 目　　录

第 1 章 *Chapter 1*

应对 IT 服务交付中的问题

告诉我的，我会忘记；教授我的，我能记住；参与其中，我可学习。

本杰明·富兰克林（Benjamin Franklin）

当今世界瞬息万变，竞争环境越发激烈，创新极其困难又尤为重要。人们想要更快、更好的解决方案，就必须挑战极限，抓住机会进入未知的领域。虽然这种冒险并不意味着成功，但谨慎行事可能会被时代淘汰。

事件

2010 年 9 月 23 日，面对 Netflix 等视频点播服务的激烈竞争，Blockbuster Entertainment 在遭受了巨大的损失后，申请了破产保护。尽管早在 1999 年，Blockbuster Entertainment 就在家庭视频租赁领域占据了绝对的领先地位，并提出要涉足视频点播业务，但它还是未能预见视频点播服务和流媒体电影服务会变得日益普及。

IT 行业的创新日新月异。从为我们带来新功能的智能手机、应用程序和服务，到帮助我们更快、更准确地了解自己和周围环境的高级分析引擎，我们一直期待具有革命性的突破能够不断涌现，来提高我们的生活质量。

然而，这种日益加快的创新浪潮是有成本的。

事件

2018 年 1 月 3 日，Meltdown 和 Spectre 这两组安全漏洞被披露。每组漏洞都存在现代微处理器的预执行功能的弱点。攻击者利用这个弱点提取和泄露目标私有数据。在硬件层面，系统安全和虚拟化安全也受到了攻击，这给云服务提供商及其客户带来了极具破坏性的风险。依赖传统软件的 IT 供应商只能被动地对软件进行升级和打补丁来应对攻击。更糟糕的是，许多初始固件、操作系统和虚拟化补丁会给系统带来不稳定、非必要重启以及死机等问题。打补丁还会使系统性能降低 2% 到 19%。

每项创新都意味着新技术的应用，但也增加了运营技术栈的复杂性。在技术栈复杂性增加的同时，通过 IT 服务交付来解决问题的需求不断增长，IT 已深入到我们生活的方方面面。现在，从家用电器、汽车到银行乃至紧急服务，都依赖于日益复杂的软件和 IT 托管服务网络。对于用户社区和提供商而言，任何一次失败（包括故障、可用性差和无法达到预期）都可能导致严重且代价高昂的后果。

事件

2012 年 8 月 1 日，Knight Capital Group 的 SMARS 算法路由器软件出现错误，45 min 内造成了 4.6 亿美元的交易损失。该损失超过了该公司的总资产，最终导致公司被收购。

解决 IT 服务交付速度、可靠性和预期相匹配有两种方法：一是减少交付摩擦，二是管理服务交付风险。这两种方法使得实现 DevOps 的方式不同，并会影响交付结果。虽然每种方法都着实解决了一些重要问题，但它们都存在缺陷，不仅会导致令人沮丧的交付问题，甚至无法有效帮助客户实现目标结果。

1.1　减少交付摩擦

事件

2017 年 9 月 7 日，征信报告机构 Equifax 宣布遭遇黑客入侵并被窃取多达 1.43 亿美国消费者的个人信息。据报道，黑客是在五月的某个时候，利用先前报道过的 Apache Struts 漏洞进行的入侵。尽管自三月以来已经有一个补丁可以修复该问题，但 Equifax 似乎直到入侵事件发生后很久才采取必要的防范措施来消除该漏洞。据不知名消息人士称，延迟防范的决定可能与其他软件开发活动占用资源有关。

无论是为了修复新的错误或漏洞，还是为了解决一些新的客户需求或监管要求，响应速度过慢对企业来说不仅令人尴尬，更是致命的，因为它破坏了人们对企业能力的信任和信心。

更糟糕的是，响应速度不仅仅意味着企业需要多少分钟或多少小时做出响应，还在于是否比竞争对手更快地做出响应。随着寻找和更换新供应商变得越来越容易，响应速度过慢可能会导致企业的市场份额迅速流失。

这种提高响应速度和敏捷性的需求引发了优化交付响应的热潮。交付摩擦是指任何会降低交付速度、吞吐量和响应能力的因素。消除交付摩擦可以带来很大的收益因此行业内充斥了各种解决方案。

Scrum 和看板（Kanban）等敏捷方法主要解决传统上相对较长的交付周期。长交付周期会导致改变交付优先级和推动解决方案进入市场这两个过程变得缓慢而烦琐。此类方法将工作分成小批量，不仅可以更快地获得反馈，还有助于减少因理解错误或需求不一致导致的浪费。

同样，DevOps 的持续集成 / 持续交付措施带来的编码实践和发布工程工具的改进通常会促使开发人员频繁将代码提交到不太复杂的代码存储库结构中。这些措施加上更快速的构建、集成和测试周期使开发人员在交付过程中获得了更多的反馈，这让大家还在记忆犹新的情况下更快地发现和解决问题。结对编程、单元测试和代码复审还有助于开发人员编写更优质的代码，同时提高整个团队对代码库的了解。

将架构单体转变成在可即时向上 / 下扩容的云实例上运行的更加独立的模块化服务，使得扩展和更换不再适用的组件更加快捷和轻松。PaaS（平台即服务）和开源软件解决方案让开发人员得以共享和借用常见问题的解决方案，从而进一步加快将解决方案推向市场的进程。Puppet 和 Kubernetes 等配置和编排自动化工具可以实现由几位或数十位工程师在全球范围内管理数千个服务实例。

以上减少交付摩擦的方法也存在缺点，这些缺点很少被公开承认，更不用说完全理解了。它们不但给交付组织中的人员带来了麻烦，而且还妨碍了客户关心的交付结果。

为了减少交付摩擦的缺点，交付团队很容易专注于提高交付速度，而不关注客户需求，以及如何通过解决方案帮助客户实现其目的。

通常来说，以一段时间内交付量的多少来对交付团队进行评估的方式会使得他们更关注于交付速度。乍一看，这似乎不是什么大问题，但会因过度关注交付速度而偷工减料，承担不必要的风险。

事件

2016 年 3 月 22 日，由于商标分歧，开源开发人员艾泽尔·科库鲁（Azer Koçulu）在 NPM 软件包管理器中删除了 250 多个模块。left-pad 是其中一个简单的模块，用零或空格填充在字符串的左侧。尽管只有五行的代码，left-pad 成为包括使用广泛的 Node 和 Babel 在内数以万计项目的关键依赖项。它的消失导致全球范围内的开发和部署活动中断，也暴露了 NPM 系统的脆弱性。

加速发布的做法本质上是以开发为中心的，这往往忽略了其他团队，尤其是质量保证团队和运营团队。这两个团队的工作通常由服务的正常运行时间、生产问题发生的频率和严重程度等指标来衡量，提高交付速度与他们的利益冲突，不利于他们有效开展工作。

事件

2017 年 1 月 31 日，源代码托管服务网站 Gitlab.com 的一位工程师在对备用服务器进行生产问题故障排除时，不小心删除了主服务器数据库中的数据，并且没有一个有效的备份能够用于恢复所有丢失的数据。据估计，5037 个项目丢失了 6h 的数据，包括 4979 条评论和 707 个用户账户。

运营团队虽然不反对减少摩擦，但他们更偏向于采取首先将问题最小化的行动方式。这就催生了第二种方法，即管理服务交付风险。

1.2 管理服务交付风险

事件

2012 年 2 月 29 日，由于负责管理主机代理与其虚拟客户代理之间通信的 SSL 传输证书中出现了闰年这个无效日期，从而导致整个集群出错并脱机。Microsoft Azure 因此遭受了 36h 的大规模服务中断。在处理过程中，因回滚的代码和较新的网络插件不兼容，又使得代码回滚失败，问题变得更加糟糕，延长了服务中断时间。

能够对服务失败做出快速反应固然不错，但服务失败会带来高昂的代价，不仅会消耗大量的支持资源来响应和处理生产问题，而且还失去了客户的信任，所以最好一开始就避免服务失败的发生。这就需要直接对服务交付风险进行管理。任何未知、记录不充分或理解不足的事物都是服务交付风险，会使企业面临服务失败的风险。

风险管理的团队应提前了解所有风险。由于不被记录的变更是服务交付风险的最大来源，采取这种方法的企业通常首先会要求所有交付活动都遵循标准化的"最佳实践"。这些实践被大量记录，包括从维护和故障排除到进行基础设施和服务变更的大多数日常活动。他们认为，可以通过强制所有内容遵循大量记录的标准来最大程度地减少未记录变更所带来的风险。

并非所有变更都可以完全标准化，非标准化的变更会被置于一个流程中，团队有足够的时间来充分了解变更，以便捕捉和评估可能产生的风险。首先，记录变更的详细信息：变更将如何执行以及其潜在影响。随后，通过治理审查和控制流程提交变更。在该流程中，责任方可以对变更进行审查，以确定提议做出的变更的所有潜在风险都是可以接受的。如果不能，那么提出进行变更的一方必须放弃此次变更或对其进行修改以使其变得可接受。

记录每一种可能出现的标准做法既乏味又耗时。大多数企业会从许多主流的 IT 服务管理框架（例如 ITIL）中选择一种然后采用其倡导的标准做法。这样做的好处是这些框架都是公认的行业最佳实践，其中包含为许多 IT 企业所熟悉的易于使用的模板和流程。另外，从法律法规的合规性要求来说，这些框架也受到审计师们的广泛认可。

1.2.1 管理服务交付风险的前提

遵循行业最佳实践以最大程度地减少未知变化，责任方要在非标准变更上线前对其进行复核。虽然所有额外的处理方法都可能引入额外的交付摩擦，但是这还是可以帮助企业实现更有效的交付。拥有按照预期执行的服务正是客户需求的关键。

这种方法基于以下四个前提：

❑ 工作是可预测的。

❑ 人们会严格遵循记录在案的流程。

❑ 管理者能够做出有效的决策。

❑ 行业认证的框架比未经认证或鲜为人知的方法风险更低。

第一个假设认为绝大多数在生产环境中的工作都具备足够的可预测性。然而事实并非如此，意外状况层出不穷，而这正是导致服务交付风险的主要原因。

第二个假设相信每个人都会完全遵循所有记录在案的流程，不做任何改动。事实是绝大多数人会接受工程师们所遵循的变更脚本和清单，并将此作为确保自己做事次序颠倒或是一直走捷径的充分依据，而不依靠真正的流程化手段。

第三个假设默认管理者的决策都是正确的，事实也并非如此。人们相当依赖于选择加入变更咨询委员会的“责任方”对变更进行审查，以确定变更所带来的风险是否可以接受。这些变更咨询委员会的成员通常选自相关项目的管理者、功能负责人和主要利益相关者。按理来说，变更咨询委员会可以发现诸如调度冲突和沟通差距等问题，但他们往往不了解变更的具体实现细节，以至于很难对变更带来的潜在风险有充分的认识和理解。

第四个假设默认当前状态比任何非标准状态的风险都要低。这种假设不仅不正确，而且还鼓励员工不作为，这反而会增加企业所面临的风险。我个人就曾多次看到一些企业陷入这个陷阱。例如，在一个关键服务中发现了严重的缺陷，且往往涉及一些商业第三方，这就需要延长停机时间来进行修复。在这种情况下，快速推动变更非常困难，即使不这样做会危及企业的未来发展。

1.2.2　交付的本质

客户不可避免地会发现自己深陷于试图提高交付速度和管理风险之间的冲突地带。他们当然希望保证快速交付的同时可以免除故障的发生，却压根不明白为什么鱼和熊掌不可兼得。与此同时，每个团队都认为自己的方法是正确的，应该优先考虑他们的目标。运营团队真的了解市场对于时间和创新的压力吗？交付团队的工作是否像他们所说的那样风险重重？运营和交付团队似乎都极为关心公司的成功，那为什么这两个技术团队会有如此对立的观点？

DevOps 可以解决这些难题吗？

在回答这些问题之前，我们有必要先想一想进行 IT 交付的初衷。

具体来说，交付就是一系列相互关联的决策。做任何决策都是为了达到某种比当前轨迹更受欢迎或者说至少不比现在差的状态，交付也一样。在服务交付的背景下，决策的目的是帮助客户实现目标结果。

目标结果是客户想要达到的一组理想的或重要的状态。通过交付来实现目标结果不仅仅是交付一项产出或实现服务承诺。实现目标结果意味着在功能上要满足需求，无论是为了解决现有问题、防止问题发生、利用某个机会还是以其他方式改善当前状况。

结果与试图提供该结果的工具或服务之间的联系可以很简单（"我想随时了解今天的天气，以便知道是否需要更换自己所穿的衣服。"），这种联系也可以很复杂且有许多解决方案（"我想要更好的全球天气和市场信息，以便选择最好的作物来种植。"），或者是嵌套的（"我想要更好的气候信息来设计碳足迹更低但对居民来说又很舒适的建筑。"），甚至还可以是雄心壮志的（"我想减少人类对全球环境的影响。"）。目标结果为我们提供了实现目标的方向或目的。

为了达到某一结果，你需要对当前状况有所了解。当前状态和期望状态之间的差距有多大？有哪些方法可以用来缩小这一差距？在此过程中可能会遇到哪些需要避免或克服的障碍？我们如何判断是否正朝着目标结果方向取得实质性的进展？这些问题共同的答案就是我们所说的态势感知，即知道自己周围发生了什么，以便更快地做出更好的决策。

任何优秀的决策者都会反思自己所做决策的影响。它们是否导致了我们意料之中的变化？这些变化是否让我们朝着目标结果前进？了解哪里做得好，哪里做得不好，以及为什么会这样可以帮助我们学习和改进我们的决策，从而提高我们有效交付的能力。

1.3　开启 DevOps 之旅

事件

2015 年 3 月，Woolworths Australia 完成了一项为期六年的项目，用 SAP 的系统替换了已有 30 年历史的内部 ERP 系统。因对日常业务流程缺乏了解，该项目很快就导致公司供应链崩溃。货架很快清空，而供应商和商店想通过新系统获取订单却很困难。商店经理无法拿到 18 个月内的损益报表，只能对现状束手无策。这个失败的项目最终导致了 7.66 亿美元的损失以及数百名员工被裁。

在强调产出和服务正常运行时间时，我们往往假设自己确实提供了能帮助客户实现目标结果的解决方案，但并没有对这种假设进行验证。对于大多数从事交付工作的人来说，希望被告知需要交付哪些特性或需求，这样会消除很多歧义。拥有可追踪的需求列表也使评估的方式变得更加清晰。管理人员可以简单地衡量交付产出，例如总共完成了多少工作，与要求的一致性程度如何。

这种衡量交付产出的方式虽然明确且易于管理，但很难激励员工去验证客户是否能使用交付的产品来实现他们的目标结果。如果管理者倾向于根据员工按时、按预算交付需求的能力来衡量交付产出，只会使这个问题变得更加复杂，这就好像员工被要求的东西和客户所需要的东西之间存在的任何差距都是客户自己的问题。对于任何企业来说这都不是可持续战略。

当把评估指标作为考核重点时，往往会导致交付决策偏离目标结果。例如，为了完成评估指标将工作分解成许多小的任务、取消或降低任务优先级，甚至为了提高代码覆盖率而创建结构不佳且对测试底层代码无用的单元测试。

要想真正实现 IT 服务交付的成功，运用 DevOps 能够消除实现目标结果的障碍。这需要摒弃 IT 服务交付的传统理念、习惯和方法，建立一套更具态势感知、以结果为导向且能持续学习和改进的方法，并将 IT 服务交付视为决策的过程。

第 2 章

决　策

通过研究既往应对不可预见和不可预测的事情的方法，来为未知做好准备。

乔治·S. 巴顿（George S. Patton）

决策就像人生的方向盘，无论是像是否喝咖啡这样简单的决策，还是像如何为新的关键服务选择最佳的架构设计这样复杂的决策，都是如此。决策指导着 IT 交付服务，例如为了新的功能编写代码或者排除生产环境中的故障。

然而，有效地做出决策并非一蹴而就。对于初学者来说，决策的有效性不仅仅取决于做决策的速度或执行该决策的熟练程度，同时决策者需要考虑决策过程中的影响因素。

在本章，我们将深入探讨决策过程和做出有效决策所需的要素，以及这些要素对决策过程的影响。

2.1　决策过程

决策是将现有情况的所有信息和相关背景汇总在一起，并根据预期结果对其进行评估的过程。这是一个迭代的过程。在这个过程中不同阶段，需要确定决策是否朝着目标结果前进。如果答案是肯定的，那么它的效果如何？如果不是，原因是什么？此外，还需要关注是否有出乎意料的事情发生，以了解更多相关信息，再通过这些信息及时调整，做出适应当前情况的有效决策。

我们时刻都在做决策，且这个过程可能是非常复杂且错误频出的。以要带朋友去咖啡店为例，可能会发现咖啡店地址出错（信息错误或者不完整），或找错地址（有缺陷的情景上下文）或咖啡店太远无法步行到达（能力不匹配）但汽车发动机出现故障。还可能会发生虽然到达了咖啡店，但朋友依旧很生气，因为这家店没有互联网服务，而他当时愿意去这家店是以为可以在那儿上网（误解目标结果）。

在如此简单的情境下发现和纠正错误很容易。然而，随着情境变得复杂，特别是当决策以 IT 服务交付所需的大型链条的形式出现时，错误更容易隐藏在多层交互下，且一直未被发现，并导致了看似棘手的问题。随着这些错误的增加，我们对交付生态系统的理解力逐渐下降，除非这些错误被发现，否则会破坏未来决策的整体有效性。

2.2　OODA 循环

约翰·伯伊德（John Boyd）提出了著名的 OODA 循环理论。他假设所有智能生物和组织在其环境中进行交互时都会不断地经历决策循环，将其描述为以下四个相互关联且重叠的过程，这些过程不断循环，即 OODA（Observe-Orient-Decide-Act，观察 – 明确方向 – 决定 – 行动）循环，如图 2.1 所示。

- ❑ 观察：收集所有实际可访问的当前信息，这些信息可以是观察到的活动、显露的条件、已知的能力、存在的弱点、可用的情报数据乃至手头的任何其他信息。虽然拥有大量信息很有帮助，但应注重信息质量，更要了解还需要具备哪些信息，以提高决策效率。
- ❑ 明确方向：对信息进行分析和综合，构建作为明确方向的依据。明确方向意味着不仅要利用既往经验，还要关注文化传统和遗产——这是一种复杂的互动。每个个体和组织行事风格不同，明确方向与观察一起构成了态势感知的基础。
- ❑ 决定：根据预期行为结果来确定行动方案。
- ❑ 行动：贯彻决定。利用行为结果以及这些结果在多大程度上符合预期，来调整对出现问题（和更大的问题）的理解与方向。

许多人将 OODA 循环理论与威廉·爱德华兹·戴明（William Edwards Demming）提出的 PDCA 循环理论[一]相比较，这样做忽略了一个事实，即 OODA 清楚地表明决策过程不是简单的一维循环，它从观察开始以行动结束。利用图 2.1 中的线条和箭头对数百个可能发生的循环进行了可视化。最合适的路径并不总是下一步，而是能确保与发生的情况有足够一致性的路径。也就是说，在许多情况下，循环继续之前会跳过、重复甚至颠倒步骤。在某些情况下，所有步骤可能同时发生。

下面，我们举一个非常简单的典型的流程故障例子来说明 OODA 循环。

- ❑ 收到生产服务失败的警报信息（观察→明确方向）。
- ❑ 决定进行调查（决定→观察）。

[一] PDCA（Plan-Do-Check-Act，计划 – 执行 – 检查 – 处理）循环是由戴明和华特·施沃德（Walter Shewart）开创的一个用于控制和持续改进的模型，现在广泛应用于精益制造领域。

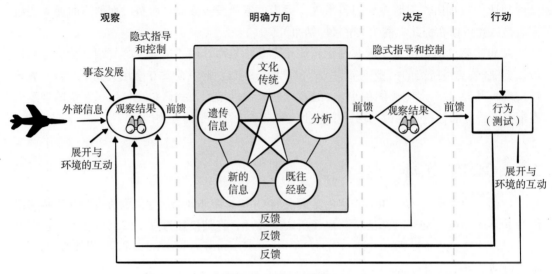

图 2.1　OODA 循环

- ❑ 在采取行动之前，有人指出（观察）该警报来自一个已从生产环境中移除的节点。
- ❑ 调整调查方向（明确方向）时，查看忽略了什么信息导致了虚假警报（观察）。
- ❑ 制定解决方案解决故障（决定→行动）。
- ❑ 该行动可能改变人们从生产环境中提取节点的方式（明确方向）。
- ❑ 解决方案要随着情况的变化不断调整，以确保其有效性（"观察→进一步可能发生决定→行动→明确方向→观察"循环）。

要认识到，快速变化的条件和随时发生的情况会改变决策者的想法，形成新的决策方向，随后决策者可能会取消或修改行动计划，寻找新信息，甚至放弃先前可能需要做出的决定而采纳另一个更合适的决定。新学到的东西甚至有可能促使决策者舍弃一个曾被广泛使用的实践。

2.3　决策要素

2.3.1　目标结果

利用有效的决策可实现目标结果。目标结果是决策的预期目的。对目标结果的理解越到位，决策者就越能采取最有可能实现目标结果的方案。

充分理解和认识目标结果不仅可衡量在实现目标方面的进展，还可进一步确定决策的成效。当目标进展与预期不符时，回答以下问题有助于学习和改进。

- ❑ 是否及时、准确地执行了决策？如果不是，原因是什么？
- ❑ 决策者和其他参与执行决策的人是否对当前条件有足够的态势感知，从而做出最佳选择？如果不是，原因是什么？

❑ 该决策是否是最利于执行的决策？是否有其他可对目标结果进展产生更积极影响的更适合的决策？如果有，那么可以从中学到什么？

尽管目标结果很重要，但却很少得到应有的重视，这主要是因为大都更重视决策的执行速度。在 IT 领域尤其如此，更看重团队的响应能力和交付速度，而团队更关注新特性或类似平均恢复时间这样的性能目标。

需求方与交付团队之间难以在目标结果上达成共识。有些人认为交付团队根本不需要了解目标结果。然而，通常是目标结果并没有被明确传达，因为需求方可能也不清楚目标结果是什么。

目标结果的改变不仅使得之前付出的所有努力都白费，而且任何用于衡量进展的措施都变得毫无意义，甚至会让问题长期存在。即使碰巧实现了你想要的结果，不了解目标结果会削弱你从行动中学习、改进以复制成功的能力，当决策最终失败时，你会感到惊讶和失望。

比如，对指挥官来说，命令他的部队上山或派遣一个中队轰炸目标是件很简单的事情。但是，如果不知道指挥官的意图，情况可能会发生变化，轻则破坏指挥官认为该行动可能具备的任何优势，重则摧毁整支部队。

出于这个原因，伯伊德等人发现最好换个角度来看问题，应该专注于向部队传达目标结果，而非采取哪些行动来实现目标。伯伊德是任务式指挥的坚定支持者，正如稍后在第 3 章中所讨论的，任务式指挥是沟通所期望的意图和目标结果的一种方式，让执行者能够根据具体情况调整自己的行动。

这种任务式指挥方法在 DevOps 服务交付中非常有用。相较于自上而下传递指令的方法，它不仅能使团队更快地适应不断变化的交付条件，还可以让他们更好地发现和纠正自己对目标结果本身理解的缺陷。任何在交付团队工作过的人都知道，此类缺陷一直在发生，主要是因为很少有人能够与实际的客户会面，更不用说和他们讨论目标结果了。相反，大多数交付团队不得不依赖业务代理或根据自己的经验和周围可用的数据做出"合理"的猜测。

业务代理和猜测可能会导致事情出错。最糟糕的情况是，团队将重点放在解决方案及其实现方法或是与目标结果几乎没有关联的举措上，完全偏离了目标结果。

1. 解决方案偏差

当供应商推销他们的产品和服务时，我们通常会遇到解决方案偏差。供应商没有花费任何精力来找出你遇到的问题和想要的结果，而是尝试人为创造一些可以通过他们的解决方案满足的需求。有些展示了花哨的功能，希望以此激发你的兴趣；有些列举了自己的客户中公认的老牌公司或竞争对手，希望以此吸引你加入这一行列；还有人希望其方案成为你在特定领域的"战略"答案，无论是"云""移动""敏捷""离岸外包""DevOps"，还是其他一些行业风潮。

解决方案提供商因假设自己的产品是一切问题的答案而臭名昭著。然而，他们并不是唯一持有解决方案偏差的人。即使没有巧妙的营销文案和销售技巧的影响，客户也同样可能落入这个陷阱。不管是什么原因，存在解决方案偏差会给负责交付的人带来不利影响。

拓展：校园铃声

2013 年，建筑师 Alastair Parvin 在 TED 演讲中讲述了一个故事，里面举了一个例子，很能说明这个问题。一所学校与他的建筑公司接洽，要求重新设计校舍。现有校舍建于维多利亚时代，走廊狭窄拥挤，学生很难在教室间通行。学校管理部门希望解决这一问题，并且接受了建设成本很高的事实。

乍一看问题很简单。学校想要一栋带有宽敞走廊的新校舍，方便学生穿行。通常，大多数人会以此为目的，开始制定符合校方要求的设计方案和项目计划。

Parvin 公司的建筑师却采取了不同的方法。首先，他们仔细对问题（拥挤的走廊）和只有间接要求的期望结果（允许学生在教室间轻松穿行）进行了研究。凡是处理过流动问题的人都知道，短暂而强烈的爆发可能是造成拥挤的真正原因，最好是找到降低和平缓流量的方法，这给了建筑师们一个灵感。

他们回到学校并建议校方重新设计铃声系统，以便在不同时间、不同地点响起校园铃声，而不是建造新校舍。这样一来，学生流量分布会更均匀，可以以更低的成本有效消除拥堵。该解决方案效果非常好，通过放弃预先确定的解决方案，学校成功节省了数百万美元。

2. 执行偏差

当执行方法使实际目标结果黯然失色时，就会出现问题。正如伯伊德所言："如果没有目标，那么了解所有可能的策略将毫无用处。"

在技术领域，执行偏差会以偏好的流程框架、技术、供应商或交付方法的形式存在，无论合适与否。当执行偏差发生时，人们非常关注特定流程、技术或方法的执行方式，以至于忽略了最终的目标结果。这就是为什么会有那么多循规蹈矩的流程、Prince2 和 ITIL 方法按照要求严格落地了，却仍然无法交付客户真正需要的东西。

3. 针对结果采取措施

用于衡量目标结果是否实现的指标用处很大，有助于发现需要解决的问题，指导过程修正，并最终帮助团队学习和改进。然而，为了实现目标结果，人们很容易将更多的注意力放在指标的实现上，造成这种情况有以下两个原因。

其一，对目标结果知之甚少。尤其是当团队与客户几乎没有直接的交互，并且多个团队做着各自的组件交付同一个解决方案的时候。在许多情况下，团队可能会觉得尝试了解客户诉求太困难或太耗时。他们更愿意选择跟踪易于衡量的指标，这些指标要么遵循一些行业最佳实践的标准，要么至少看起来能够合理衡量客户的价值。

其二，对管理人员来说，更普遍和长期坚持的做法是制定衡量团队和团队成员个人绩效的措施。

这两种情况都鼓励使用诸如每个时间段的输出量、发现的缺陷、平均恢复时间、预算内交付等易于衡量并能让某人或某个团队进行本地化使用的衡量标准。但是，除非客户仅就产出进行付款，否则产出与实际期望结果之间的关系非常微弱。

从表面上看，鼓励更多产出听起来并不是一件坏事。谁不想在给定的时间内完成更多的工作？或者保证更长的正常运行时间？前者很好地减少了交付摩擦，而后者让我们感觉风险得到了有效管理。然而，问题是双重的。最明显的一个问题是，正如我们在咖啡这个故事中看到的那样，仅仅有一项产出能实现的目标极少。如果产出只是交付的本地化部分，则尤其如此。同样，很少会有客户乐于拥有一个具有强大的后端数据库或者正常运行时间长但是无法帮助他们实现所需目标的服务。

另一个挑战来自人们的行为，当知道自己正在被评估是否很好地达到了某一目标时，大部分人通常会"无情地"追逐该目标，即使这样做意味着目标之外的要求仅能维持最低限度。这个问题极为严重，特别是当措施和预期结果之间充其量只有一种很松散的联系时。我个人就见过这样的案例，为了满足查找缺陷的目标，团队牺牲了服务质量和可维护性，将缺陷重新分类为特性。这些缺陷仍然存在，而且通常比以前更糟糕，但由于被衡量的缺陷数量减少，团队因为这种欺骗性反而获得了奖励。

OKR（Objectives and Key Results，目标与关键成果）框架试图通过使用一组通用且有明确定义的定性目标来克服人们对定量目标的过分追求，这组定性目标旨在提供有针对性的措施。但是，做好这点异常困难。这组定性目标与追求客户想要的结果直接相关，关键成果的衡量指标既与定量目标相关，还与一些相当困难的目标（例如创新）相关。通过这种方式，目标更多的变成了一种前进方向和衡量进展的手段，而不只是员工和团队接受评估的一些确量目标。然而，这种想法违背了我们许多人在学校养成的不良评估习惯。企业倾向于将目标转变为传统意义上的产出绩效标准，产出成为要量化的关键成果，从而背离了OKR 框架的初衷。

拓展：丢失的账单

在一个组织中，基于产出的指标造成的功能障碍十分糟糕。当这些指标会影响两家公司员工的薪酬时，情况会变得更糟。

一家大公司正在寻求一些方法，以简化用于业务支持的各种后端系统的运营支持团队。旧的运营方案让许多小团队都有很强的自我保护意识。首席信息官没有与他们进行争吵，而是决定通过外包的方式来解决问题。

这些系统就像该企业一样，稳定而成熟。首席信息官认为制定外包合同最有效的方式是按照事故单数量进行付费。

其中一个外包系统是计费系统。尽管计费是公司的核心系统之一，也是关联最紧密的部分之一，但一般都十分稳定。计费流程在凌晨一点到凌晨三点运行。由于需要在客户关系管理数据库和计费数据库中锁定客户记录，在销售和客户支持团队在工作日访问系统之前完成该流程就显得十分重要。

几个月后，计费系统就开始报错。外包支持人员对此进行了调查，注意到缓存中包含客户记录的数据在处理中出现了读取错误。于是，他们清除了缓存，重新开始计费，一切都进行得很顺利。但很奇怪，错误发生的频率越来越高。其中一位支持人员决定通过脚本进行自动恢复。这样做免除了手动工作量，加快了故障恢复的速度，而且，外包供应商可以通过处理与该错误相关的事故单来获得收入。每个人似乎都是赢家。

过了几个月，客户支持人员开始注意到有关错误账单的投诉数量显著增加。投诉的问题非常奇怪，客户需要为从未有过的服务进行付费，这最终引起了主管人员的注意，并派了一个工程师团队对此进行调查，他们的发现令人吃惊。

客户关系管理系统的升级使销售和客户支持人员能够在客户数据库中插入双字节和其他特殊字符。计费批处理进程无法处理这些字符，遇到时会抛出异常，从而停止计费流程。这种报错从来都不是一件好事，表明在交付过程中可能存在感知和质量问题。

但目前的问题远比这更糟糕。

外包支持人员所编写的脚本通过删除遇到特殊字符之前加载的客户识别数据库记录"解决"了这一烦人的报错问题。随着计费流程的重新启动，现在孤立的可计费资产将被附加给后续客户。这就导致了三种类型的错误：

一些客户需要为他们从未使用过的产品和服务付费。一些客户没有为使用的产品和服务付费。一部分客户完全从客户和计费数据库中消失了。

因为外包的运营支持人员按照处理的工单数量获取报酬，所以他们没有动力去寻找问题的根本原因，更不用说解决问题了。相反，他们最终因为破坏了数据库和计费系统的完整性而被评估并获得了奖励。

2.3.2　消除摩擦

如第 1 章所述，凡是让为达到目标结果付出更多时间和精力的都是摩擦，它在交付过程中任何时候都可能出现，包括在决策周期中。我们从花费时间和精力去收集和理解情况相关的信息开始，就一直受到摩擦的影响，这些信息的收集和理解是通过做出决定、采取行动并审查其结果所需的一个或多个不同步骤来完成的。摩擦甚至可以大到让我们无法完全达到目标结果。

消除摩擦，无论是以配置基础设施、构建和部署代码的形式，还是以快速使用新功能的形式，都是吸引人们选择 DevOps、服务按需交付的原因。尽可能减少造成浪费的摩擦来源也极具价值。但是，正如伯伊德所发现的那样，我们很多人都忽略了这样一个事实，那就是消除摩擦只有在真正帮助你达到目标结果的情况下才有价值。

很多人误以为消除摩擦就是提高响应和交付速度，而不是为了达到目标结果。团队梦想着能即刻增加人力，每天交付数十个甚至数百个版本。企业会吹嘘只要按一下按钮就能使用数百种功能。虽然几乎没有什么强有力的证据来支撑，我们却始终这样做着并且相信，快速交付和高产能会以某种方式让我们实现目标结果。这就像购买一辆有着许多花哨功能的极速赛车，无论赛道如何或者驾驶技术怎样，你都期望仅靠拥有它就能赢得每场比赛。

团队可能有强大的能力去快速构建和部署代码，但太多的决策摩擦还是会导致他们无法进行有效交付。这种摩擦可能源于缺陷的存在、对目标结果了解不足或是技术操作技能差，等等。需要注意的是，决策摩擦不一定表现为交付敏捷性问题，而是通常表现为配置错误、脆弱且无法重现的"雪花"配置、代价高昂的返工或无效的故障排除和问题解决。这些不仅会影响客户体验到的服务质量，还会比传统交付方式消耗更多的时间和资源。

即便交付敏捷性问题真的出现，它也并不总是由于交付能力差。我经常遇到一些技术交付团队，他们拥有近乎完美的敏捷实践、CI/CD 工具和低摩擦的发布流程，但因为交付内容的决策过程太过缓慢而出现问题。其中有一家公司，为期 6 周的技术交付项目，在进入团队工作队列前，常常需要 17 个月才能通过审批和业务优先级流程。

包含一个或多个关键依赖项的工作分散在不同的交付团队中是交付摩擦产生的另一个常见原因。在最好的情况下，也要等待数天或数周让其他人完成任务之后，团队才开始工作。但是，如果依赖关系很深，甚至在团队之间来回循环，那么这种糟糕的计划可能会拖延好几个月。在这家公司，这个问题不仅经常发生，而且在某些地方甚至有 7 个依赖关系。这就意味着即使团队已经进行了为期 2 周的冲刺，受影响的功能也至少需要 14 周才能完成交付流程。如果上游的库或模块出现问题，又或是上游团队取消了某个关键功能的优先级，那么这种延迟可能（并且通常确实）会延长数周甚至数月。

交付摩擦也可能来自通常被认为是可以提高绩效的行为。持续的工作周和激进的速度目标会让团队精疲力竭，从而增加错误率，降低团队效率。多任务处理的方法可以让团队成员充分发挥作用。但是，大量的在制品（WIP）、由此产生的不平衡和不可预测的工作交付，以及不断切换上下文带来的额外成本，常常会导致服务交付速度更慢、质量更低。

反馈和信息流中的摩擦也会降低决策的有效性，从而降低交付效率。我遇到过很多公司，他们拥有精美的服务工具、数据分析工具和详尽的报表，却不断错失有效利用信息的机会，只因为他们在收集、处理和理解数据上耗费的时间太长了。一家公司试图使用地理定位数据为客户提供特定位置的优惠计划，类似杂货商品或餐厅主菜的八折优惠券。可是，他们很快就发现，收集和处理所需信息需要三天时间，根本无法执行他们的即时报价计划。

这些只是交付摩擦类型中的一小部分，第 4 章会涉及其他类型，该章对摩擦的讨论会更加深入。了解存在的各种摩擦模式及其根本原因可以帮助你开启自己的探索旅程，去发现和消除交付生态系统中的摩擦来源。下一个决策要素——态势感知——不仅可以帮助你去探索这些摩擦来源，而且是构建充足的上下文和理解交付生态系统以做出有效决策的关键要素。

2.3.3　态势感知

态势感知是你了解当前生态系统中正在发生的事情的能力，将其与你现有的知识和技能相结合，可以做出最合适的决策，朝着期望的结果前进。伯伊德认为，所有这些信息的收集和组合都发生在 OODA 循环的定向步骤中。

了解交付生态系统的信息在一定程度上有助于把握其动态，从而提高决策的速度和准确性。从投资银行和营销公司到 IT 服务企业，这种观点越来越受到大家的青睐，吸引了人们向大型大数据和商业智能计划，以及先进的 IT 监控和服务设备工具等领域进行投资。

虽然尽可能多地收集信息这一愿望看似合乎逻辑，但收集和处理不合适或没有明确目的的信息实际上会损害决策能力，从而分散、误导、减慢决策速度。

在很大程度上，让信息变得合适的因素取决于以下几点的正确组合：

❑ 及时性：相关信息必须是最新的，在做决策时以可消费的形式存在，并产生积极影响。生态系统中的摩擦会导致信息的获取速度变慢，从而使信息变得过时或被隐藏在无关的数据中，这会降低决策的有效性。收集足够多的正确数据同样重要。

❑ 准确性：准确的信息意味着用于回归到目标结果的道路上所需要纠正的错误或不准确的决策更少。

❑ 上下文：上下文是与你正在执行的生态系统的已知动态相关的信息框架。它是我们理解当前情况的方式，也是获得态势感知的重要先决条件。上下文不仅可以让我们了解信息与给定情况的相关性，还可以根据我们对生态系统有序性和可预测性的把握来衡量各种选择的风险水平。第 5 章会深入介绍上下文。

❑ 知识：对决策和能力的相对适当性了解得越多，做出对实现目标结果最能产生积极影响的选择的概率就会越大。这些知识对你的决策有多大作用在很大程度上取决于你学到的决策知识。

假设你能够获取合适的信息，那么你还需要有效结合这些信息来获得足够的态势感知。这个过程可能会以多种方式变得分崩离析，使其成为决策过程中最脆弱的部分。

了解这些条件非常重要，第 6 章对此进行了更全面的讨论。就本章而言，关键是要指出态势感知渐渐恶化的最常见的两种情况，即便没有带来灾难性的后果，往往也会有慢性后果，例如信任的挑战以及心理模型和认知偏差的脆弱。

1. 信任的挑战

我们大多数人无法直接获取所有信息，需要依赖其他人，通过他们构建和运行的工具间接获取。如果其中有一人不信任信息的使用者或他们处理信息的方式，那么这些信息就可能被隐瞒、隐藏或是歪曲。如果是他们自己在处理数据，可以直接做到这一点。或者他们会通过数据收集和处理机制来隐瞒信息。

缺乏信任的问题极为普遍。绝大多数情况下，这些问题的出现不是出于恶意，而是源于对责备、失控和未知事物的恐惧，还有可能是由同事之间以及管理者和个人贡献者之间的矛盾引起的。其中，许多问题都可以由其他事情演变而来，小到因接触或沟通不足引起的简单误解，大到组织文化问题。不管出于什么原因，对决策造成的损害都是非常真实且影响深远的。

2. 心理模型和认知偏差的脆弱性

人类大脑已经进化到可以依靠心理模型和认知偏差来加快或减少决策所需的脑力劳动量。通常来说，当我们处于稳定、熟悉的环境中时，心理模型和认知偏差这两条捷径非常有用。但是，这些机制特别容易受到其缺陷的影响。

心理模型是我们大脑构建的一组模式，包含了生态系统及其各个部分之间的关系，用来预测事件和生态系统中元素的可能行为。心理模型可以让我们快速确定可能采取的最佳行动，从而显著减少需要收集和分析的信息量。

心理模型非常有价值，这也是为什么在与以往经历相似的情况下，有经验的人应对起来通常比新手更快、更有效。然而，这种心理模型机制有几个严重的缺陷。

一个心理模型的好坏取决于我们对用于构建和调整心理模型的信息的理解。这些信息可能是不完整的、被误解的，甚至实际上错误的。这将不可避免地导致错误的假设，从而妨碍决策的制定。

对心理模型说，最明显的威胁是竞争对手故意散播错误信息，让我们不再信任真实的信息和知识。研究表明，即使虚假信息被迅速揭穿，它也会对决策产生挥之不去的影响。近年来，此类手段已从战场和宣传者的工具箱转移到政治领域，通过对政策和立场的过分简单化和违背事实的一些描述来诋毁对手。

更多时候，心理模型是因为信息流有限或明显滞后而出现问题。没有足够的反馈，我们就无法将重要的细节填充完整或发现并纠正假设中的错误。对一个动态的或复杂的生态系统而言，错误假设的数量和规模就会变大，以至于让受影响的一方瘫痪。

与心理模型一样，认知偏差是一种心理捷径，通过降低决策的精准度来提高决策速度，并减少决策所需的认知负荷。这种"足够好"的方法有多种表现形式，以下只是一小部分示例：

❑ **代表性偏差**：当将一个不确定的事件或主题与心中的原型进行相似度对比来判断该事件或主题发生的概率时，会出现代表性偏差。例如，如果你经常收到大量无意义的监控警报，你可能会假设收到的下一组监控警报也将是无意义的并且不需要做什么调查，尽管它们可能很重要。同样，大家很容易会认为一个高个子的人擅长打篮球，哪怕这个人与擅长打篮球的人只存在身高这一个相同的特征。

❑ **锚定偏差**：当一个人在做选择时依赖于收到的第一条信息而忽视其相关性，就会出现锚定偏差。我见到过有开发人员只关心他们看到的第一条警报或错误消息，花费了好几个小时试图解决问题，后来才意识到它与问题发生的根本原因丝毫没有关系。这导致开发人员陷入了徒劳的搜索中，拖慢了他们解决问题的步伐。

❑ 可用性偏差：根据人们想象中事件发生的容易程度来评估事件发生的概率，就会出现可用性偏差。例如，如果最近人们听说世界的某个地方发生了鲨鱼袭击事件，他们就会高估自己在海滩上被鲨鱼袭击的可能性。

❑ 满意即可：无论是否有其他更好的选项可用，人们都倾向于选择第一个满足必要决策标准的选项。

严重依赖认知偏差很容易导致许多不良决策，甚至还会损害你的整体决策能力。

不幸的是，在 IT 领域，我们经常受到各种偏差的影响，包括后见之明的偏差（事后看待事件结果时，认为过去的事件是可预测的，正确行动是显而易见的，即便当时并非如此）、自动化偏差（即使存在相互矛盾的信息，也依旧假设自动化辅助工具的正确性更高）、证真偏差（人们希望去寻找与他们持有观点相一致的现象，任何与其观点相冲突的信息会被忽略，而一致的信息则会被高估）、宜家效应（尽管其实际质量水平不高，但自以为工作很有价值）以及损失厌恶（即使坚持的成本更高，也不愿意放弃某项投资）。但是，最常见的偏差也许是乐观偏差。

无论交付生态系统发生任何事件或变化，IT 企业已经习惯了期望软件和服务能够像我们想象中那样工作和使用。人们看待缺陷的方式就是一个很好的例子。对大多数工程师而言，缺陷只有在被证明是真实的且具有直接负面影响，他们才会认真分析，而风险则被视为一种可能。这种极端的乐观情绪如此猖獗，以至于出现了混沌工程这个学科，该理论试图通过主动向服务环境中引入经常出现的故障场景来对抗这种乐观情绪，让工程师设计并交付对故障具有弹性的解决方案。

心理模型和认知偏差的另一个严重问题是它们在我们脑海中的黏性。刚开始时，它们相对可塑。假如一开始你就知道某件事是错的，那么你将来很可能会修正它。但如果你默认了错误的存在，将来你可能会对错误无动于衷。心理模型和认知偏差在我们脑海中不受挑战的时间越长，它就越深入人心，也就越难改变。

2.3.4 学习

决策过程中的学习不仅仅是你所知道的事实或持有的学位和证书的总和，而是指在多大程度上你能有效地捕捉和整合关键知识、技能和反馈，来提高自己的决策能力。

学习在决策过程中有几大用途，它是我们获取提高态势感知所需的知识和技能的方式，也是通过分析自己的决策和行动对实现目标结果的作用，进而不断调整的过程。

学习就是要完全掌握"为什么"这个问题的答案。为什么一个决策按预期奏效了或是没有奏效？我们对目标结果的理解哪部分是正确的或错误的，为什么会这样？或者我们如何会有以及为什么会有这样的态势感知水平？学习是包括精益在内的各种框架的核心，也是我们改进决策过程各个部分的方式。

学习存在于生活中的方方面面。事实上，最有用的学习是在我们一生中自发发生的。假如我们保有学习的意愿和能力，那么它就会帮助我们不断提高决策的质量。

拓展："但它只是台普通计算机"

很多情况下，长期养成的习惯和信念会阻碍我们的学习能力。有时，我们固执地设定了目标结果，以至于无法了解客户的需求何时发生了变化。有时，我们习惯了环境的特殊性，看不到代码和存储库的健康状态、长期遵循的流程的适用性和团队中技能和关系动态方面的风险。这些都可能使工作变得困难得多，甚至使业务处于险境之中。

某能源公司陷入了这样的困境，最终他们才发现一些既定的信念正在危及公司业务的核心。

该公司长期以来一直依赖用 Fortran 编写的一个关键的内部应用程序。该程序旨在计算每个发电厂 24h 内在每个服务区产生的电力。这些信息对于管理发电厂和电网的健康状况以及电力供应的质量极为关键。更重要的是，计算结果还必须提供给政府监管机构。虽然可以几个小时没有发电和配电方面的数据，算是有一些缓冲，但无法满足监管机构的要求意味着会被立即处以数百万美元的罚款。

尽管该应用程序及其提供的数据对业务非常重要，但很少有公司员工知道它的存在。几十年来，该应用程序一直在公司某个发电站大楼地下室的大型主机上，很少被运行，在建筑物被拆除时大家才知道它的存在。

在试图弄清楚该怎么做的过程中，管理层发现所有原始应用程序的开发人员早已退休。主机本身大得惊人，由于年代久远，制造商早已停业。

情况听起来很可怕，但企业似乎并没有完全认识到它所面临的风险。该设置在大多数情况下运行得极为顺利，乍一看，企业要做的只是移动一下设备。人们坚信大型主机的故障很少，但这种信念并无用处。20 世纪 70 年代以来程序就一直在运行的事实也似乎只是巩固了这种想法。

我当时领导的团队承担的任务就是为该问题提供一个可行的解决方案。当我们开始了解情况时，我们几乎丧失信心。但是，通过让团队中的一部分人研究现有系统的迁移问题，另一部分人寻找其他替代方案的方式，我们迅速解决了这个问题。

在此过程中，我们设法挖掘了源代码，由于年代久远，我们耗费了很大精力才将其转移到更现代的平台上，这种做法非常直截了当。比较幸运的是，团队中一部分成员在很久以前就精通 Fortran 语言。

几周后，我们将整个应用程序移植到 Linux，急切地想看看它是否能正常工作，于是将它与现有系统一起运行。每小时的流程端到端走完平均需要 50 min 左右，因此我们希望能够确保移植的应用程序具有同样的准确性，而且可以适应相同的执行窗口。

这是乐趣真正开始的时候。

第一次，新配置在不到 1s 的时间内执行了整个过程。在主系统完成工作后，我们比较并发现了相同的结果。令人难以置信的是，继续并行运行了几周之后，每次都得到了相同的结果。数十年的技术创新意味着曾经需要大型主机和近 1h 计算时间的程序现在几乎可以立刻在一个微型虚拟机上运行。

让企业相信新配置是一种更为优越的方法，价格低廉又能帮助消除巨大的业务风险是极其困难的一件事。大型主机在各方面都远优于普通计算机的想法早已根深蒂固。尽管有充分的证据表明这样做既安全又方便，但将如此重要的应用程序转移到普通计算机上，在许多人看来，似乎比现有的配置危险得多，更不用说转移到虚拟机上了。固执己见使他们无法轻易接受新知识。

在更多次测试和停用大型主机的巨大压力下，管理团队最终屈服并迁移了应用程序。

2.4 决策改进

我们已经讨论了决策的质量是如何依赖于我们对问题和预期结果的理解力、决策过程中的摩擦、我们的态势感知水平以及学习能力的，另外还介绍了影响这些要素的诸多方式。那么，如何提高自己的决策能力呢？

提高决策能力的过程并不像遵循一组预定义的实践那么简单。首先，我们必须深入挖掘如何进行决策这件事并回答以下几个问题：

❑ 你和团队成员了解客户的目标结果吗？你知道为什么这些目标结果很重要吗？你是否知道如何衡量自己能否实现目标？

❑ 你的生态系统中哪些因素正在导致返工、不一致和其他问题，加剧了摩擦，从而减慢决策和交付流程的效率？

❑ 你和你的伙伴获得态势感知所需的信息是如何在生态系统中流动的？在哪里有信息受损的风险？如何知道它何时发生以及它对你的决策存在哪些潜在影响？

❑ 你所在的企业学习和改进的效率如何？薄弱环节在哪里？它们对你的决策效率有何影响？

DevOps 的有效实施不仅可以轻松回答这些问题，还可以告诉你采取哪些措施可以解决团队面临的所有挑战。实施过程各有不同，正确的答案也并非千篇一律。

尽管我们每天都在做决定，但成为一个有效的决策者是需要花费大量时间和精力才能掌握的技能。约翰·伯伊德的 OODA 循环表明决策过程是迭代和连续的，决策的成功取决于以下因素：

❑ 了解期望的目标结果。

❑ 通过观察和了解自己的能力以及所在生态系统的动态变化来获得态势感知。

❑ 确定摩擦领域带来的影响，衡量哪些决策选项最有可能帮助你朝着期望的结果前进。

❑ 跟进行动并观察其影响，确定自己的进步程度以及是否有新的细节或变化需要你学习并融入态势感知中。

伯伊德证明了不断提高态势感知和学习能力与决策速度本身一样重要。破坏任何决策要素都会损害决策的质量以及获得成功的能力。

参考文献

[1] "Debunking: A Meta-Analysis of the Psychological Efficacy of Messages Countering Misinformation"; Chan, Man-pui Sally; Jones, Christopher R.; Jamieson, Kathleen Hall; Albarracín, Dolores. *Psychological Science*, September 2017. DOI: 10.1177/0956797617714579.

[2] "Displacing Misinformation about Events: An Experimental Test of Causal Corrections"; Nyhan, Brendan; Reifler, Jason. *Journal of Experimental Political Science*, 2015. DOI: 10.1017/XPS.2014.22.

Chapter 3 第3章

任务式指挥

决策优势是指比对手更快地做出决策并实施，或在非战斗情况下，做出决策从而使部队改变局势或对变化做出反应并完成任务。

《2020 年联合展望》，美国参谋长联席会议

带领团队从来都不是一件容易的事。一个好的管理者应该既是能够帮助确定需要做什么的引导者，也是能确保个人和团队成功的支持来源。

管理者有很多方法可以应对这一挑战。有些人选择非必要不干涉，让团队自我组织，只偶尔提供反馈和指导。然而，大多数管理者采用更传统的指挥和控制方法：指导每个人的工作并监督工作执行与预期标准的接近程度。当交付生态系统是可预测的时，这两种方法都可以奏效，因为要想找出并纠正任何问题都相对容易得多。

随着交付生态系统变得越来越动态和无序，这些方法都会开始失效。前一分钟正确的事可能下一分钟就错了，习惯于传统管理方法的管理者和员工就会感到失控、没有支撑，更有甚者已经做好了失败的准备。

任务式指挥的方法不受动态影响、比传统管理方式更能帮助团队快速学习和适应。这种方法聚焦于意图和期望的结果，而不是完成了哪些工作以及工作如何执行。

3.1　任务式指挥的目的

任务式指挥是为了处理交付生态系统中的不可预测性，这种不可预测性源于以下三点。

1. 决策的执行偏离了目标结果

交付生态系统中，并非每个人都可以一直做出最佳决策，因为在集中式管理下，执行

偏离了目标结果。决策的制定极度依赖管理者的态势感知能力，而且管理者往往会忽视某些细节，这些细节又可能决定了决策的执行。随着交付生态系统变得越来越大、越来越复杂，捕捉并充分了解做出有效决策所需的每个细节也就愈发困难。按照技能划分工作通常会加剧这种情况，导致专业团队的工作变得分散，最终使决策的执行偏离目标结果。这不仅使目标结果的实现变得更加困难，而且消除了信息分享的动力，这些信息很可能是实现目标结果的关键。

2. 信息不一致

人们可能会误解一项需要完成的任务，误判其他人可能会做的事，错误地进行优先级排序，或者干脆忘记所有或部分任务。这些事情的发生往往是因为沟通中信息流失或信息不对称，也就是信息不一致。

传统上，管理者通过详细的任务分配和评估来处理这些不一致性，结果他们只会专注于员工是否按照要求完成任务，而忽视了目标结果。

3. 对生态系统复杂性的误判

并非所有的交付生态系统都是有序且可预测的。交付生态系统越无序，因果关系就越有可能在事后才能确定。预先假设交付生态系统是有序的，可能会造成误判并最终导致决策失误。生态系统的无序性会使人们难以理解为什么某个决定是糟糕的并从中吸取教训。

3.2　任务式指挥的组成

无论针对单一任务还是总体战略，任务式指挥的目标结果都应始终保持稳定。这意味着领导者的主要目标应该是与下属分享并明确所有行动背后的意图。领导者不应该指示下属执行哪些具体任务或指定必须使用哪些方法，而是需要确保他们了解目标结果是什么以及如何为实现目标做出贡献。

通过关注目标结果而不是具体的行动和方法，下属可以自由地选择最优的选项，并针对他们遇到的任何情况做出最明智的决定，最好地实现目标结果。

任务式指挥包括指挥意图、简报、反馈和持续改进。它们与精益和敏捷的核心概念和作用有很多相似之处。

3.2.1　指挥意图

指挥意图是对目标结果的定义。管理者向下属传达有明确定义的目标（即指挥意图），形成在任何任务或场景中指导决策的锚点。当然，这不仅仅是简单地告诉下属目标结果是什么，领导者需要确信下属对目标结果的细微差别有充分的了解，如果某个计划失败或条件发生了变化，他们可以改变方法以适应这种变化，最终仍能实现目标结果。

实际上，这比听起来要复杂得多。即使领导者和下属相互信任，并且都具有相同的价值观，他们也可能在很多地方忽视微小但重要的细节。在如此巨大的挑战面前，我经常要求团队成员，在开始工作之前先检查每个请求、任务、要求或职责背后的预期结果是否清晰、有意义和可操作。这一过程称为目标测试。

目标测试是一种快速的健全性检查，旨在确认任何有关工作项意图的重要信息是否丢失或不清楚。

目标测试主要涉及以下几个问题：

❑ 目标结果是什么？它与目前的情况有何不同？它是当前可以进行衡量的问题或需求，还是未来的问题或机会？

❑ 是否有必须满足需求的时限？如果有，为什么会有？错过了又会怎样？

❑ 在满足需求和其他职责的更大范围内，是否有任何优先事项需要我们注意？如果有，哪些是优先事项以及我们如何解决这些冲突？

❑ 有什么我们必须遵守的限制吗？

目标测试的优点在于它在处理新请求时就像指导分类和事故活动一样有效。例如，DevOps 团队经常遇到的一个定义并不明确的要求，那就是"正常运行时间"。每个人都想要更长的正常运行时间，但很少有人费心阐明正常运行时间的真正含义，以及为什么需要它、何时需要它、不同正常运行时间条件的相对价值是什么，或者当他们没有正常运行时间时会发生什么。

运行过服务的人都知道，对于正常运行时间，并非所有时间、条件或服务都是一样的。如果某个服务在没人使用的时候宕机了，不会有人关心这件事；但是，如果它在关键时刻宕机，每个人都会感到愤怒。了解和理解这些细微差别可以帮助员工就如何解决问题做出更好的决定。当面临时间和资源限制时，他们可能会花更多时间设计和测试关键领域的可靠性或冗余性，或者对更重要的数据完整性问题进行分类而非关注重启服务。当服务变得越来越复杂时，管理者需要花费更多的时间来确保所有细微差别都能被大家共享和理解。

事件

在确定交付目标和措施之前，了解预期结果至关重要。对于服务环境而言尤其如此。每个服务环境都存在差异，下面以一个广播失败案例，来说明正常运行时间和可用性在不同条件下所具备的不同含义。相互冲突的定义可能会导致大量成本和付出的努力都白费。

这件事发生在 1968 年 11 月 17 日，当时，奥克兰突袭者队在美国橄榄球联盟赛中对阵纽约喷气机队。比赛还剩一分多钟，突袭者队以 29：32 落后。由于判罚，这场比赛有可能会延时结束而侵占接下来的节目。美国全国广播公司认为突袭者队在一分多钟内不可能追回比赛，因此决定中断直播。然而，比赛立刻出现了激动人心的逆转。突袭者队两次成功触地得分，最终以 43：32 获胜。观看直播的球迷非常愤怒。在这场比赛后不久，美国国家橄榄球联盟在其电视直播合同中加入了一项条款，保证所有比赛直播都必须完整播出。

为了确保员工能理解指挥意图并据此采取行动，管理者会要求他们使用简报。

3.2.2　简报

为了确保下属可以自由决定如何实现目标结果，命令不应约束下属的行动，而更应该是对期望结果意味着什么以及为什么需要实现它的一种描述。这种描述需要达到一种平衡，既可以将下属引导至预期的结果，又不至于太详细、太死板，避免扼杀下属为了实现该目标可能需要发挥的任何创造力和主动性。简报应包含以下四个部分。

1. 情景概览

情景概览是对当前情况的简要描述，旨在厘清正在发生的事情，同时为需要做的事情提供一些相关背景。

在 IT 环境中，情景概览类似于这样一种描述："为扩大客户量所进行的业务导致系统负载增加。当前的高峰期服务性能（在没有超时或错误的合理服务响应的情况下）可能低于客户期望。"

情景概览是一个非常重要的起点。除非下属已经对情况非常熟悉，否则他们可能需要获取更多信息，才能提供一个解决方案以期实现目标结果。

2. 关于预期结果或总体任务目标的陈述

接下来，管理者会陈述需要实现的基本目标以及背后的原因。这不是一些空洞的陈述，而是包含了一个有意义的目标，能让该陈述的接收方采取短期行动，为实现目标做准备。该陈述通常包含谁、什么、何时、何地以及为什么等元素，但不会指定如何去做。这是回答目标测试第一个问题所需信息的本质。

用当前的示例来说，这一陈述可能是："我们需要确保生产服务性能符合客户期望。这样做是为了维持客户忠诚度并让我们获得更大的市场份额。"

3. 执行优先级

无论是在战场上还是办公室，我们不太可能仅凭一己之力提供一项服务的方方面面。我们不可避免地需要与他人协调并向他人寻求帮助。管理者需要帮助下属了解此类团队活动的主题和优先事项，可能会建议下属与某些团队或个人接触，帮助做出关键决策，从而最好地实现预期目标。

在我们的示例中，管理者可能会说："我们需要你的团队制定出最便捷、最有效的方法，让我们能够无缝地完成这项工作。营销部门希望组织一项活动，成功的话，可能会显著扩大我们的客户群。他们的计划主要针对可能从我们服务的某些方面受益的中型公司。市场部的简可以和你一起提供一些详细信息，反馈给她的团队，他们也许需要根据你的工作做出调整。另外，我们在与最重要的一个客户续签合同，他们对我们的扩展能力提出了担忧。销售部的乔可以提供帮助。除了分类支持，这是技术部门中优先级最高的项目。首席执行官和董事会都支持对该项目的投资，但需要了解可能涉及的内容以及它对我们的资本支出和交付其他项目的能力可能产生的影响。"

4. 反目标[⊖]和约束条件

一项任务或活动往往具有界限或约束条件，有时是因为即将发生某些事而下属可能没有完全意识到，有时是因为未来决策中需要考虑的时间或资源限制。绝对不能允许反目标发生，这有助于阐明可行的行动范围。

假设管理者提出了如下限制条件："我们知道，一些客户正处于业务周期的关键点，在接下来的一个月里，如果我们所提供的服务中断，他们就会特别敏感。严重的服务中断不仅会让我们失去客户，还会严重损害我们的声誉，迫使我们退出该市场并缩减我们的增长计划。你的团队需要寻找将服务中断的影响降至最低的方法。另外，我们知道商业智能团队正在努力改进实时分析，这可能会涉及你决定查看的一些相同的系统。他们需要了解自己所在地区有可能发生的任何变化。最后，无论是什么改进，都不能以任何方式损害我们的生产安全性。"

在整个简报中，下属应提出问题，对细节提出质疑并指出任何潜在的错误信息。这样做的目的不是挑战管理者的能力或权威，而是帮助澄清和确保下属充分理解并获得了保持结果导向所需的信息。众所周知，任何容易被误解的东西都会被误解。

3.2.3 反馈

对于管理者来说，简报永远不足以让下属完全理解并获得他们所需的信息，这就是为什么下属还需要通过提供所谓的反馈来跟进指令简报。

反馈的目的不是提供一个典型的详细计划。对于下属来说，这是一个很好的机会，既可以回答他们可能对指令提出的任何重要问题，也可以证明他们理解了指令的潜在意图、自己在实现指令中发挥的作用以及他们的使命与可能参与其中的其他人的使命之间的关系。这样，反馈就可以作为一种快速检查来消除歧义或误解。

反馈还可以作为一种检验，帮助领导者更清楚地了解自己指令的含义。下属对可能危及任务成功的潜在风险有更细致的了解，这些细节可能会导致指令被完全更改或消除。

反馈还可以让不同工作领域的下属对记录进行比较并确保整个组织的一致性，进一步提高态势感知和决策的准确性。

在最初发布指令之后很快就会有回馈产生。对于易于理解的小指令，反馈可能会与简报同时产生。但是，我发现给下属一些时间来思考指令，对它的一些重要方面做一些简短的检验，并整理出一个松散的方法大纲是很有价值的。对于单人任务或团队规模的任务，这一过程可能只需要几小时或者几天。通常，这种调查每周会作为一个探测（Spike）进行。对于较大的计划或是当下属拥有自己的团队和员工时，可能需要更多的时间来让团队了解情况并相互协调，以提供有意义的反馈。

在前面的示例中，下属可能会返回有关最近性能下降的信息，这些信息可以确定数据

⊖ "反目标"是指你想避免的事件、情况或结果。

库和数据结构中的潜在瓶颈，这方面的工作可能风险特别大。数据结构的变更也可能影响商业智能团队正在完成的工作，并且还可能对已经讨论过的外部工具的潜在集成工作产生不可预见的影响。下属可能也会返回一些数据，表明负载加剧并不是由于客户的增加，而是因为某个特定客户使用服务的方式发生了无法解释的变化。

3.2.4　团结

1. 相互信任

任务式指挥不仅需要就活动结果和活动意图进行反复讨论，还要求领导和下属之间相互信任。领导者需要确信下属能理解并执行他的想法，而下属需要相信自己在发挥主观能动性时会得到领导的支持。缺乏信任，信息流和共享意识就会在最需要它们的时候（当条件导致决策和计划出错时）减弱。失去信任会让下属开始保护重要但令人尴尬的细节，觉得无法提出必要的探索性问题，不能或不愿意寻求帮助。

团结能够创造团队凝聚力。它不像"信任"一词经常被过度使用，但却表达了另外两个经常被忽视的关于信任的重要因素：一是对目标的共同承诺，二是团队成员彼此的个人洞察力、理解力和融洽关系。

对一个目标有共同承诺意味着大家不需要担心某些隐藏的议程或别有用心的动机可能会妨碍既定结果的实现。每个人都可以相信，既定的目标结果是最重要的目标，任何管理者或下属都不会破坏为了实现目标所做的努力。

团队成员之间的熟悉度和共享经验是团结的另一个重要部分。团队成员越了解彼此的长处和短处、沟通方式以及思考、处理和解决问题的方式，就越能顺利朝着目标共同努力。

团队成员之间相互熟悉有助于为正确决策所需的态势感知填补空白。例如，如果知道有利于队友或经理更好地理解某个主题，你可能会以不同的方式讨论某个主题。在自己的薄弱项上，你可能会选择在这方面比较强的人进行合作，以寻求帮助或增强自己的知识。甚至，你可能希望在其他人不熟悉的领域分享自己的知识。这些都能帮助你和你的团队更有效地执行任务。

在关系紧密的团队中工作过的人都知道，要想构建一个良好的共享环境，最好的办法就是花时间在团队内部和团队之间建立共享体验和信任。要认识到共享环境的重要性并相信自己，融洽的关系可以让直觉变得更加准确从而使人能够依赖这种直觉。这样做可以减轻混乱和不一致的程度，避免了不准确和相互矛盾的结论的产生。由于每个人都参与其中，这种"亲临现场"的做法为整个组织提供了更高水平的态势感知。

定期的互动和相互信任对鼓励团队之间发展隐性沟通还有其他好处。试想一下某个家庭成员或很长一段时间跟你很亲近的人，如果认识他们的时间足够长，即使没有被明确告知细节，你也通常可以从肢体语言或他们的语气中清楚了解事情的状态。隐式交流和共同体验为快速、准确地传播信息提供了一种手段。细微的差异，从语气到行为方式的细微变化，都可以非常快速、准确地传达大量信息。

许多研究过丰田的人可能也讨论过在组织内建立直觉知识和信任的重要性。一些丰田人将其与武士曾经练习的方式相比较，他们会一直训练，直到长剑如臂使指。同样，组织中的个人可以建立相同的联系然后作为一个整体进行工作。

2. 在 DevOps 中培养团结

作为一名 IT 行业的领导者，我花了大量时间和精力来培养整个组织的独立意识。我发现，首先要在团队开展日常工作时花时间和他们相处，观察团队成员之间的沟通方式以及他们是如何分享新想法和新发现的。我主要着眼于信息在团队间和更大的组织中是如何流动的，来了解信息在哪里丢失、扭曲或放慢流动速度，这些都是可能缺失团结的地方。

团队成员和管理者对回顾和战略审查的关注和重视程度会决定他们之间的团结程度。当大家认真对待并且认为回顾和战略审查是有价值的，团队承诺就会提高。如果有专项投资用于帮助团队改进时，人们就会注意到团结的重要性。

团结不仅可以跨团队培养，还可以在异地分布的团队成员间建立。当面临协调方面的挑战时，我会寻找机会鼓励团队成员在自己的环境中与同事面对面共度美好时光，这有助于大家理解和建立融洽关系。我发现，如果这方面做得好，当大家真正相互了解时，它比减少组织摩擦和错误所付出的努力更有价值。

最后，我试图让企业摆脱需要有人为错误或负面事件负责的想法，但是实现起来，总是很难。大多数人有一种与生俱来的倾向，即在他人的行为中寻找错误，同时避免自己担责。负面事件通常是失去态势感知造成的，如果有任何过错，也是系统导致它发生的，而不是其中的人。很少有负面事件的发生是因为有人想要让它发生。找出损失的根源，了解它为什么会发生，并找到防止它再次发生的方法，同时不责怪相关人员，这将大大有助于提高团队信任。

3.2.5　持续改进

无论是试图验证假设，还是寻求比现有受欢迎的方法更好或更有效的解决方案，挑战现状都绝非易事。一方面，现状是熟悉的，并且是完成任务所公认的"足够好"的方式。与新方法不同，使用受欢迎的方法几乎不需要任何理由。即使已经知道寻常的假设或方法存在严重的缺陷损害了它的适用性，这种假设或方法也被认为是正确的。

新的调查或想法的合理性必须得到证明，这常常会动摇学习和改进的热情。尝试新的、创新的或非常规的东西是有风险的，在组织对错误的容忍度很低的情况下尤其如此。最好的情况下，失败只是没那么有趣而已，但如果它让你的工作处于危险之中，那失败就具有毁灭性。对错误的零容忍不仅会对人们进行试验的意愿产生负面影响，还会导致人们隐藏了解并改进情况所需的重要信息。不管企业如何吹捧持续改进，事实也是如此。如果没有得到管理层的明确支持，很少会有人觉得自己的职位足够安全，而去冒险做容易被指责甚至会导致事故发生的事。

在整个 IT 行业中，这种倾向于谨慎行事的例子有很多，无论是谈论项目规划和管理技术在改进时的滞后性和功能障碍，还是为了将责任归咎于个人或团队而做问题事后分析，又或是讨论有效采纳或使用新技术和新方法的方式。软件安装和配置管理的现代化之旅就是一个经常被忽视但与 DevOps 紧密相关的例子。

尽管手动安装和配置软件不仅需要耗费大量人力而且容易出错，但 IT 团队早就发现这是完全正常的现象。在早期只有少数几个系统需要安装和配置的时候就花时间构建一个强大的受版本控制的自动配置系统，来为当前节点的配置状态出一份权威的报表似乎并不值得。但即使增加安装数量和配置复杂性让此类工具和支持流程的部署变得有必要（也确实会带来益处），很多 IT 团队仍然不愿使用它们。即便真的用了，也常常是由管理层主导的，要么是有可以承担责任的供应商，要么是有愿意承担风险的内部团队。

惩罚会扼杀鼓励主动性的尝试。只要下属认可和理解管理者的意图，管理者应该接受下属在完成目标过程中所犯的错误，并将其视为学习和改进的机会。只要下属认可和理解管理者的意图，管理者就应该接受下属在完成目标的过程中所犯的错误，并将其视为学习和改进的机会。学习和改进需要快速、定期的反馈，以增加对交付生态系统的理解并建立未来可用的整体知识体系。 些最有价值的反馈通常来自问题的发现，任何错误或指责只会鼓励人们隐瞒这些有价值的信息。

3.3　任务式指挥的组织影响

任务式指挥与人们习以为常的方法大不相同。它需要员工进行更独立、更全面的思考，从而在目标结果中创造更多的共享所有权，需要对相互依赖关系有更高的认识，个人贡献者还需要做到跨团队协调一致。如果完成得好，这将大大有助于帮助团队最大限度地减少决策摩擦的来源，在不可预测的生态系统中，这些摩擦会让有效交付变得异常困难。

精益从业者倾向于称其为"系统性思维"。一些 IT 从业者，尤其是那些已经在该行业工作了很长时间的人，记得何时需要深入了解复杂 IT 生态系统的动态和交互。这种技能有时被称为"系统工程"。

这种系统性思维在服务交付中变得越来越重要。在该领域，服务组件和服务消费者可以是多种多样的。通过确保意图和任何必要的限制是明确的、可理解的，同时确保当前条件的相关信息是准确的，团队就能做出必要的决策和改进以实现目标结果。

相比那些被告知必须执行什么行动的团队，被告知期望结果的团队效率更高，因为团队能够快速、独立地适应未知或不断变化的条件。简报和反馈这两种机制起源于普鲁士军队，后来在其他领域中得到了应用。它们可以帮助领导者和员工在预期结果、必须遵循的所有执行限制以及团队在追求这些目标时可能需要的资源和支持等方面保持一致。

为了使这个框架发挥作用，团队内部以及团队与管理层之间必须相互信任。还必须鼓励团队成员密切合作，以减少沟通摩擦并提高共享的态势感知能力。团结使团队能够作为一个整体实现顺利交付，过程中极少有冲突发生。

摩　擦

> 在组织中，只有三件事会自然发生：摩擦、混乱和表现欠佳。此外，一切都需要领导。
>
> 彼得·德鲁克（Peter Drucker）

说到服务交付，大多数人会将摩擦与阻碍交付速度和吞吐量的因素等同起来。这也是驱使我们许多人选择自动化构建和部署、购买云服务以及采用各种敏捷实践的原因。但是，如此狭隘地考虑摩擦可能会让我们错失最优解忽略阻碍我们实现预期结果的其他事情。

伯伊德和毛奇认为，摩擦会降低我们的态势感知能力并阻碍学习。伯伊德的能量机动性理论表明，即使你比对手更快、更有能力，倘若没有充分适应不断变化的条件或在此过程中做到有效学习，你仍可能会失败。

精益对摩擦作了进一步探讨。在产品和服务交付领域，精益从业者指出，你可以在交付上取得成功，但是，如果在帮助客户实现预期结果方面不如竞争对手，你仍然会失败。为了避免这种情况，精益组织中的团队成员知道必须要寻找并尝试消除任何阻碍或不以客户可感知的方式直接创造价值的事物，并将此称之为"浪费"。

创立了丰田生产系统的大野耐一（Taiichi Ohno）认为，浪费有三种形式：纯浪费（Muda）、超负荷（Muri）和波动（Mura）。

关于浪费的理论的强大之处在于它让我们公开质疑自己所做的一切是如何帮助实现目标结果的。快速消除摩擦和浪费的想法提醒我们，重要的不是你走得多快，而是你能朝着目标结果前进多远。这种截然不同的交付观念迫使我们挑战现状，不断尝试、学习和改进，更好地实现目标结果。

4.1　三种浪费形式

精益和关注浪费的想法产生于美国政府的"行业内部培训"（TWI）计划，该计划旨在提高战时生产力并克服二战期间的劳动力短缺问题，工作改善方法是其最有价值的组成部分之一，专门用来解决如何通过持续改进减少浪费的问题。

工作改善方法鼓励员工思考为什么需要这些方法以及他们如何为工作背后的意图做出贡献，不断寻找可以改进工作的方法。是否可以去除的不必要的步骤或细节？是否可以重新安排或简化步骤以减少错误的发生或缩短完成工作所需的时间？企业会对提出改进意见的员工表示祝贺，并鼓励他们广泛分享。

该方法的早期采用者之一是丰田工厂经理，也是后来的丰田副总裁大野耐一，他当时亟需一种方法帮助处于困境的公司与通用汽车等拥有更多资源的对手进行竞争。

从装配线工人到高层管理人员，大野将这些想法告诉给了公司每个员工。为了让每个人都愿意努力寻找持续改进的方法，他必须鼓励他们改变看待工作的方式。员工不仅要遵循指示，还需要持续、严格地检查所有交付内容。任何阻碍交付或无法直接满足客户需求的东西都应该被视为一种需要消除的浪费。

大野和丰田团队发现浪费有多种形式，熟悉浪费的形式及其影响有助于识别和减少浪费。

拓展：是摩擦还是浪费？

此时你可能会想："嘿，我以为这一章是关于摩擦的！他为什么要谈论某个日本人对浪费的定义？"

简而言之，浪费也是一种形式的摩擦。全面的精益知识体系包含许多适用于 IT 领域的经验教训。我认为用原文介绍精益知识体系中的诸多概念是值得的，这样既可以最大程度地减少困惑，也可以让读者进一步研究其他精益相关的文献。

然而，与许多精益方面的术语一样，"浪费"一词在 IT 领域很容易被误解、误用或被视为无关紧要。大多数人认为浪费是流程中无用但也大多无害的副产品。存在浪费可能不是一件好事，但除非你确定它会导致真正的问题，否则可以忽略不计。在 IT 行业尤其如此，因为浪费不是有形的，也常常不是可见的。

相反，摩擦在 IT 行业被视为真实存在的东西。无论是表达不清的需求、错误的代码、糟糕的工具、欠缺的部署环境还是缓慢的流程，摩擦都会阻碍我们进步和成功交付。

摩擦也可以被视为一种浪费，只是人们或许更愿意找到一种比较容易、"无摩擦"的做事方式，而不是寻找一种"不那么浪费"的方式。

最后，将某事标记为摩擦更清楚地描述了它对我们这个知识驱动决策的行业的影响。无论是处理无用的任务、不得不重做的任务，还是等待缓慢的流程结束，只要拖慢了我们完成解决方案的步伐，都是摩擦。

如果你在阅读本章的过程中觉得"摩擦"这个词更好，请随时在脑海中将"浪费"一词替换为"摩擦"。

4.1.1 纯浪费

纯浪费的字面意思是浪费、无用、无所事事、徒劳的意思。在工厂服务交付中，纯浪费是指客户不愿支付的活动。与普遍的看法相反，我们的目标不是弄清楚如何以价格更低的方式达成目标，而是为了识别和去除所有对实现预期结果没有明显贡献的东西。

寻找纯浪费不仅仅是寻找无用的东西将其去除，这个过程可以帮助我们识别失去态势感知、误解客户目标结果，甚至是学习受到阻碍的地方，还能让我们更好地理解所有我们被告知需要做的事情的潜在意图，以满足任何不为客户提供直接有形价值的法律、监管或内部要求。对大野来说，这些要求也是一种纯浪费。虽然它们可能难以消除，但这并不意味着我们不能以某种方式最小化它们可能产生的摩擦，同时保证满足其预期目的。

新乡重夫（Shigeo Shingo）是丰田生产系统的创始人之一，他帮助确定了制造业存在的七大浪费。多年后，他增加了第八种浪费（未使用的员工人才），并创建了一个有用的列表，供团队在消除浪费时使用。为了指引我们的旅程，我创建了一个类似的列表用于 DevOps 领域，如表 4.1 所示。

表 4.1　制造业的八大浪费及其在 DevOps 中的对应术语

制造业	DevOps	制造业	DevOps
缺陷	缺陷	搬运	交接
生产过剩	生产过剩	在制品库存	部分完成的工作
等待	系统性障碍	无效动作	任务切换
未使用的员工人才	过度专业化	处理过度	流程过多

看上去，这个清单列举了一堆明显不应该做的事情，但它的作用不仅仅是告诉你不应该做这些事，重要的是你需要了解这些事情发生的原因以及它们如何降低我们的决策能力。

为了更好地理解这些类型的浪费，让我们逐一介绍一下。

1. 第一种浪费：缺陷

无论是在服务中出现的错误还是不足之处，缺陷都是一种显而易见的浪费。缺陷是妨碍产品或服务满足客户需求的故障。

没有人会故意制造缺陷，也不会有人喜欢因此而出名。缺陷造成的摩擦会以令人尴尬和意想不到的方式减慢交付速度。由于大多数团队都是根据交付速度来衡量的，这就意味着缺陷经常会被低估、隐藏或标记为"特性"。

任由缺陷恶化只会使情况变得更糟。出现后不久就被发现的缺陷更容易修复。制造缺陷的人如果有充足的上下文信息，就能知道缺陷出现的位置。随着时间的推移，上下文信息会丢失，记忆会消退，其他变化可能也会进一步掩盖造成缺陷的根本原因，要想找到它就更加困难。一旦缺陷进入生产阶段，成本就会以天文数字上升，不仅使分类和修复变得更加困难，而且可能已经影响到了现有客户。

满是缺陷的代码处理起来很难，这使得在截止日期前能否完成工作变得更加不可预测。

这些缺陷不仅需要修复，它们还很容易无意中引发额外的缺陷。很少有人喜欢在如此危险、不可预测的条件下工作。甚至，即使知道某个地方有烂代码，要吸引和留住优秀的交付人员来处理也异常困难，从而大大阻碍有效交付。

防止缺陷发生的最好方法是了解其产生的原因。如第 5 章中所述，缺陷是由于对交付生态系统的态势感知不足造成的。此处列出了最常见的导致缺陷的原因：

❑ 被误解的需求。

❑ 错误和措辞不当的说明。

❑ 问题的上下文信息丢失或不足。

❑ 不一致的或结构不佳的托管代码、配置和数据。

❑ 缺乏或难以遵循依赖关系管理。

❑ 缺乏跟踪或理解的构建和运行环境管理。

❑ 非确定的 / 不可靠的 / 不可重复的安装和回滚功能。

❑ 使用不合适或不熟悉的工具或语言。

❑ 拼写错误。

有些原因是显而易见的，例如被误解的需求或丢失的上下文信息。像拼写错误或使用不熟悉的工具这种原因，表面上看起来很轻微，实际上却会导致真实且难以发现的问题。

精益方法尝试为交付线"防呆"来解决态势感知问题，主要有两种方式。

第一种是在设计系统时使系统避免犯特定的错误。制造商通常可以用工具和零件设计出只能以一种正确方式组合在一起的系统。例如，HDMI 连接器的不对称形状。在 IT 领域，这可以通过创建能避免危险命令或无效配置意外执行的工具来实现。我在第 9 章中详细介绍了一些策略。

另一种方法是建立一些机制，使之更容易在第一时间发现错误和潜在的危险情况。精益制造商使用多种方法及时发现异常或不合适的地方。

例如，使用颜色编码或符号等清晰的标记。颜色和符号是能快速提供大量信息且开销很小的好方法。精益制造商会在某些零件、托盘、推车甚至放置工具的地方使用了不同颜色的标记。

这种简单的方法用处很大，对于任何 IDE（集成开发环境）工具重度使用者来说都很熟悉。我还将这种方法大量用于环境之间的颜色编码管理界面、终端窗口、数据中心电缆和连接器的颜色编码，以及不同类型的警报和图表之间的颜色编码。我甚至与团队合作，将工具、框架和语言按照它们最适合的任务类型进行颜色编码。有时，这种颜色编码具有不同的符号或标记，如条纹图案，以便适应色盲人群。使用这样的编码机制既可以鼓励人们使用最适合某项工作的方法，也可以让他们提出问题，如果需要甚至可以辩论为什么某种工具或技术不适合特定的工作类型。

另一个例子是精益中所谓的"按灯"（Andon）。在精益工厂中，整个装配线都会放置拉灯绳来激活警报，提醒每个人注意特定的缺陷。如果缺陷不能立即修复，装配线就会暂停。

这样一来，故障发生的位置就可以暴露，有助于查找源头，防止故障产品沿装配线进一步向上移动，否则故障有可能被隐藏起来或引发额外的故障。

在 IT 领域，此类机制更加难以实施。当遇到故障情况时，我们可以并且确实会关闭环境和交付流水线。然而，在盛怒之下问题容易被遮蔽，因为人很难退后一步看到整体。这就是为什么我建议团队需要一个队长帮助直接发现问题，以及一个服务工程（Service Engneering，SE）负责人帮助培养团队成熟度，从而让团队更有效地了解更多东西。

防呆的观念可以让团队在安全的环境中工作并重新定位，将缺陷视为需要解决以帮助所有人的系统故障，而非个人的失败，否则他们可能会试图隐瞒这些缺陷。

2. 第二种浪费：生产过剩

好东西你可能也会嫌多，特别是当它的使用（如果有的话）次数很低的情况下。

当生产的东西没有付费客户时，就会出现生产过剩。对于制造商来说，这种过剩会导致库存积聚，需要存储、打折出售或丢弃。这显然不是件好事。不仅制造商要在花钱进行存储还是丢弃之间进行抉择，而且用于生产制造的资源仍然被束缚在没有提供任何价值的东西上。

虽然 IT 行业中生产过剩的原因与制造业相同，即注重产出而非结果，但它的生产过剩没那么明显，却更具破坏性。

IT 行业的生产过剩潜伏在未使用或不需要的特性、多余的代码以及很少可证明价值的不必要的活动中。人们可能会声称客户想要这些未使用的特性，但从不费心去看看这是否属实，或者有这些特性对整体结果有何贡献。内部的流程和工具看起来好像很有用，但其产出可能早已不再提供任何价值。

许多 IT 专业人士都忽略了一点，所有这些过度生产不仅是浪费，而且还会在交付过程中引入大量摩擦。多余的特性和代码可能不会被使用，但依旧必须在生产环境中进行集成、测试、部署和管理。否则，最后它们可能会变成危险的地雷，无意中摧毁了一家公司。

过多的代码和特性也让我们对生态系统的整体理解变得模糊不清。发现问题、客户使用代码时了解哪些代码正在或者没有执行、找出进行变更和添加客户实际需要的特性和功能的最佳位置，这些事情都变得更加困难。

为了应对生产过剩，我总是试图让企业清楚地知道这样做需要付出多少成本。我会跟踪由于生产过剩导致的额外的支持和维护成本、增加的基础设施成本以及增加的交付时间和缺陷。另外，我还尝试捕捉实际的使用模式，让极少使用的特性（如果有使用过的话）更容易被发现。这样做可以让技术团队与企业进行基于事实的讨论，以确保所做的事情符合组织的最佳利益和客户的结果目标。

拓展：数字错了

在电信公司工作过的人都知道，尽管分组交换网络和基于互联网的服务呈爆炸式增长，但目前语音服务仍被视为该行业的基石。

某电信供应商想要对公司的许多传统语音产品进行整合和升级。多年来，他们创造并收购了许多产品，为无数消费者和企业提供了服务。但随着时间的推移，这些系统的稳定性越来越差，管理成本却越来越高。许多系统与新的光纤无法兼容。很明显，问题变得日益严重，但是很少有利益相关者能就解决问题的最佳方法达成一致。

市场和销售部门担心，对系统进行重建会导致部分功能不可用，进而失去客户。因此，他们要求新的解决方案必须包含现有系统中的共计 200 个功能。

这让交付团队陷入了困境，市场上根本没有包含这么多功能的系统。要想做到这一点，唯一的办法是将多个商业解决方案与自定义代码集成在一起，或者内部重新构建所有内容。不管是哪种方法，都非常昂贵且需要数年才能落实。市场、销售和支持部门一开始就对所有不具备同等功能的解决方案表示强烈反对，因此要想轻松地分阶段引入某种解决方案毫无可能。

几个团队一个季度又一个季度地在这个问题上苦苦挣扎，几乎没有什么可展示的成果。随着系统故障风险的增加，公司的担心也与日俱增，但眼前依旧没有解决方案。

这个问题看似无法解决，但在弄清楚客户的需求之后却相当简单。客户并非真正想要所有功能，他们只想要那些对他们有价值的东西。其中，有些功能是针对早已过时或可以通过另一种方式更好地处理的需求。此外，并非每个客户或市场对公司都具有同等的价值，必要的时候可以放弃不那么重要的客户或市场。

考虑到这些，交付团队决定深入了解哪些客户实际使用了哪些功能以及每个功能产生的收入。他们发现客户频繁使用的功能大约有 6 个，而另外 7 个功能的使用频率很低，这些客户对公司来说非常重要，因此将这些功能包括在内是有意义的。而且，这些功能都很常见，市场上大多数解决方案都有涵盖。其余 180 个功能中的绝大多数都从未使用过或者是在过去五年内未被使用。

这些数据给出的结论十分明显，市场、销售和支持部门也让步了。不久，一个具有所有必要功能的解决方案就出现了，随后被推广到友好的各方进行尝试。很快，公司迁移了其余部分，然后关闭了所有遗留系统。

3. 第三种浪费：系统性障碍

多年来，我们将所有重点都放在减少交付摩擦的新工具和流程上，可即便如此，要想完成工作仍困难重重。究其原因，很大程度上是因为 IT 团队因习惯或缺乏沟通和理解给自己施加了各种系统性障碍，每种障碍都不可避免地降低了我们有效决策的能力。

最明显的障碍集中在运营领域，但还有许多障碍存在于整个服务交付生命周期中，常见的形式包括令人沮丧的瓶颈、不一致和硬性障碍。除非能消除这些障碍，否则你的工作将难以取得任何进展。这些障碍会导致交付延迟、返工、遗漏客户期望和挫败感，从而让整个组织变得更加紧张。

要消除这种形式的浪费，首先应该认识到系统性障碍的原因，这通常源于先前的问题或目标已经失效，也有可能是因为沟通问题，以及目标与所理解的目标结果之间的不一致性产生的冲突阻碍了工作的进展。发现这些原因及其给组织带来的成本有助于引起人们对系统性障碍的关注，并最终消除障碍。

为了给你的工作提供些许帮助，这里列出了一些最常见的系统性障碍：

❑ 沟通挑战：无论是物理距离还是组织距离，都限制了及时、畅通、面对面的沟通。相反，我们只能依赖更多有损耗的、不同步的通信机制，例如失去上下文的电子邮件和文档。沟通中信息可能会被误解，从而降低我们的态势感知和跨组织协调性。正如你将在第 6 章中发现的那样，IT 日益全球化还可能引入语言和文化背景差异，进一步导致沟通问题的出现并造成不信任。

❑ 配置不佳的工作环境：在日益虚拟化的世界中，许多企业都忽视了设计巧妙的共享工作环境的价值。在这样的工作环境中，团队成员可以见面协作，最大限度地减少外部干扰。无论是因为空间有限、地理分布，还是健康危机，倘若没有共享的工作环境，信息的分享会变得非正式和不均衡。如果不齐心协力改进信息共享、协同工作和冲突解决的机制，可能会造成信息丢失，信任受损。

❑ 糟糕的环境管理：环境卫生的跟踪和维护十分重要，从构成服务的所有组件到软件、操作系统、补丁、配置，以及编码、测试和操作环境的物理和虚拟层，任何不卫生环境都会导致潜在的变化，从而使团队失去态势感知，降低团队的决策效率。

❑ 糟糕的代码管理：编写、注释、跟踪或更新糟糕的代码会拖慢工作的节奏且容易出错。代码存储库工具、构建和测试工具及其生成的工件对于代码健康也很重要。只要你的工作涉及存在大量分支和不经常提交的代码，你就会知道合并和集成是多么痛苦。这种痛苦产生的原因在于有太多不连贯的代码变更，以至于没有人了解它的完整上下文。这对整个团队造成的意识差距很难弥合，而且还会影响你想要实现的目标结果。

❑ 紧密耦合：组件、系统和服务相互依赖性可能会很高，其中一个部件的变更都会对其他部件产生重大而直接的连锁反应。紧密耦合让受影响的零件不再是一个独立单元，这样做降低了灵活性，因为它强制将某个部件的变更视作全部部件的变更。并且，紧密耦合还会增加交付、管理和故障排除所需的工作量。此外，进行变更所需的停机时间也会拉长，因为受影响的部件无法单独置换或更改，可用于轻松扩展这些部件的选择也更少。

❑ 相互竞争的目标：企业可能会陷入这样一个陷阱，即个人或团队拥有不同甚至相互冲突的目标。这就会导致分歧、竞争和阻碍，影响工作进展。相互竞争的目标不仅会阻碍业务并形成难以穿越的迷雾，混淆组织的战略意图，还可能导致员工分裂并严重打击员工士气。

拓展：充满摩擦的云

我生性不耐烦，特别讨厌不必要的等待。但是，如果不耐烦的后果是以后会有更多的工作和摩擦，我就不会那么急躁、匆匆忙忙。在云端部署服务可能是最能凸显这种平衡的地方。

许多企业都选择通过迁移上云来解决内部障碍，一个共同的原因在于等待新硬件和软件安装好并且可用的过程中会产生许多摩擦。这就让即时配置一个 AWS 或 Azure 实例变得极具吸引力，尤其是当替代方案可能需要花费数周或数月的时候。

我经常看到有 IT 运营组织专注于云计算技术，而忽视了开发人员和组织内其他成员试图解决的问题。许多人试图构建"内部云"或为了使用某个外部提供商的产品实施另一个冗长的配置流程。我所在的一家公司甚至坚持认为，任何服务的配置都需要为每个新的虚拟机或容器进行为期一周的设计流程，以"确保所有内容都记录在案并获得批准"。

流程不是摩擦的唯一来源。团队无法管理他们的云服务配置也是摩擦的来源之一。云控制台充满了一次性的东西，而 Puppet、Docker、Kubernetes 和 Terraform 等配置和编排工具要么压根没用，要么都是无法被跟踪的一次性配置，你很难了解生产环境中有什么或是如何重现它们。

摩擦的第三个来源是云服务的紧密耦合，以至于失去了迁移上云赋予的灵活性。这就迫使团队以资源密集型的协调方式取消、更新再重启此类服务。

4. 第四种浪费：过度专业化

当你面临非常深刻且复杂的问题时，具备可用的专业知识用处很大。同样，要是遇到某些类型的问题，别人首先就找到你来帮助解决，也能让你建立自信。获得这些技能需要时间和实践的积累，越难或越稀有的专业技能通常意味着高额的薪酬，鼓励人们进行变得更加专业。

那么这会带来什么问题呢？

问题始于如何对这些专家进行部署。当技能稀缺或价格昂贵时，许多公司会最大化利用投入的资金，他们会挑选专家，将所有需要该专业知识的工作集中到他们身上。这就会产生问题，最终降低组织的态势感知能力，削弱信任和学习氛围。

类似的，将工作与其整体背景分离也会带来风险。专家们大量时间都在从事适合自己专长的任务，而对于更大的生态系统中正在发生的事情，他们往往一无所知，也就被排除在工作的总体目标之外。同样的，专业以外的人也无法完全理解专家做了什么以及为什么这样做。这会降低整个生命周期中每个人的主人翁意识，为互相指责创造了肥沃的土壤。

另一个问题是员工的身份和价值往往与他们的技能类型相关联，而与他们帮助公司实现目标结果的能力关联不大。如果把员工的专长看成货币，那么货币越稀有，员工的价值就越高。这使得专家不敢与他人分享自己正在做的事情，因为他们害怕这会危及自己的价值。

值得注意的是，大型企业最容易受到过度专业化问题的影响。原因有很多：

❑ 以技能为中心的招聘：专业技能更容易被定义为需求，也更容易被作为职位，因此管理者很容易会根据专业技能来组织团队。由于专业不同，工作必须从一个"孤岛"传递到另一个"孤岛"才能完成。让应聘者通过特定测试的招聘方法通常会偏向志同道合的人，使团队更容易受到狭隘的视野和"非我发明，不为我用"（即不愿意使用外人发明的东西）的群体思维的影响。

❑ 缺乏主人翁意识和对工作的理解不足：当缺乏主人翁意识或对工作的理解不足时，员工对更大的生态系统的认识和对其中事件的响应往往会崩溃。当工作在孤岛之间的切换点成为瓶颈，有意义的优先级排序就会丧失。团队会按照自己的最大利益对工作进行优化，甚至不惜牺牲组织的利益。随着工作受阻和跨学科问题的出现，互相指责的可能性难免就会增加。

❑ 专业技能过时：技术或战略上的快速变化可能会让专业技能过时。看到工作偏离其专业领域的现任专家可能会试图阻止或破坏这一变化，从而降低企业的适应能力。

❑ 缺乏个人参与和认同感：职责的划分创造了一个僵化且缺乏活力的工作环境。缺乏个人参与和认同感会限制员工的创造力以及对新技术和解决方案的接纳能力。管理层对这些潜在动态的有限理解会进一步减缓组织的响应速度。

一个企业要想摆脱这种浪费，最好的办法是不断寻找机会尽量减少对专业化的需求。一种方法是避免使用需要深度专业技能的复杂解决方案。另一种方法是轮换角色，并找到创造性的方法帮助团队成员定期进行交叉培训。

在无法避免专业性工作的情况下，我们可以重塑专家角色和团队，尽量减少专业化的缺点。最好的办法是将专家作为主题专家（SME）置于拥有端到端生命周期的团队中。这种模式类似于 Spotify 模式中的小队（squad）和协会（guild）方法。专家可以向其他人提出建议、进行培训，确保任务正确完成，而不是自己处理所有专家类的工作。该模式通过提高员工技能库的规模和流动性的方式提高了工作的灵活性，而且还为员工不断学习新技能创造了极大的动力。专家们仍然可以磨炼自己的技能，迎接更深层次的挑战，并与更大的兴趣小组中的其他专家进行分享。更广泛的接触有助于人们成为"T 型"人才，既在一个领域拥有深厚的专业知识，又在许多其他领域拥有广泛的能力。

拓展：专业化的功能障碍

我经常遇到过度依赖专家的公司，这会造成各种瓶颈，影响其他团队完成工作。最常见的三种专家是数据库管理员、网络工程师和 IT 安全专家。

在交付团队中有专家并不一定是件坏事。我经常建议团队中配备这些专家。当他们成为团队的一员时，可以帮助大家做出更好的技术决策。另外，他们还能指导他人用更好的方法编写代码、执行维护任务，并且解决那些可能会阻碍满足客户需求的难题。

但是，专家本身需要定期接受挑战、扩展能力，以便保持自己的兴趣并与团队一起成长。否则，他们经常将自己对团队的所有价值都放在自己一个人就可以完成的工作上。这难免会让他们对自己的领域有过度占有欲，最终造成单点故障。

我在一家同时具有数据库管理员和网络工程师的公司遇到了这个问题。以前，有政策要求所有数据库相关的工作都必须配备数据库管理员这一角色，而在网络端，大多数访问受限于网络访问控制列表，需要签名然后由网络工程师执行。这两项政策都使变更和部署变得非常缓慢。虽然数据库管理员和网络工程师喜欢这种被尊重和重视的感觉，但他们压力很大，工作乏味又无趣。

所以我从数据库管理员着手，改变了这种动态。

我和组织中一些顶级数据库管理员进行了沟通。他们非常有才华，可以说是我合作过最好的数据库管理员。我渴望消除瓶颈，但也重视他们的知识，希望他们能感到自己在接受挑战的同时也在成长。

我建议他们找到一些工具或者方法，让别人能够执行简单、低风险的任务。与此同时，我们创建了一个积分系统，让那些能够负责地执行这些任务的工程师们稳步获得更多特权来执行其他风险稍高的任务。做不到的人则会失去积分，赋予他们的特权随之消失。

然后，我创建了一个数据库工程团队，负责未来的数据库架构决策，研究有前途的新技术和数据优化策略，并与开发人员一起改进编码和数据结构实践。与工程师一样，数据库管理员也有一个积分系统。如果数据库管理员能够创建并改进工具和实践方式，把工作移交给其他员工完成，那么他就可以专研于自己感兴趣的领域。对此不感兴趣的数据库管理员会继续从事数据库管理任务，但他们可能会发现自己正在为别人工作，而这些人正是被自己拖慢了速度的工程师。

这种方法很受欢迎，在极短的时间内，大部分瓶颈都消失了。另外，我们还在商业上取得了巨大的胜利，因为最好的数据库工程师们正在解决最新的技术问题，让我们的能力超越了许多竞争对手。

我对网络工程采取了类似的方法。该团队很快就找到了一种方法，放弃了网络访问控制列表并用最终构成软件定义网络（SDN）主干的技术取而代之。这给交付团队带来了更大的灵活性，同时确保网络的安全性和高性能。

5. 第五种浪费：交接

在生活中，交接是不可避免的。不是每个人都可以一直做所有的事情。有时，基于法律上的要求，故意在团队之间分离职责需要很慎重。

但是，交接给我们带来了两项挑战。首先，人员和团队的优先级可能不一样。优先级不同，工作很容易陷入交接链中。无论一个团队是在等待另一个团队完成他们需要的工作，还是部分完成的项目正在等待接收和完成，在客户看来，导致的延误都是一样的。

其次，交接和集成点可能会导致信息和上下文丢失。由此产生的有缺陷的假设可能会导致错误和返工，并让所有跨越交接或集成边界的故障排除变复杂。

最常见的交接形式是专家角色和领域专家为了完成某项活动进行的交接。我目睹了数据库管理员与工程师或开发人员与测试人员之间在工作上来来回回，这种循环会持续数天或数周。

另一种交接是由组件间的紧密耦合以及团队间无意义的职责划分引起的。具有讽刺意味的是，这种划分通常是在这样一种信念下进行的，即无论任务如何划分，更多的团队和更少的职责会自动带来更快的交付。这样做常常导致的结果就是，我们会在瓶颈处进行任务的划分，而这些瓶颈会带来过多的交接。

拓展：串行环回的交接链

在一家公司，责任划分导致了串行环回的交接链（见图 4.1），最终削弱了公司。一项服务被分给 20 个不同的敏捷团队，因为企业相信这样做可以在一到两个为期 2 周的冲刺周期交付所有东西。不幸的是，这种划分方式使 14 个团队的库和其他依赖项的关系变得十分紧密，需要先由一个团队交付完，然后另一个团队才有信心完成自己的任务。在许多情况下，这些依赖关系是累积的，一个团队依赖于另一个团队的库，而该库又依赖于另一个团队的另一个元素，依此类推。最终，他们试图加速的交付变成了串行任务，交付时间增加了 6 个月以上。

更糟糕的是，如果在交接链中发现错误或其他问题，那么流程必须返回负责修复它的团队，并从该点再次遍历整条交接链。

图 4.1　串行环回的交接链

了解生态系统中存在交接的位置非常重要。将第 11 章中讨论的工作流程看板与第 12 章中讨论的队列大师相结合，可以帮助我们发现存在过度交接的地方。我还鼓励团队在回顾和战略审查会议上发现和讨论工作中存在的交接问题。

鼓励员工尽可能地寻找减少交接的方法，可以提高组织的响应能力和灵活性。它还可以提高组织的态势感知能力，并减少导致浪费性返工的错误和误解发生。

6. 第六种浪费：部分完成的工作

在精益中，部分完成的工作被称为"在制品"（WIP），指已经完成但尚未部署并为客户提供价值的任何事物。

部分完成的工作是 IT 交付企业的一个常见祸害。它会出现在交付周期中的任何地方，例如尚未提交的代码修改、未构建/未集成的代码、未测试的包、未发布的软件、已发布但关闭的代码，以及部分完成的操作工单。

部分完成的工作存在很多问题。人们能很容易地注意到它阻碍工作产生价值，或者大量未检查的代码会延迟潜在有用的反馈。但在制品最糟糕的问题是，它会给人们带来额外的工作量。

你可以回想一下同时处理多项工作的时候。每次开始下一个项目时，你都必须付出一些努力来重新获得上下文。之前做到哪儿了？你之前打算从什么方向开展这项活动？搁置这项任务期间，是否发生了某些变化足以改变事情的动态，以至于你必须纠正甚至丢弃已有的东西？

暂时失去上下文不仅仅会让工作量增加，它还为错误创造了机会。事情的动态可能会以你意想不到的方式发生变化，等到你意识到的时候已经为时已晚。又可能，我们错误地记住了正在发生的事情或我们正在做的事情，无意中引入了缺陷或返工问题。

处理部分完成的工作的最好的办法是让它和它的作用变得可见。工作流程看板是一种很好的形式，能显示进行中的工作量。这也是队列大师发挥作用的地方。队列大师不仅可以发现在制品何时产生，还可以发现可能导致在制品出现的一些模式，帮助团队改掉坏习惯。

一个常见的坏习惯，也是我们即将谈到的下一种浪费：任务切换。

7. 第七种浪费：任务切换

无论你是在构建、测试还是运营，IT 工作都需要高度集中注意力并建立上下文。干扰的出现对两者来说都是危险的。但是，为了最大限度地提高产出，我们愿意接受频繁的任务切换，例如中断服务的故障排除或者突然重新调整工作优先级。

任务切换很容易让人陷入困境，而且常常与部分完成的工作一起出现。有些人喜欢解决难题、突破困境快感。有的人则认为，多任务并行在某种程度上让他们对组织来说更加不可或缺。通常，一家企业在确定工作的优先级和工作跟踪方面表现都很差，每项任务都变成了某人努力游说希望使其立即完成的一个机会。

在任务之间进行切换不仅会分散注意力，还会破坏上下文，减慢我们的进度并拉低效率，因为部分完成的工作会在队列中不断堆积。任务切换也会削弱我们的态势感知能力、发现模式的能力，以及最终学习和改进的能力。最后，我们不仅会忘记正在发生的事情，有可能还会忘记需要实现的目标结果。任务切换轻则导致更高优先级的项目被延迟或忽略，重则影响我们做出明智决策的能力。

许多 IT 团队，尤其是那些拥有大量运营支持的团队，都放任大量的任务切换存在。这让人很容易相信这就是工作的本质，但是，正如我们稍后将通过队列大师这一角色展示的那样，对团队来说重组工作的方式可以大大减少干扰的发生。作为工作的切入点，队列大师还可以看到整个生态系统，注意到存在的模式并最终帮助团队学习。

将工作流可视化还有助于发现任务切换的存在，包括拖延的任务和进行中的工作的堆积。积极寻找并减少任务切换的来源也很重要。正如第 12 章中所讨论的，我鼓励队列大师帮助团队调研一些方法，对长期运行的人员密集型任务以及在团队之间循环流动或需要大量来回反复的工作进行重组。

8. 第八种浪费：流程过多

流程是有益的，它将工作的形式和方向标准化来确保结果的可靠性和可重用性。如果部署和维护得当，流程可以减少错误和返工。此外，它还有助于获取知识，增强团队能力。

但是，一样好东西拥有得多了也不见得是件好事。在 IT 行业，遵循流程可能变得比客户结果更重要，有时人们甚至会认为流程是客户正在寻找的目标，即使流程本身看似对提高交付或服务效率并没有太大作用。

最严重的一些流程浪费是在"行业最佳实践"的旗帜下进行的，即使该流程明显阻碍了业务的发展。随着时间的推移，这种目的上的分歧会降低企业及时、灵活地响应对其提出的要求的能力，学习和改进的速度大大放缓，似乎流程中没有什么与提高效率和满足客户需求的进展有直接关系。挫败感、工作量和返工的增加导致了紧张和压力的出现。

过多的流程往往会导致以下问题：

- 不灵活：IT 行业处于一个十分多变的生态系统中。与技术相比，客户和业务需求的变化速度甚至更快。所有条件的变化意味着需要不断地审查、更改甚至消除流程，以保持对齐（一致）。无法或抵制对流程的适应会降低效率，造成浪费。

- 过度规范：一个有用的流程通常是一种可重复的模式，可以帮助我们了解情况并朝着成功的结果前进。然而，过度规范的流程可能会过于详细，就像一件无意识的紧身衣，积极地阻止人们适应不断变化的条件。我们应该对此类流程进行审查以确定该流程是否是隐藏了更大问题的权宜之计。

- 无法展示可见的客户价值：某些流程的实施是出于好意。但是，由于习惯或对实际需求的误解，它们难以提供任何可见的价值。这些流程通常构造不佳或不适合所部署的环境。有时，它们是从另一个环境或"最佳实践"的官方列表中逐字提取的。例如，某公司要求在某些变更程序中进行物理签名。该步骤并没有法律或监管要求，后来我发现唯一的可能是该流程是从一家确实有此类要求的公司复刻过来的。

  我们应该对此类流程进行审查，确定他们试图解决的问题以及问题是否存在、是否需要在目标环境中解决。如果答案是肯定的，那就应该更改流程使预期的期望价值更加明显。如果答案是否定的，就应该放弃该流程。没有流程比硬塞一个不适合目的的流程要安全得多。

- 执行和知识不匹配：有时一个流程最终是由不了解其根本原因或缺乏执行该流程所需的知识、意识或技能的人所执行的。IT 企业经常充斥着这样的流程，而且不仅仅发生在初级支持技术人员级别。事实上，根据我的经验，它们最常见于需要高级管理层批准的流程，例如变更董事会的批准和官方治理流程。由于无效的内部沟通流程和结构不合理的信息，缺乏充分共享的态势感知会导致审批者有效执行的能力下降。

  当执行与知识不相匹配时，必须快速找出它们是如何发展的，以便对其进行纠正。是否有更合适的方式去实现流程背后的意图？也许流程可以在正确的态势感知下执行，或者可以提高信息的质量和流动性，以便批准者能够有效地履行其职责。

- 定期中断或规避：有时流程似乎会定期被中断或规避。一个非常常见的做法是将购买一次大交易拆分为许多小交易，以便为超过特定价值的交易解决流程过慢的问题。另一个做法是重用旧代码或老系统，以避免花费大量时间迁移到一些不合标准的"官方"技术。

这些问题可能会引发更大的灾难。与其采取严格的执行措施，不如对流程进行审查，看看为什么没有遵循这一流程。可能是因为流程过于烦琐，不符合实际情况，或者应该使用它的人没有理解它的价值。有时，就像某些法规要求某些金融交易使用传真技术一样，这个流程早已不再需要。

如果存在上述问题，那么你的工作很可能有流程过多的迹象。无论是否有明显的问题迹象，定期审查流程都非常重要。

好的流程需要对客户关心的目标有明确的帮助。不能以最有效的方式做到这一点的流程需要完全更改或剔除。

4.1.2　超负荷

长期以来，科学管理和成本会计一直训练管理者将投入视为沉没成本，需要以效率和成本管理的名义进行充分利用。持这种心态的人认为，少了就是"浪费"。然而，这样会造成真正的浪费，即超负荷。

超负荷从来都不是一件好事，并且有许多表现形式。大多数人都比较关心负载过重的系统和机器，他们知道每一次超出合理范围的小动作都会降低可靠性。然而，有两种形式的超负荷经常被忽视，即超负荷人员和超负荷版本，它们会损害我们交付和有效决策的能力。

1. 超负荷人员

超负荷人员普遍存在。许多雄心勃勃或对失去工作感到紧张的人也希望领导看到自己加倍地努力。但是，这样的行为实际上是相当冒险的，它会让人产生倦怠，几乎没有空余时间应对问题的出现。除此以外，一个更为紧迫的问题是这种行为会损害决策的方式。

当人们感到压力或负担过重时，人们就很难注意到重要的事实或整个生态系统内不断变化的条件，也就限制了人们学习和调整的能力。研究表明，超负荷工作的人效率低下，而且会犯更多错误。过度工作还可能导致受影响的人在这个过程中错过重要的决策点。

很多人还忽略了另一个事实：即使超负荷工作的只是团队中一个成员，也会影响整个团队的决策。他们可能会因为太忙而无法分享自己所拥有的信息，从而削弱了周围人的意识。他们也更容易错过最后期限和重要的同步点，并且通常更不愿意"浪费时间"回顾情况或帮助自己和他人学习。他们不必退后一步，去考虑大局，找到更好的方法。

我经常遇到超负荷的人。最糟糕的是，他们通常是组织中不可或缺的人才。

那么如何解决团队负载过重的问题呢？

首先要确保超负荷人员注重回顾和战略审查。他们会尝试拒绝，此时经理和团队可以进行干预，有时甚至可以通过审查会议来重新分配工作或以其他方式减少工作量。将这些人轮换到团队范围内的其他岗位也是一种很好的办法。

2. 超负荷版本

偶尔发布包含大量变更的大版本似乎是一件好事。它让开发人员有更多时间来解决更复杂的问题，也让测试人员有更多时间进行测试。运营人员喜欢这样一个事实，即无须担心发布中断，而对于客户而言，新特性的激增让新版本看起来极具吸引力。

那么为什么大版本是一件坏事呢？

相当反常的是，许多赞成偶尔发布大版本而不是频繁发布小版本的人声称这样做是为了避免某些风险和交付摩擦，但通常他们也是最终增加这些风险和交付摩擦的人。对于初学者来说，更新一个超负荷的版本并不一定意味着风险较小。事实上，捆绑许多变更意味着一堆新的、不同的交互，它们会掩盖每个人的态势感知。众多变更中的哪一个可能是新问题的根本原因？可能是一个或多个变更的相互作用。如果开发人员没有充分考虑每个变更是如何与其他变更进行交互的，或者变更由多个不同的团队执行，那么可能会使故障的排除和解决变得更加困难、耗时更多。

更新一个超负荷的版本也无助于减少交付摩擦。给开发人员更长的时间开发特性会鼓励使用长期存在的分支和更少的代码。这会降低透明度，在未来可能导致严重的集成问题。它还会让开发人员放弃对变更以及变更在完成之前上线将如何在生态系统中进行交互的防御性思考。

更长的发布周期对测试也没什么帮助。较短的周期能让我们真正了解什么是高价值的测试，还能激励我们改进测试周期的时间，让企业获得的反馈更多、更频繁。较长的周期鼓励通用型测试，但关注点不合理且反馈周期长。这就会导致对代码健康状况的理解较差，并且发布时常常会出现大量已知错误。

治理流程也是如此。那些习惯于处理大版本的人经常自欺欺人地认为，任何企业要想拥有强大的治理能力，唯一的办法就是设置许多充斥了各种审查和详细文档的检查点，以便发现和减轻潜在的风险。实际上，繁重的治理流程会让风险管理的难度提升。没有人喜欢证明自己所做的一切都是合理的，文档流程可能枯燥乏味，对所有关联人员来说都是一种浪费。当变更的跟踪受到限制并且管理委员会的技术水平不高或不了解细节时，许多较小的变更只能作为一种权宜之计被遗漏或混淆。

另外一点是关于时间惩罚。变更不仅仅发生在软件中。人员、使用模式、业务需求和法规要求都可能发生变化，有时甚至是出乎意料的。更多的时间意味着这些变更有更多的机会影响服务的运行环境。能反映项目开始时早期条件的版本可能已经不适合当前的需求。即便变更的价值没有被不断变化的条件侵蚀，拉长时间也会延迟客户和企业从变更带来的价值中受益。

那么，我们该怎么办？

以上所有类型的超负荷，都可以通过查看工作是如何流经系统的各个部分来避免。正如第 11 章中所讨论的，通过有效使用看板将工作流程可视化大大有助于发现工作中的瓶颈，包括等待时间长、队列长、在制品多等问题。

另一个有用的方法是检查代码存储库结构和统计信息，以及构建、测试和部署的统计信息。工作是不是被困于长期存在的分支上无法动弹？某些任务是不是总是由团队中的一小部分人处理的？是否存在长时间的集成和测试周期并伴随着复杂的冲突和看似难以解决的长期存在的错误？部署是否涉及多个不同的领域？产品发布后预计会有不稳定的时期吗？

了解工作流程和超负荷可以帮助我们建立可持续的平衡的工作方式，提升我们做出更好的决策和实现目标结果所需的意识和学习的能力。

4.1.3　波动

"Mura"在日语中的意思是不均匀、不规则或不统一。对于制造业，客户需求的意外变化、产品不受控制的可变性、不可靠的设备和糟糕的培训都可能会导致波动，从而引起组织压力、质量问题、客户不满意和浪费。

IT 行业还会受到各种形式的波动的影响，从突然的需求高峰到无法解释的负载和配置漂移，这些都阻碍了服务交付。随着 IT 服务越发基于需求，这就成了一个更大的问题。服务堆栈不仅变得更加复杂，有可能导致交付和运营工作负载波动，其共享性也意味着之前局部化的问题，例如配置错误或实例故障，可能会产生广泛的影响。此外，通过共享使用，用户的增加和使用模式会以独特的方式结合，造成剧烈的负载波动，而这种波动几乎没有警告。以上都可能会带来巨大而复杂的问题，严重削弱一项服务且很难被纠正。

认为波动是必然发生且不可避免的，是人们犯的一个最大的错误。波动本身是由团队态势感知差距和生态系统中的摩擦点相互作用引起的。意外的波动只有在遇到过程中一个或多个摩擦点时才会引起明显的问题。

波动的另一个有意思的地方是，我们应对问题的方式会严重影响波动的后果。事实上，这是极为常见的，我们对问题的本能反应可能会导致进一步的不规则和摩擦，从而加剧造成的损害。

正如我们将看到的，消除波动的最佳方法是尽可能积极地发现并缩小态势感知差距，同时消除摩擦点并利用生态系统中的瓶颈。

为了更好地理解，让我们更深入地了解两种最常见的模式：出乎意料的需求变化和不受管理的变化。

1. 出乎意料的需求变化

我们都熟悉波动需求这个概念。需求在一天、一周甚至一年中不可避免地会起起落落。只有当瓶颈（例如商店结账队列或流量备份）造成某种明显的延迟或故障时，大多数波动才会被注意到。这种变化虽然令人不快，但当它遵循某种可预测的模式时是可以容忍的，我们可以提前进行调整来减轻后续的痛苦。

当需求发生出乎意料的变化时，情况就完全不同了。无论是缺少卫生纸还是网络服务突然超载，随着供应商争相响应和调整，客户的挫败感会达到临界点。

在 IT 行业，需求触发的波动通常表明交付部门已经和客户及其目标结果脱节。这种意识差距导致交付部门很难预见缓慢的变化，直到它引发真正的问题。当组织的反应受到摩擦的干扰，难以充分调整以来应对这种情况时，危机就会随之而来。

这类意识差距的产生往往有两个共同的原因。

首先，在某些情况下，与客户有定期联系的销售、市场、产品和支持团队希望减少潜在的干扰，并通过充当客户和交付之间的代理来更好地控制交付团队的优先级。虽然这种想法有一定合理性，但常常会导致信息延迟和上下文空白。最终结果是交付团队看到很多工作缺乏与实际预期结果或客户实现目标过程中所遇到的障碍相关的重要背景信息。他们不仅缺乏简单的方法来理解信息，而且也无法捕捉产生的不匹配问题。这就导致系统充斥着意识差距和摩擦点，从而滋生可变性。

其次，意识差距更常见于组织孤岛的碎片化。从分散的角度来看生态系统，无论是业务方还是交付方都无法完全了解客户或驱动客户在环境中的行为动态。这原本没什么问题，但当一方或双方完全相信他们知晓真实的情况并且认为任何不一致只是某种噪声或另一方的错误时，这就会成为一个严重的问题。加上业务方对交付方的运行状况或其处理需求变化的能力缺乏了解，问题就变得更加复杂。

在这两种情况下，危机袭来时，会爆发一连串的问题。团队可能会变得不知所措。压力让一切都慢了下来，错误的数量增加，组织的交付能力遭到严重破坏。

即使在问题最轻微的情况下，团队也不会完全恢复。之前承诺的工作无法完成或出现质量问题，除非团队积极应对，否则信任将进一步削弱。员工会因害怕受到指责而隐藏或掩盖发生的事实，这进一步降低了组织的态势感知能力，严重限制了组织内的学习和改进。事件的压力也会让人们感到紧张，并在团队之间造成不好的感觉，从而进一步增加交付摩擦。

这听起来可能很糟糕，但问题不会到此为止。导致最初危机的意识差距常常使我们将所发生的事情误认为是单纯的资源问题。我们的本能反应促使我们做出更多不恰当的决策，而这些决策只会加剧事态。最高管理层特别容易受到影响。在大多数情况下，实际情况被高层管理人员收到的一连串令人愉快的报告以及他们与下属之间严格管理的互动所混淆，这意味着管理者通常也失去了态势感知。

2. 牛鞭效应

波动引发的危机看起来非常可怕。当第一反应被证明是不充分的并且一切似乎进一步陷入混乱时，人们很容易反应过度并加大资源投入以解决问题，可能会投入更多的基础设施、更多的人员、额外的项目时间、额外的功能，甚至更多的团队和软件。

从表面上看，这种反应是有道理的。即使会增加成本和复杂性，拥有更多的服务器、软件和可用于解决问题的人给人的感觉像是上了一道保险。但是，额外的资源对于解决潜在的问题几乎没什么作用。态势感知也不会因此好转。事实上，额外的资源可能反而会增加摩擦，降低意识，进一步加剧最初的问题，引发牛鞭效应。

牛鞭效应是典型的供应链摩擦问题。它始于需求的突然意外变化。但是问题不在于需求发生了变化，而是企业需要克服多少摩擦才能发现并充分适应这种变化。

在 IT 行业中，这些转变通常以负载峰值和特性需求的形式出现。IT 团队通常的反应是疯狂地尝试增加供应。在产能方面，团队可能会疯狂地购买和配置新产能。在代码方面，团队可能会雇用大量开发人员或者外包大量开发。

随着需求对供应链形成冲击，需求的膨胀会触及交付端的摩擦点，从而产生压力和延迟的连锁反应。为了增加产能投入的时间和精力越多，完成任务的压力就越大。这种压力不可避免地会迫使供应链中的人员采取行动，但却没有足够的时间调查推动需求的因素、需求可能持续的时间，以及他们的行动对生态系统中其他元素的影响。

这是破坏真正开始的地方。

一旦局势稳定下来，交付摩擦反而会使事情恢复正常变得昂贵且痛苦。这就让企业陷入了难以为继的境地。如果你订购了新资源（服务器、人员、软件等），就仍然需要接收交付，即使这些交付可能没什么用处。如果暂时将大部分开发工作外包，那么你需要弄清楚如何经济高效地了解代码的状态以及如何最好地管理和支持代码向前发展。

这一切最糟糕的部分是，如果存在太多的内在摩擦，要想扭转任何决策或减轻它们可能造成的损害就会非常困难甚至不可能。预算和项目时间表经常被夸大，有时会导致高昂的持续成本，而且几乎没什么可展示的成果。

牛鞭效应的另一个破坏性因素是，尽管产生了一系列全新的问题，但是最初的问题（或是这一切的起因）仍未解决。在解决这些摩擦和意识差距之前，没有什么措施能阻止这个循环一遍又一遍地重复，越来越多的宝贵资源也被浪费，而客户依旧感到被忽视，觉得服务不到位。

3. 不受管理的变化

并非所有的变化都是突然的或需求驱动的，它可以轻松地存在于我们的服务和更广泛的环境中。这里的配置略有不同，那里的理解存在细微差异，客户的使用模式或需求不一致，甚至是事件顺序的差异导致偏差，这些都是可能的原因。它们悄悄堆积起来，就像墙上的许多层油漆和污垢一样，模糊了生态系统的真实状态，使其越来越难以预测和重现。

技术栈复杂性的增加以及虚拟化和容器的日益普及，只会增加变化的概率。从计算机硬件组件的不同、编译器生成的字节码和软件补丁版本的差异，到改变操作顺序和时间的不可见的资源争用，都可能导致细微但重要的行为变化。甚至客户机端点及其访问服务方式的差异也会产生显著的影响。移动部件数量的增加只会加剧风险。

企业规模的扩大无法扼止这种变化。组织孤岛会造成理解和实施细节的偏差。个人或团队之间只需要一次误解就可以造成很容易中断服务的破坏。

尽管变化的复杂性日益增加，许多 IT 人员似乎并没有意识到这些挑战，仍在"乐观"应对。那些确实关心不受管理的变化的人常常误以为，只要迫使每个人都遵循规定的流程，就能解决这个问题。

我们从小就被告知每片雪花都是不同的。它的独特和短暂存在使其具有一种脆弱的美。没有人希望 IT 服务具备这样的特质。然而，许多企业构建和管理环境的方式让 IT 环境中的雪花现象极为普遍。

2012 年，马丁·福勒（Martin Fowler）写了一篇博文，创造了"雪花服务器"一词。"雪花"用来描述随着时间的推移自然增长和变化的服务器和软件配置，它们几乎不可能完全复制。它们可以出现在任何地方，从服务器和数据配置到外部环境因素，例如虚拟化或容器化环境中的隐藏资源争用。

雪花服务器通常是因为一次性调整逐渐积累才产生的，例如为了解决问题所做的手动修改。有时候，则是因为糟糕的打包和补丁，让安装和更新的碎片散落一地。工作完成后，人们经常会忘记任务是什么或完成的细节如何。随着一次性调整的累积，我们越来越难弄清楚是什么让它们与我们的预期大相径庭。它们变得越来越不可预测、越来越危险，有时甚至会导致改进停滞不前并使业务处于危险之中。

4. 最小化波动

要想最小化波动，最好的办法是着眼于解决根本原因，这并不意味着要避开变化。生态系统的变化是不可避免的。但是，我们可以做一些事情来尽量减少有问题的摩擦。

首先，最重要的是在可能的情况下消除环境内任何可避免的态势感知差距。无论是基层员工还是首席执行官，我们都会无意中做出可能造成错误假设、沟通中断和误解的事情。

为了最小化波动，以下是你和团队其他成员可能需要问自己的一些问题：

❏ 组织孤岛是否存在？如果存在，它们是否有必要？如果有必要并且在某种程度上不可避免，是否可以最小化跨越团队边界的软件和基础设施依赖关系？是否可以通过重组工作来提高跨组织边界的透明度和沟通，从而提高态势感知、协作和信任？

❏ 你是否消除了所有的"单点故障"？在这些地方，只有少数人知道你环境中的某个元素。它可能是代码、配置、部署方式、使用方式、排除故障的方式或任何在服务生命周期中的重要内容。测试这一点的最佳方法是查看任务在团队成员之间轮换的情况。如果只有一小部分人能做这项工作，他们应该传授他们的技能，以便其他人也能像他们一样做得好。

❏ 每个接口都有一个负责人吗？如果是这样，负责的人能否确保接口的兼容性和耦合的最佳实践到位了，某个团队的更改对其他团队的影响最小化了？

❏ 是否在数据级别做过类似的事情，每条数据都有一个负责人，了解数据的质量、变化率和重要性？是否已尽可能地减少依赖关系，以便轻松管理？

❏ 是否有方法可以以权威的方式了解环境中的内容，包括所有内容的配置方式？

❏ 是否可以轻松地精确复制所有内容而无须借助映像？

❏ 软件能否以原子级别进行部署和配置？

❏ 是否已经捕捉、知晓并理解部署和版本之间的差异？

❑ 你会避免不受控制的一次性配置吗？测试这一点最好的方法是确认每个版本和补丁都完全受版本控制，脚本所做的所有变更都是完全透明的、记录在案的和可审计的。

尽可能减少变化确实有帮助。不幸的是，消除所有变化几乎是不可能的。你的服务可能依赖于既不受你控制也不完全透明的共享基础设施和服务，或者是你无法直接检查的技术和数据，又或是你的客户不愿意透露他们正在做什么以及为什么要帮助你提前对模式进行预测。甚至，你可能拥有遗留的"雪花"服务器、软件和流程。你能做的是设计你的工作环境来适应这种混乱。我将此称为"抵御疯子"的办法。

这个办法很简单。如果你的服务中有某个元素缺乏足够的透明度，想象它在一个疯子的手中。你可以尝试找出这个元素可以造成的最严重的损害，以及它会如何对你服务造成损害。如果它是一项云服务，想象一下时钟的嘀嗒声混乱不堪时，有人随机拿走资源或加重你的负担。你将如何追踪它的效果并对它进行工程设计？什么样的用户活动可能是危险的？怎么才能发现这类活动？你能做些什么来管理这种情况？如果一个组件或服务处于雪花配置中，想象一下一个充满恶意且疯狂的人拿着斧头穿过大厅和数据中心。那个人摧毁什么东西会让我们觉得痛苦，很难或者根本无法替代或恢复？是否存在真正重要且难以复制的服务器或磁盘阵列？是否有人拥有其他人不具备的知识或技能？随着设备下线，用户对服务有何体验？你如何使摩擦变得可见，又能做些什么来减轻这种摩擦？

这一切听起来似乎不太可能，但它确实打破了 IT 行业中普遍存在的过于乐观的快乐路径方法。如果认真对待，你在应对这些挑战就会有所防备，思考失败的模式以及变化可能发生的方式。这也让我们更接近于降低我们和客户最终所面临的可变性水平。

"抵御疯子"的概念在我们的行业中并不罕见。它涉及测试驱动的开发（TDD）背后的许多思想的根源，测试驱动的开发是指在写代码之前就编写测试捕捉你的代码最终可能面对的各种用例。这种做法有助于在编写代码前就对各个问题进行思考，而不是事后将问题组合在一起。

拓展：Netflix 与猿猴军团

任何依赖供应商提供关键基础设施或服务的人都可能在某些时候遇到过服务可预测性和可靠性方面的问题，比较著名的事件有 2007 年 365 Main 的数据中心停电，2009 年 12 月埃及海底电缆被切断，以及一些大规模的 AWS 停电，它们都对成千上万的企业和数百万人造成了恶劣的影响。

随着服务变得越来越复杂，可变性问题可能会变得更糟。凡是建造过大规模基础设施的人都可以告诉你这样一个事实，即拥有的移动部件越多，越容易发生故障。谷歌技术基础设施副总裁 Urs Hölzle 曾经给出这样一个指标，如果你的集群由 1 万台服务器组成，每台服务器都由额定平均故障间隔时间（MTBF）为 1 万天的组件构成，那么你每天会遇到一个故障。当结合考虑外包和规模时，你会发现失败的可能性变得非常高，而且几乎不受控制。

幸运的是，我们中很少有人会处理大规模关键型任务服务，而此类服务的故障严重到足以对企业造成致命的影响。也就是说，随着采用的云服务堆栈数量增长，这个问题在企业中会变得越来越普遍。Netflix 是一个极端的例子，该公司考虑到了这些问题，并提出了一种全新的解决方案来处理这些问题。

Netflix 提供视频流服务后不久，希望借助外部基础设施提供商帮助他们更快速、灵活地扩展业务。当时，人们对流媒体服务的需求尚不清楚。在这种情况下，投资大量昂贵的基础设施对企业来说是致命的。

同样地，核心服务外包也很危险。外包供应商无法充分了解你的业务，或者提供的服务可能无法完全满足客户的期望。Netflix 起初决定重度依赖亚马逊的 AWS 云服务，这使其大部分流媒体业务面临 AWS 服务交付不足的风险。

Netflix 对稳定性和可靠性并没有抱太乐观的期待，与 AWS 的早期合作让他们意识到会有很多不稳定性。他们发现，AWS 的联合租户模式并不能为 Netflix 复杂的工作负荷提供所需的可预测性或可靠性水平。这种波动意味着 Netflix 不能依赖于每个流程（它们的完整性无法得到保障）。

于是，Netflix 决定在构建服务时使之预测并适应任何级别的故障，为此构建了一系列他们称之为猿猴军团的工具，这些工具在他们的服务中漫游，对服务器与应用程序进行随机消灭和降级以确保故障的发生。他们认为，如果不一直测试自己在故障情况下取得成功的能力，那么在最重要的时刻发生意外中断时，服务也不太可能会正常工作。

与大多数试图在受保护的测试环境中执行此操作的公司不同，Netflix 选择在生产环境中运行这些具有破坏性的工具。这样一来，既消除了模拟产生的所有不确定性，又让工程师牢牢记住，他们的代码将在极其不稳定的环境中接受测试，必须引起重视。工程师们需要加强防御，了解问题出现时会发生什么，并采取安全措施进行恢复。通过处理给定的变化，波动不再成为一个问题，从而创造了更强大、更有弹性的服务。

4.2　大局观

正如你想象的那样，很难把服务生态系统中的大多数摩擦源整齐地归为一类或一个简单的根本原因。通常，它们会相互叠加，造成混乱的功能障碍。

为了实现精益，从收到订单到交付解决方案，领导者需要检查整个价值流，到工作现场去亲自观察端到端的流程。他们这样做不是为了告诉在场的人如何开展他们的工作，而是为了找到在工作场所以及整个生产线上降低人们态势感知的障碍。

为了提高认识、减少瓶颈，精益组织的工作结构往往更加灵活，明确定义的角色更少。精益制造鼓励人们一起调整工作结构和工作方式，改善流程并减少错误。信息可以自然流动，让员工具备有助于他们在工作和最终产品之间形成有意义的连续性所需的灵活性和意识。

精益企业还会与客户和供应商接触以了解预期结果，并通过共同努力去实现预期结果。

当丰田决定进入美国小型货车市场时，他们让设计团队开着小型货车环游美国，了解市场的需求和愿望。同样，他们在推出雷克萨斯之前，在欧洲和美国开过欧洲豪华汽车。丰田还定期与供应商进行合作，帮助他们了解和采用精益实践，因为他们知道供应商的改进最终会帮助丰田和他们的客户。

只关注提高交付速度和吞吐量的改进并不能确保你和你的团队能够有效交付。交付生态系统中的摩擦或浪费会损害团队的响应能力、增加团队工作量，同时降低你交付期望结果和实现企业成功所需的能力。

正如你将在下一章中看到的那样，无法理解交付生态系统而导致的态势感知差距也会对交付和服务运营风险产生重大影响，从而降低传统 IT 风险管理机制的有效性。

参考文献

[1] *The Datacenter as a Computer: An Introduction to the Design of Warehouse-Scale Machines* (p. 77), Luiz Andre Barroso and Urs Hölzle, 2009.

风　险

如果要等听不到反对的声音才行事，那将永远无法做任何尝试。

塞缪尔·约翰逊（Samuel Johnson）

对于 IT 行业来说，风险是一种概率，指不能在正确的时间以足够安全的方式向正确的人提供产品或服务，无法让客户达成目标。随着 IT 深入到我们日常生活的关键部分，避免 IT 故障变得越来越重要。

不幸的是，管理 IT 风险已变得更加困难。与过去单一的本地运行的软件相比，IT 服务更有可能由大量的相互依赖的组件组成。这些服务经常由多个组织提供，其中许多组织依靠全球供应链来提供组成拼图的组件。这种复杂性使传统风险管理的许多技术失效。在交付链中有如此多的供应商，使得任何组织很难（甚至不可能）深入了解整个技术栈，从而依靠合规程序来暴露和控制风险。正如 2020 年的 SolarWinds 黑客事件所揭示的那样：链条中的一个环节发生危险，就能影响到所有人。

拓展：SolarWinds 黑客事件

SolarWinds 黑客事件是由 IT 交付链中一系列被利用的漏洞造成的。黑客们设法破坏了 SolarWinds 公司的构建系统，使他们能够将恶意软件安装到分发给 SolarWinds 的 Orion 网络监控工具软件的更新包中。这使得黑客能够远程访问各种各样的目标，包括美国政府。

在此期间，攻击者还利用了微软的缺陷，获得了每个被入侵的微软网络中的所有有效用户名和密码。这使他们能够获得必要的凭证，以获取任何用户的权限，包括客户的 Office 365 账户。

现代 IT 解决方案需要一种更好的方式来评估和管理风险。与其继续依赖于使用合规流程来发现潜在的危险，然后减轻它们的风险，我们不如开始重视对交付和运营生态系统的了解程度，这包括组成生态系统的元素具备多少可见性，以及其动态的可预测性和有序性。

在本章中，我们将探讨优先级排序和可预测性如何影响风险和决策过程。我们还将介绍一些技术，以帮助减轻你的生态系统中的未知和不可知危险的风险。

5.1　用 Cynefin 框架进行决策

我们知道，环境的复杂性各有不同。环境越是复杂多变，我们就越需要对环境有更多的了解，以便在其中做出有效的决定。然而，复杂和动态并不一定等同于有更多或更严重的危险。例如，肉类包装厂的切肉工的工作环境远没有商品期货交易员那么复杂，但大多数人都会认同切肉工面临着更大的受伤或死亡的风险。

不同之处在于管理决策风险的方式。虽然切肉工的风险更大，但他们的数量很少，而且可以通过监控的程序来降低切肉工的大多数风险，如确保切削工具是锋利的，处于良好的工作状态，只在特定的方式下使用这些工具，避免光滑的地面等。

然而，大宗商品交易商面临着各种看似正确的决定可能出错的情况，从恶劣的天气和虫害爆发到意外的大丰收和政治事件，这些都会极大地改变市场的供应和需求动态。对于大宗商品交易员来说，程序对发现风险的用处不大，更别提管理风险了。相反，他们必须不断地寻找最新的相关信息，并在其风险承受能力的范围内调整他们的决策。

戴维·斯诺登（David Snowden）在研究知识管理和组织战略问题时，发现了领域动态性和方法适用性之间的关系，他开发了一个名为 Cynefin 的感知框架。他的框架是一个复杂的思维工具，旨在帮助人们感知他们所处的情境，从而做出更好的决策。如今，Cynefin 框架已经发展成为一个特别有用的指南，用于帮助人们认识到他们所处领域的动态，并理解为什么在一个情境中运作良好的方法会在另一个情境中惨遭失败。

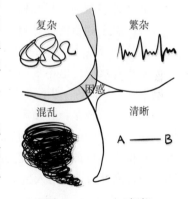

图 5.1　Cynefin 框架

Cynefin 框架由五个领域组成：清晰、繁杂、复杂、混乱和困惑，如图 5.1 所示。每个领域都是由因果关系的性质所决定的，清晰和繁杂的领域是有序系统的表现形式，而复杂和混乱的领域是无序系统的表现形式。

学习如何识别你的组织在给定时间所处的领域可以帮助你找到管理风险的最佳方法，同时可以帮助你发现和减轻许多经常削弱决策质量的行为。

让我们来看看每个领域，以便更好地了解每个领域的不同动态。

5.1.1　有序系统

有序系统是指特定输入或操作将直接且可预测地产生相同结果的系统。无论是否需要特定的专业知识来执行它，这种因果关系之间清晰可见且正确。因此，系统可以像机器一样以直接的方式拆开并重新组装起来。

正如你将看到的，需要一定的专业知识水平才能看到因果关系，并将清晰和复杂的上下文领域分开，以做出有效的决策。专业知识水平上的差异在如何最好地管理各自的风险方面也起着重要作用。

1. 清晰：最佳实践的领域

清晰领域是指问题得到充分理解并且解决方案显而易见，从而形成完美的态势感知。斯诺登将这些称为"已知的知识"。

解决清晰领域中的问题不需要具备真正的专业知识，只需要具备捕捉问题、对其进行分类并按照针对问题类别的既定做法做出回应的能力。由于问题是已知的，对于所有的工作都可以提前编写脚本，或者以书面形式指导某人逐步执行，或者制作一个可以在适当时间激活的自动化工具。

肉类加工厂是一个在清晰领域中运行的有序系统。虽然经验丰富的切肉师可能比新手更快、更不容易受伤，但在切割的行为上几乎没有明显区别。

清晰的上下文意味着工作可以被定义，并通过自上而下的指令提前计划好，具备定义清晰的最佳实践方案。同样地，风险也可以通过确保工人严格遵守规定、明确检查已知潜在危险的指令来管理，例如肉类加工厂中的工具和地面状态。在传统的服务管理中，清晰领域是初级客户服务的理想领域，因为指令可以放在运行手册中，最初级的技术人员也可以搜索和遵守。

有两种类型的挑战会使一个清晰的环境陷入难以恢复的混乱。第一种挑战是，由于很多实际的思考和指挥都是自上而下进行的，所以一旦条件出现变化，就会导致意识上的差距。在这种环境下工作的人习惯于按部就班，他们往往会错过即将发生危险的警告信号，直到来不及反应。这不仅不利于交付，由此产生的失败和混乱会导致工人对管理层的信任急剧下降，从而进一步降低组织意识。

第二个挑战是：在清晰的生态系统中工作的人会变得非常依赖他们过去的经验、培训和成功，以至于他们对新的思维方式视而不见，难以学习和改进。过去的规则在他们的脑海中变得坚不可摧，即使无法适应周围环境也不能让他们改变分毫。曾经成功的老牌企业和大型官僚机构常常落入这个陷阱，将成功拱手让给更有活力或更合适的后来者。

2. 繁杂：专家的领域

繁杂的上下文领域是专家的领域。

与清晰领域不同，繁杂领域有太多已发现的"未知数"，管理层不能仅依赖非熟练工人可以遵循的可重用脚本来解决问题，相反，需要一定程度的领域专业知识来分析正在发生的事情并做出适当有效的行动方案。此类专业知识的拥有者包括汽车修理工、电子产品维修人员或 IT 支持专家。一般情况下，所有人都接受过培训，可以将症状与已知解决方案相匹配。

对于繁杂领域的问题，管理者无须花时间编写脚本和执行方法，而是按照资源技能类型、人员配置和感知到的需求来安排和分配任务。因此，风险通常是通过自上而下的关卡流程来管理的。这些流程将交付分解为独立的设计、开发、测试和发布阶段，每个阶段结束时都有一个管理审查环节，可以发现需要解决的潜在问题。

尽管看似简单，但传统的繁杂领域风险管理流程往往难以自如地应对许多挑战。过度依赖技能专精的专家带来许多风险。由于他们通常只根据自己在专业领域的表现来受到激励，因此他们狭隘的关注点往往会沿着职能或专业线，将组织的态势感知碎片化。

依靠熟练专家的组织也要依靠他们来提供创新和改进方案。当那些被激励去证明自身价值的专家意识到这种变化会对他们的地位产生威胁时，他们可能会忽略或错过具有重要价值的新概念。同样，相互竞争的专家们也会进行无休止的争论，造成难以解决的决策摩擦，阻碍组织解决问题和向前发展。

5.1.2　无序系统

无序系统是那些只能在事后确定因果关系的系统。即使系统是稳定的，系统的约束和行为也会通过组件的交互随时间演变。在这样的系统中，再多的分析也无助于预测系统行为，因此不可能像有序系统那样进行解构和重组。

由于因果关系不是显而易见的，因此在无序系统中，使用有序系统式的控制来管理风险也远非易事。因果关系的消失可能使组织忽视致命危险，或者更糟糕的是，在遇到危险时无法处理。事实上，这样的转变看起来如此荒谬，以至于那些期待有序系统的人可能会拒绝相信风险管理系统已经崩溃了，他们认为只不过是现有方法能力不足。他们不会改变方法，而是增加了失败流程的刚性——增加了额外的流程、文档和治理方案，这些对消除生态系统本身出现的不可预测性几乎没有帮助。

为了更好地理解正在发生的事情，让我们看看这两个截然不同的无序系统领域。

1. 复杂：新兴的领域

生态系统中存在未知的未知（unknown unknowns），导致相同的行为在重复时产生不同的结果，这就是一个复杂领域。

在复杂领域中，环境不断变化，因果关系隐藏在大量看似随机移动的片段中。人们不仅不清楚问题是否有正确答案，甚至很难提出合适的问题。事后看来显而易见的解决方案只有在通过不断的实验被发现后才会变得显而易见。

为了解决问题和做出有效的决策，需要不断地探究和测试生态系统的动态反应，这反映了第 2 章中讨论的 OODA 循环的许多要素。OODA 循环让人们通过一系列持续的实验来观察系统元素如何影响整个系统的行为，从而找到学习的方法。这增加了可用反馈的数量，使人们更容易发现转变和新出现的模式，然后可以用来提高决策的效率。

依靠实验而不是过程控制和专家反馈，会使那些习惯于有序系统的人感到危险。风险不再能够通过自上而下的过程来控制。不仅如此，由于需要不断地进行实验，所以工作环境必须既能容忍失败，又能安全地接受失败。失败本身不能被视为不可接受的危险，更不能被视为风险管理不足的标志。

但是，在管理复杂领域生态系统中的风险时，人们会忽略许多要素。首先，对失败的容忍并不意味着允许以产生不可接受的风险的方式进行实验。没有人会通过轻率地将实验性变革投入到可能对客户产生负面影响的关键生产服务中来取得成功。人们需要有足够的意识，能够缓解过大的风险，否则可能会使实验失败变得不安全。

其次，尽管处在一个无序的系统域中，但尽可能持续地投入精力来创建秩序和透明度仍然很重要。良好的配置管理、打包和部署实践对于减少生态系统噪声非常有价值，这些噪声会使获得态势感知变得困难。

我曾经不断碰到这样的公司，它们直接在线发布代码并手动更改配置，而不去记录更改的内容，这样整个公司无法了解更改的细节，在未来需要时无法简单地重新创建类似的修改。这不仅会产生脆弱的服务，无法再现的更改意味着任何破坏性事件（无论是驱动器故障、意外删除或覆盖，还是勒索软件加密攻击）都能让系统无法再恢复原样。

无服务器架构也是如此，在这些架构中，人们往往不会考虑去理解和规划事件驱动架构。我看到过各种竞争条件和意外事件导致的数据混乱。同样，我见过太多组织把生产配置切换和 A/B 测试组合留在生产环境中，以至于没有一条客户访问路径是明确已知或可重复的，这使得故障排除和依赖管理几乎不可能。

最后，组织中的孤岛值得关注。为了使实验顺利进行，每个人都需要持有相同的共同目标结果。这不仅有助于保持跨组织的一致性，还能最大限度地减少需要推翻错误假设的次数。但是孤岛会让这一切变得困难。它分割了态势感知共识并设定局部目标，这些目标很容易让人脱节或相互竞争。这不仅会使解决方案难以出现，而且会使组织陷入更加无序的混乱领域。

2. 混乱：快速反应的领域

混乱领域的问题往往像一列满载炸药的失控火车，被火焰吞噬。环境已经不再有任何稳定的迹象，使得遏制和建立秩序成为当务之急。这是一个不可知的领域，一切都在灾难性地崩溃，没有明确的原因或解决的迹象。

实际上，交付团队最好避免陷入这一领域。在混乱领域中，因果关系无法确定，驱动要素不断变化，根本没有对应的解决方案。人们完全丧失了态势感知能力，几乎无法做出任何关键决定。针对此类危机，可以果断出击，甄别并解决最关键的问题。以下是几点建议：

- ❑ 迅速划定稳定区和危机区。
- ❑ 识别并保护陷于致命危险中尚能挽救的领域。
- ❑ 尽可能改善信息流，提升对态势的感知和追踪。
- ❑ 建立有效的沟通渠道，减少混乱，帮助调集资源，控制威胁。
- ❑ 设法稳定局势，使情况从混乱降级为复杂。

与此同时，还要平息人们在这种环境中的恐慌。

偶尔涉足混乱领域有时可以治疗那些已经僵化并需要变革的组织。混乱领域创造了一个机会，可以打破不再适用的旧概念，并激发创新和新的工作方式。事实上，变革型领导者为了加快变革而将组织推向混乱的情况并不少见。

然而，混乱领域不是组织可以长时间承受的领域。它会给人施加巨大的压力，赶走所有明智的客户和员工。它是如此危险，以至于像孙子和伯伊德这样的军事战略家鼓励通过使战场动态变化的速度超过敌人决策的速度来破坏他们的稳定。

5.1.3 困惑领域：决策瘫痪的领域

困惑是位于其他四个领域中间的过渡域。当你发现自己陷入困惑时，首要目标是收集更多信息，以便你可以定位自己并进入一个已知领域，然后你可以采取适当的行动。

5.2 重新认识风险管理

虽然了解你所在领域的复杂性对于帮助你避免以错误的方式进行风险管理很重要，但你可以采取多种措施来帮助降低风险并提高你做出有效决策的能力，无须顾及领域的复杂性。

5.2.1 有明确和可理解的目标

我们 IT 界的许多人都非常关注未能在最后期限前完成任务、服务失败、无法兑现服务承诺和安全漏洞的风险，而往往忘记了最重要的风险：我们的工作无法实现客户的需求和目标成果的风险。

未能达到目标结果的最大原因之一是不知道或不了解它们是什么。出现这种情况的原因是，没有人愿意提到它们，或者所分享的内容要么是基于产出的，要么是针对个别团队孤岛的，没有在整个组织和客户的需求上保持一致。同样地，很少有人充分讨论阻碍目标的因素，或者必须避免哪些危险和情况，以及为什么它们会阻碍目标。

了解和理解目标结果对每个类型的领域中的每个人都很重要，这甚至包括清晰领域。虽然清晰领域中的任务可能非常明显，以至于管理层可以编写脚本，但确保执行任务的员工知道他们的目的以及他们试图实现的结果实际上有很大的价值。通过了解目标结果，员工可以利用这些知识发现并提出上级可能没有注意到的改进措施，从而更好地实现结果。拥有明确的目标还有一个很大的附带好处，即可以激励员工。

5.2.2 让最好的选择成为最简单的选择

无论是手动对生产过程进行快速分解，还是走捷径选用不可靠或不安全的软件，都会导致许多错误的决定，因为所选择的行动比最佳选择更快或更容易。由于所涉及的风险如此之大，仅仅因为快捷方便而选择捷径可能看起来很荒谬。然而，时间、资源和预算压力本身通常被视为需要立即应对的风险。它们造成的更严重的风险在很久之后才会显现，而且最终必须应对它们的人往往也不同。

减轻此类风险的最佳方法是，让组织和客户在选择最佳且最终风险更低的选项时更容易。一种方法是使用精益制造的理念，零件只能以正确的方式组装。RJ-45 插座和 USB 接口是常见的物理示例。软件打包和各种形式的定义和托管访问控制以及服务 API 的版本控制可以使软件只能安装在具有正确依赖关系的正确位置，并且服务只能与具有正确访问权限和版本详细信息的服务交互。

如果要尽量减少手动"调整"，第一步是创造环境，让使用可追踪和可重现的方法比任何替代方法更快、更省力、更持久。自动化的构建、部署和配置管理工具对减少变更的工作量和交付障碍很有帮助。

下一步就是要找到方法，让人们看到使用快速但不合适的解决方案的总成本和风险。值得注意的是，时间和成本的压力使次优的解决方案看起来很有吸引力，但往往忽略了支持、维护和组织满足客户能力的风险等形式的总成本。有时这是由一个项目团队造成的，该团队不负责解决方案交付后的后续成本和持续落地。有时，决策链中的某个人受到沉没成本谬误的影响（在第 6 章中提到），希望以某种方式收回已经花费的资金，而不管解决方案是否适合这项任务。

5.2.3 不断提高生态系统的可观测性

要应对你无法发现或了解的风险是很困难的。这就是为什么不断寻找方法来改善整个生态系统中各元素的状态和相互作用的可观测性是至关重要的。

在有序的系统中，一切都可能是可见的，但更深层次的上下文被遮蔽，这会导致态势感知退化。这种对问题的遮蔽非常普遍。对于制造商来说，工作台上的工具和材料可能看起来很普通，但可能隐藏着许多严重的问题，比如工具放错地方、损坏，材料有缺陷。精益制造商对工具、手推车和工作区使用颜色编码，避免放置地方不当或物品破损，至少有缺陷时能一目了然。在信息系统中，重启服务、创建账户甚至将更新推送到环境等简单任务都可以隐藏不少问题。这就是为什么如第 13 章中提到的那样，队列大师会捕获和跟踪这些项目，并定期审查以进行改进。

在无序的系统中，一切都可能被隐藏，不费力气去提高可观测性，只会使大家更难看清楚上下文，或更难引导活动去稳定混乱的局面。在整个服务交付生命周期中，有很多方法可以大大减少无序系统领域的噪声。首先是创建你的服务生态系统"工作台"。这包括以下操作：

❑ 确保所有的代码、包、配置以及（如果可能的话）用于交付和维护服务的工具和测试在其整个生命周期内能够修改和跟踪。目标是把所需的关键数据放进去，以便能够根据版本、时间和部署环境重新创建和"走通"交付和维护链。

❑ 捕获并跟踪你的生态系统的任何变化。谁更新了代码 / 包装 / 配置 / 工具 / 测试 / 部署目标？什么时候更新的？改变了什么？为什么改变？这应该能让你追溯到错误或漏洞被引入的时间，以帮助排除故障，或者了解任何潜在漏洞的暴露范围和严重程度，并最终解决这个问题。

❑ 捕捉和跟踪你的依赖链。你是否有依赖的第三方技术或服务？如果有，接触点在哪里？堆栈有多少可见性，以确定其稳定性和安全性？如果它们受损，对你的交付和生产服务能力有什么影响？

你的工作台还包括用来构建和运行服务的环境。确保良好的环境卫生是确保尽可能多的交付和操作环境配置已知且可重现的好方法。为此，团队应致力于实现以下目标：

❑ 建立机制，以便每一个实例都能被销毁，并且整个堆栈都能从头开始以相同的方式从组件层面重新创建。除了组件的版本，我还喜欢跟踪每个组件从头开始重建的最后日期。这使你能够发现可能需要调查的潜在盲点。

❑ 实施一些机制，使任何被授权的人都能在已知的可信度下生成一个实例的完整配置清单，而无须使用"发现工具"。这使你能够跟踪你所拥有的东西，并迅速发现潜在的漏洞及其影响。

❑ 确保有相应的机制，让团队能够明确地跟踪和追溯组件、实例和环境随时间的变化，而不需要借助于挖掘变更请求和猜测。团队可以利用这个日期来精确地重现在某个特定日期的配置。

❑ 了解数据栈和整个服务生态体系的数据流。有很多方面是需要了解的，比如：

a）数据位于何处？在何处流动？数据如何在你的交付生态系统中移动？

b）每个数据元素的安全 / 保护 / 隐私规则是什么？它是如何被保护和验证的？该数据规则如何影响数据的放置位置？谁可以使用它？它可以被保留多长时间？

c）哪些数据质量会影响各种服务的性能和可用性？

d）作为交付的一部分，这些数据质量是如何被捕获、跟踪、测试和验证的？

e）如果出现故障，生态系统将如何恢复？恢复需要多长时间？是否有任何需要解决的数据同步或对齐问题？（如果有，如何解决？）

最后，在你的交付生命周期中，还有其他一些领域的数据可以而且应该被收集，并进行定期审查和分析。其中许多领域包括以下内容：

❑ 代码和构建统计信息。

❑ 人员、工具和服务访问控制列表、跟踪和审计访问事件和由此产生的活动的机制。

❑ 团队的稳定性和沟通模式。

❑ 交付和维护外部供应链依赖关系的响应速度和可靠性。

❑ 代码管理的高效性。

❑ 错误密度和集成问题。

❑ 事件历史记录。

❑ 生产负载和性能统计。

❑ 代码检测。

❑ 整个服务生态系统的客户使用模式和旅程流程。

❑ 环境配置管理卫生水平。

❑ 客户对性能下降和故障的容忍度。

❑ 安全事件和影响的严重程度。

每一个数据都可能帮助你形成某种程度的洞察力，了解你的生态系统的各种元素的健康和稳定性。

随着时间的推移，此类机制可能会催生两种有用的模式。第一个是潜在风险领域的指示，依据该指示，团队可能需要格外注意以更好地理解并最终减轻风险。第二个是来自这些机制的数据可以提供模式变化的线索，这些模式可能表明新出现的风险，甚至领域复杂性的意外变化。此信息可用于帮助组织更主动地管理这些风险。

随着服务交付生态系统变得越来越动态、相互关联并且对客户越来越重要，传统的 IT 风险管理方式的缺陷变得越来越明显。转向 DevOps 是一个重新思考如何更好地进行风险管理的机会。了解你的交付生态系统的动态和上下文领域可以帮助你发现错误的政策和行为给你和你的客户带来的交付和运营风险。通过确保每个人都知道并共享相同的目标结果，同时建立提高生态系统可观测性的机制，使人们更容易、更有可能做出更好、风险更低的决策，你可以更可靠、更安全地满足客户的需求。

参考文献

[1] David J. Snowden and Mary E. Boone, "A Leader's Framework for Decision Making," *Harvard Business Review*, November 2007 https://hbr.org/2007/11/a-leaders-framework-for-decision-making

第6章 | *Chapter 6*

态 势 感 知

因为少了一颗马蹄钉而掉了一块马蹄铁，因为掉了一块马蹄铁而失去了一匹马，因为
失去一匹马而缺了一名骑兵，因为缺了一名骑兵而输了一场战役，因为输了一场战役而丢
了整个国家。

悔之晚矣！全怪当初少了一颗马蹄钉！

佚名

态势感知是决策过程中的关键因素。通过态势感知，我们能定位自己，了解我们周围
发生的事情。为了获得良好的态势感知，我们需要了解当前生态系统中的条件和能力。我
们构建态势感知的程度决定了我们做出决策的速度和准确性。

虽然信息可用性和可观测性是构建态势感知的重要因素，但确保态势感知的准确性更
为重要。这与我们过去的经历、我们所学的相关概念以及我们所追求的目的或结果有关。
许多人都不知道，态势感知还受到我们在家庭和工作中接触到的各种文化元素以及我们随
着时间的推移养成的习惯和偏差的严重影响。

如何建立和塑造态势感知的内容相当深奥，值得单独写一本书。本章只是对其进行介
绍，以帮助你发现可能对你和团队中其他人做出的决定产生负面影响的重要模式。本章末
尾有一些技巧，不仅有助于提高你的态势感知能力，还可以加强本书中其他实践的有效性。

收集和汇总我们所需的信息，以建立做出准确决定所需的态势感知，可能会出乎意料
地困难，而且容易出错。首先，我们必须确定哪些信息是可用的。其次，我们需要确定哪
些内容是相关的，以及我们所拥有的信息对我们的目的来说是否足够充分和准确。最后，
我们需要弄清楚如何最好地获取和理解这些信息。

为了提高我们的态势感知，需要首先了解我们的大脑如何创造和维持这些思维捷径。

这样做可以帮助我们设计方法来克服可能妨碍我们准确理解生态系统的缺点。

为了开始这段旅程，让我们来看看这些思维捷径中最重要的两条，心智模型和认知偏差。这将帮助我们更好地了解它们是如何工作的，它们是如何出错的，以及当它们出错时我们如何捕捉错误。

6.1　心智模型

心智模型是一种可预测的品质和行为模式，当我们在生态系统中遇到特定的项目和条件时，我们会使用这些预期。有些很简单，比如知道橡皮球和鸡蛋从高处掉落时表现不同，或者人们通常会在红色交通信号灯前停下来。它们共同塑造了我们对世界的看法，以及我们可以用来做出决定和解决问题的方式。

心智模型通常是根据我们的经验和来自人、书籍等的数据点构建的。这些相同的数据点成为我们识别、验证或预测生态系统事件的线索。我们收集到的关于给定情境的相关数据点越多，我们遇到这些数据点的经验越多，我们从中获得的态势感知就越深。随着时间的推移，与这些数据点的持续接触不仅大大减少了识别给定情况所需的认知负荷，而且还提高了决策速度，使其变得快速和直观。

加里·克莱因在研究消防员时发现，那些拥有隐性知识和专业知识的人能够根据其他人可能很容易错过的微小但重要的信号做出决定并迅速采取行动。在一个例子中，一位消防指挥官正在扑救一起来自一所房子的小厨房火灾。当房间的温度与他的预期不符时，他意识到出了点问题。不安之下，他立即命令全队撤离。就在最后一个人离开大楼时，地板坍塌了。如果这些人在房子里，他们就会掉进燃烧的地下室。

在前面的示例中，指挥官将他的小火（较低的室内环境热量）心智模型与他正在观察的数据点（异常高的室内温度）进行了比较。这种不匹配让他怀疑的不是自己心智模型的准确性，而是他对情况的理解是否正确。这种不安让他命令他的团队离开，以便他可以重新评估情况。

当构建得很好时，心智模型是一种非常有用的机制。挑战在于它们的准确性在很大程度上取决于用于构建它们的数据点的数量、质量和可靠性。拥有太少的数据点与依赖许多不相关或不可靠的人一样危险。以上文中提到的消防指挥官为例，如果他只知道火在厨房里而且很小，那么他就无法通过态势感知远离危险。

收集数据的机制在塑造我们心智模型的准确性方面起着重要作用。最危险的是那些被认为比实际更值得信赖的人。

1. 数据解释问题

拥有准确的数据来源并不意味着我们就完全脱离了危险。心智模型的有用性还取决于对解释数据的准确性。即使数据在事实上是正确的，仍有许多因素可能导致我们以错误的方式理解它。及时性、覆盖面、粒度和不良的收集方法可能使我们对当前情况和导致这些情况的事件的理解很差，并且对所采取行动的效果的理解也有缺陷。

对数据解释不准确是许多行业中的一个大问题。例如，病毒学家长期以来认为任何大于 200nm 的东西都不可能是病毒。因为用于发现病毒的技术忽视了所有更大的东西，所以这种信念得以延续。只是通过后来的一些过滤错误，他们才发现了整个巨型病毒的存在，其中许多具有独有的特征，这些特征改变了研究人员曾经相信的许多其他关于病毒的想法。类似地，许多 IT 组织都受到监控的困扰，这些监控要么过于敏感，会产生很多的误报，以至于实际问题在噪声中被掩盖；要么不够敏感，无法想象的故障和竞态条件会被完全遗漏。

2. 心智模型的弹性

心智模型建立的时间越长，我们对世界的看法就会越成熟。这使得它越来越有弹性。这种弹性对于快速而专业地响应某些情况非常有用，例如模型确实适用但某些细节可能与过去的经验有些许细微的差异。例如，如果你是一位经验丰富的驾驶员，那么驾驶不同品牌或型号的汽车通常不是问题，因为它们的控制面板布局与你的心智模型所期望的大致相同。

但是，当你的心智模型有缺陷时，你的生态系统发生了很大变化，以至于你的心智模型已经过时，同样的弹性仍然会严重影响你的决策。即使有充分的证据证明旧方法会导致问题，旧方法也可能让你"感觉正确"。

现实与观念的严重冲突会对人造成压力。为了寻求解脱，面临这些问题的人会努力解释任何与既定观念相冲突的经历。起初，他们会将其视为意外或霉运。如果情况继续恶化，他们甚至会臆想一个精心设计的阴谋论来解释。对一些人来说，过大的压力可能会造成认知失调，不可避免地会对个人的决策效率造成相当大的损害。

要用更合适的新模型替换旧模型，人们需要时间和支持才能正确拥抱它们。这在现代工作场所通常很难做到，这就是为什么文化变革和流程转型难以站稳脚跟。许多行业和职业甚至都有自己根深蒂固且功能失调的模型，这使得支持此类改进变得更加困难。如果没有时间和帮助来修复这些偏差，我们的大脑有时会让我们墨守成规——我们的观点进一步变得强硬，我们拒绝或贬低我们遇到的任何冲突。

6.2 认知偏差

认知偏差是一种更深层次且通常更粗糙的心智模型。它们存在于潜意识层面，依赖于微妙的环境触发因素，这些触发因素使我们倾向于在几乎没有信息输入或分析的情况下快速过滤、处理和做出决定。有些源于微妙的文化特征，例如对时间和沟通方式的感知，或者对不确定性和失败的容忍度。然而，绝大多数的认知偏差都是与生俱来的，与文化无关。正是这些偏差常常不被注意，才影响了我们做出明智的决定。

有许多认知偏差困扰着我们所有人。表 6.1 列出了一些我在服务交付环境中经常遇到的认知偏差。

表 6.1　常见的认知偏差

认知偏差	描述	影响
确认偏差	倾向于关注能证实现有信念的信息，而忽略任何不符合现有信念的信息	无法倾听相反的观点。对于同一个问题，执有不同信念的两方会有不同的解释
事后偏差	倾向于认为过去的事件比现在的实际情况更明显、更可预测	高估预测和处理事件的能力，导致承担不明智的风险
锚定偏差	决策时容易受到第一条信息的过度影响，并将其作为比较的基准，先入为主	不能充分考虑其他信息，导致决策不是最优选择
沉没成本谬误	论证增加对某项决定或努力的投资是因为已经投入的时间、金钱或努力，无论累积成本是否超过收益	过度的投资本可以更好地用于其他地方的资源
乐观偏差	倾向于低估失败场景的可能性	准备不足，对失败的防御不足
自动化偏差	过度依赖自动化决策和支持系统，忽略在没有自动化的情况下发现的相互矛盾的信息，即使这些信息显然是正确的	错误的决策、态势感知，以及习惯性粗心大意导致的风险增加

此列表远非完整，你肯定会在自己的组织中遇到其他认知偏差。重要的是确保你和团队的其他成员了解它们的存在及其影响，并在你的决策过程中密切关注它们。在寻找获得更好态势感知的方法之前，这种意识本身是至关重要的。

6.3　获得更好的态势感知

既然大脑用来减轻认知负荷的捷径可能会带来失败，那么我们可以构建机制来捕捉它们的作用，检查它们的准确性，并进行任何必要的路线更正以获得更好的态势感知并改进决定。

任何改进活动的第一步都是从了解当前状态开始。每个人和组织都遵循一些共同的模式来组织和管理决策所需的信息。它们可分为以下几类：

❑ 框架：员工执行任务和履行职责的目的或意图。此框架与客户目标结果之间的任何差距都可能导致错误的心智模型和信息过滤。

❑ 信息流：用于决策的信息在整个组织中流动的及时性、质量、准确性、覆盖面和一致性。如何使用它？谁使用它？信息是否被更改或转换？如果是，为什么？

❑ 分析和改进：用于跟踪态势感知和决策质量并识别和纠正发生的问题的根本原因的机制。谁执行这些活动？它们发生的频率如何？触发分析和改进的标准是什么？

让我们来看看其中的每一项，以了解它们是什么、它们为何重要、它们如何受到损害或变得无效，以及如何改进它们。

6.4　框架

你所做的每一项活动、你承担的责任和你做出的决定，无论多么无关紧要，都有其目的。这个目的是你了解自己是否正在成功完成它的指南，它的构建方式会严重影响你在整个过程中使用的信息和心智模型。

框架有多种形式，许多形式可以相互作用甚至相互干扰。有些是单个任务的验收标准，有些是项目或交付本身的总体目标，还有些是团队和角色的职责和优先级，以及用于加薪、晋升和奖励的绩效评估措施。

理想情况下，所有这些框架都应该添加上下文，以便协调工作，交付客户期望的目标结果。然而，当人们不得不面对如此多的层次时，很容易形成差距和错位。

查找和修复框架问题

无论好坏，框架问题往往遵循熟悉的模式。识别这些模式可以帮助你发现组织中需要修复的偏差。接下来依次描述这些模式，以及一些克服它们的方法。

1. 模式 1：客户参与

使工作与客户期望的结果保持一致绝非易事。客户并不总是愿意分享，即使他们这样做了，也很难在相同的背景下理解他想要的结果。许多交付团队从未有机会和客户会面并建立一种信息和上下文可以直接流动的框架，所以没能帮助到交付团队。

很少有组织能做很多事情来帮助解决问题。许多人利用产品和项目管理、销售，在客户和负责实际交付工作的人之间有效地中转信息。他们认为中间人可以更好地控制信息流，从而控制所执行的工作，使技术人员专注于被认为是正确的优先事项，而不是不必要地用脱离实际的服务交付过程的细节来吓唬客户。

信息流中的这种"空气缝隙"为信息丢失和误会创造了很多机会，这使得检查和纠正错误的假设变得困难，造成态势感知错位，可能导致心智模型出现危险的缺陷，就像儿童的电话游戏一样，信息链越长，信息就越容易丢失。

虽然解决这种态势感知错位的最好方法是真正尝试与客户互动，但直接与客户的对话并不总是可能的或可取的。因为即使你这样做了，也很可能需要时间和耐心来消除你和你的团队中的其他人在开始真正了解正在发生的事情之前所收集的任何错误的假设。

拓展："他们用错了！"

尝试建立某种形式的客户联系可能非常有价值。在一家公司，我带我的团队去客户现场查看他们的工具和服务的运行情况。在每次审查后我都会把我的团队拉到一个房间里讨论他们看到了什么。许多时候，我自己团队的第一句话是"他们用错了！"他们总是需要时间和耐心才能意识到问题在于他们的解释，而不是客户对他们解决方案的使用方法。

在开始了解客户时，最好仔细检查他们与你的生态系统互动的方式。评估客户直接使用的服务，捕捉并分析他们的经验，以发现潜在的问题和机会。这种评估使我们比客户更熟悉、更容易接近使用场景，可以在有机会与客户互动的情况下促进对话。它还能揭示客户应用解决方案的方式，这些方面他们自己可能没有意识到或可能不愿意免费展示。

客户不可避免地会留下一长串线索。第 10 章中讨论了如何追踪线索，包括从日志记录和服务遥测到监控事务和服务性能，以及跟踪客户和服务轨迹的所有内容。

客户还直接参与交付过程并影响你的组织，这可以提供有关他们的需求以及你的组织如何处理这些需求的额外线索。销售、客户参与和支持功能可以帮助客户架起一座桥梁，让我们深入了解他们的需求和顾虑。你可能会发现服务属性被误解的地方。我已经阻止了许多潜在的灾难性事件，通过在销售和合同谈判阶段发现并纠正此类误解，并深入了解客户投诉和功能要求背后的细节来促进合作。

正如第 10 章中所讨论的，我会前往现场查看客户交互如何影响交付或服务支持能力。有时，如果客户意识到他们正在降低对他们来说更重要的其他功能的交付或支持能力，他们会非常乐意根据自己的需求进行调整。捕获此信息可以让你实事求是地对话，从而帮助你更好地为他们实现目标结果。

2. 模式 2：产出指标

衡量产出通常比衡量结果更容易。产出也远没有那么模糊。这在很大程度上解释了为什么管理者自然而然地倾向于根据交付的产出目标来评估个人和团队的绩效。

问题是客户衡量他们自己的成功不是根据你的产出，而是他们取得的成果。客户不会关心你的服务是否具有 99.999% 的正常运行时间或额外功能，只因这些指标不能确保他们能够在需要时有效地使用服务来满足他们的需求。我多次遇到过这个问题，尤其是在客户非常直言不讳的交易场所。目标之间的不匹配在财务上和客户信任方面都可能带来巨大的损失。

虽然产出确实有可能帮助客户实现目标结果，但如果员工的注意力集中在交付产出上，只能保证产出的实现，而不是结果的实现。对交付产出不需要的信息很容易被遗漏、忽略，但是它们可能会影响到交付。如果交付指标与绩效评估指标紧密关联，这就会表现的更明显。

我积极寻找并尽可能地消除基于产出的衡量标准。取而代之的是，我与个人和团队合作，构建对帮助客户实现其目标结果有意义的指标。一个最好的开始是为任务和责任制定验收标准，以帮助客户实现目的，然后寻找可以衡量贡献的方法。例如，在正常运行时间的情况下，我希望衡量由于服务损失、错误和延迟而对客户产生的负面影响。对于功能，我关注该功能如何融入客户的架构，它的使用频率如何，对客户来说有多容易使用，以及它的使用对帮助客户完成他们的目标有多大价值。所有这些都有助于你和你的员工重新定位，重新规划你如何看待你周围的生态系统和你在其中做出的决定。

3. 模式 3：以自我为中心的指标

严格围绕团队或以人为中心的活动制定指标是组织中的另一种常见的毛病。除了不以客户结果为中心外，过于专注于自我通常还会导致团队忽视组织的其他部分。

在 DevOps 组织中，这种情况有多种发生方式。只专注于你自己的任务可能会导致你拥有长期存在的分支，而很少考虑以后可能会出现的合并和集成问题。当专业团队存在时，存在的风险是：他们只能专注于自己的领域，而不是那些实现客户目标结果的领域。

如此一来团队的一致性很差，以至于其他人会采取变通办法，最终使整体的态势感知变得更糟。

因此，信息流会中断并变得扭曲。在最好的情况下，局部框架只会忽略紧靠自身范围之外的信息，即使这些信息可能对另一个团队有益。当这些措施被用来对团队进行比较和评价时，它不仅会阻碍共享和协作，还会导致信息成为一种货币，可以用来囤积、隐藏或选择性地披露以获得相对于他人的优势。最终结果是信息失真和交付障碍降低了整个组织的决策能力。

我会尽可能地积极寻找以自我为中心的指标并删除它们。为了扭转它们造成的损害，我经常创建以帮助组织中的其他人取得成功为中心的绩效指标。"其他人"可能是其他队友、相邻团队或在同一客户服务中提供解决方案的其他团队。我发现这样做有助于人们重新关注他人和整个组织，并最终考虑客户的需求。

6.5　信息流

生态系统中的所有信息几乎不可能随时按需以足够的准确性按需提供给每个人。虽然准确的框架和有效的心智模型可以缩小所需信息的范围，但仅凭它们很难深入了解信息的及时性、质量、准确性、覆盖范围和一致性，而信息必须确保你有足够的态势感知来做出准确决策。

这就是动态生态系统的用武之地。

6.5.1　为什么动态生态系统很重要

正如你在第 5 章中了解到的那样，生态系统的动态运营有很重要的作用，它能确定哪些信息特征对决策制定有用。这样做的原因是，生态系统变化的速度、可预测性和因果关系与检查心智模型的频率和程度直接相关，以维持准确的决策意识模型。

换句话说，在一个相对可预测且易于理解的环境中，不需要太多反馈就可以做出"足够好"的决定，从而达到预期的结果。在这种情况下，你只需要足够的信息来确定使用什么心智模型以及何时使用它们，因为几乎没有发生显著或不可预见的变化而使它们的准确性失效的风险。

随着环境的动态性增加并变得更加不可预测，心智模型的准确性开始下降，捕获和纠正任何心智模型问题以及做出"足够好"的决定所需的反馈的质量、覆盖面、类型和及时性显著提高。

为了更好地理解这一点，让我们考虑一下你上下班路上的生态系统的动态。如果你的通勤只包括从家里的计算机上登录工作，那么就不需要大量快速、高质量的反馈。这个过程是众所周知的，不太可能有太大的变化。

如果你的通勤方式是坐火车到办公室，那么变化就会大一些。你需要知道火车的可用性、发车和到达时间，可能还需要知道火车将从哪个站台出发，以及你是否需要购买新的车票。虽然这些信息肯定比你在家工作时需要的要多，但大部分信息只是增强了现有的心理模式。不准确的信息不仅很少是致命的，而且通常可以很容易地沿途纠正，最坏的情况下只会带来轻微的不便。

然而，开车上下班则完全是另一回事。驾驶需要在一个非常多变的生态系统中运行。交通管制、其他司机、行人和动物、天气、道路状况，甚至意想不到的物体，一切都可以立即显著地改变情况，并随之改变任何决定的适当性。因此，反馈就需要即时、准确，并且有足够的覆盖面来适应任何新的变化，如果错过这些变化，可能会产生不利影响，没法在不伤害自己或他人的情况下安全到达公司或回家。与其他两种情况不同，心智模型更多的是用来帮助收集信息和确定决策的优先次序，而不是提供行动的方案。

要弄清楚你需要什么特征和信息，需要了解交付生态系统的动态。你需要考虑交付生态系统中人们的心智模型的冲突和认知偏差，你的目标是什么，以及你愿意接受的风险模式来达到这些目标。

6.5.2　满足你的信息流需求

为了高效，每个人都有不同的信息需求。有些人会很快发现有意义的条件或差异并进行调查。有些人很容易错过或愉快地忽略任何不完全符合他们心智模型期望的事情。大多数人都处于两者之间，抓住了一些信息，遗漏了一些信息，并以过滤或扭曲他们对实际发生的事情的理解的方式强行适应其他一切。

找到这些变化可能具有挑战性。这就是为什么每当我开始进入一个组织时，我都会寻找各种"追踪器"来有效地追踪信息在组织中流动时不同人员和团队使用的信息特征。追踪器通常是一组信息元素、任务或事件，它们构成对满足客户需求很重要的决策和交付项目的一部分。

我发现追踪器可以帮助揭示事件的可预测性和准备程度、它们可能的范围和速率、它们的管理和完成的充分程度，以及这个生命周期如何影响客户。追踪器还可以揭示决策所需信息的来源、信息流及其特征与决策者需求的匹配程度。揭示这些信息帮助我们调查出不同方案的功效差距，以便可以减少或消除问题和相关风险。

在你长期参与的生态系统中检查追踪器可能很困难，因为你必须在整个过程中与自己有缺陷的心智模型和认知偏差作斗争。幸运的是，你可以寻找一些常见的信息流问题模式来帮助自己入门。

1. 模式 1：信息传递不匹配

在正确的时间、正确的背景下，以一种可行的、易于理解的方式传递信息往往非常困难。正如我们在三里岛事故中所看到的，如果信息在传达过程中使任何潜在的心智模型失效，那么后果将非常严重。

信息传递过程中最常见的问题来自于所依赖的机制，这些机制使得信息不能被传递给需要信息的人。常见的信息传递问题如下：

- ❑ 监控系统仅仅只能捕捉和传递事件，而不能传递当前状态以提供有效的决策支持。结果，信息必须从噪声中筛选出来，然后由员工使用他们的过去经验、可用文档和猜测组合在一起，以找出正在发生什么。这种高风险、高摩擦的方法风险极大。就像骑士资本一样，一项重要的错误配置的神秘警报被错过，最终导致公司破产，只是因为这些警报是在一天早些时候通过电子邮件发送的。
- ❑ 从系统中获取数据以驱动决策，而不考虑其准确性、生成时的上下文，以及与其处理和比较的其他数据的相关性。这种不匹配在 AI/ML 环境中很常见，这些环境必须依赖于原本没有设计用于此类目的的数据来源。
- ❑ 使用冗长的需求文档、布局不良的用户故事任务、长长的电子邮件链和众多会议来传达任务和角色目标、依赖关系和反目标。与第 3 章中所详细说明的不同，很少有人做出努力确保大家在有关目标成果、当前状态、潜在风险等信息方面达成一致。相反，大多数沟通交流主要关注要交付什么，而忽略了它试图交付的成果和为什么需要它。
- ❑ 使用跨团队和跨组织的通信方法，而不考虑需要传达多少或以什么速度和准确性传达，也不充分促进友好和合作。如今许多人处于的分布式工作环境中，这已经成为一个特别紧迫的问题。电子邮件、任务跟踪单、聊天室和视频会议各自在传达上下文信息的准确性方面都有限。它们也难以标记不一致和有缺陷的心理模型。这一切都导致了不同团队对生态系统的理解的割裂、"我们与他们"的冲突和孤立的思维模式。所有这些都使纠正心理模型缺陷和有效地实现目标结果变得极其困难。

信息传递变形在 IT 行业中很普遍，这可能是因为业内大多数人倾向于更多地考虑便利性、新颖性或遵循与他人使用的相同方法，而不会寻找最适合做出及时和准确决策的方法。然而，IT 行业远非唯一存在此类问题的行业。我在医药、金融、能源、工业供应链的各个行业都遇到过这个问题。许多行业可能不像 IT 行业那样愿意尽快使用新颖的方法，但即使是名称中带有"商业智能"和"决策支持"的组织，通常仍然难以确保信息流的准确，以支撑智能化和正确的决策。

2. 模式 2：文化脱节

个人、团队和组织的经验差异比他们的心智模型影响更大。经验差异还影响信息本身的特征和感知价值。当在一个群体内分享时，经验可以成为共同文化框架的一部分，可以促进群体内在正确背景下的信息交流。

就像任何其他文化一样，随着这些共享经验随着时间的推移而增长和加深，这个框架可以扩展到包括各种各样的行话、规则、价值观，甚至仪式。虽然所有这些都可以进一步简化以群体为中心的沟通，但它也有一些缺点。一是共享心智模式比个人心智模式更难打破。另一个是，一个群体的沟通黑话在外人看来可能是难以理解或荒谬的胡言乱语。

这种文化上的脱节会带来真正的问题，扭曲决策所需的信息流，妨碍交付正确结果。

IT 组织可以拥有任意数量的专有文化，每种文化都有自己的术语和优先级。开发团队重视交付特色功能或使用新颖有趣技术的速度，而运营团队则倾向于支持稳定性和缓解风险，数据库团队对模式设计和数据完整性感兴趣，而网络团队则倾向于密切关注吞吐量、弹性和安全性。每个团队的不同倾向和动机会改变信息的内容和方式。如果没有正确的动机和协调一致的目标，这些团队就很难对目标结果达成一致。

意识到这些文化差异可以帮助你找到方法，以减少团队之间的错误和不一致所造成的挫折和冲突。这有助于发现和纠正不同团队对目标结果的误解。有许多方法可以做到这一点。可以通过在小组之间建立更好的沟通桥梁，鼓励信任和理解（见第 3 章）。也可以通过清楚地了解正在发生的事情来减少假设中的错误，以及使用任务指挥的技巧，如支持和增加个人接触，以改善信息流和捕捉任何不一致。这些可以使你和你的团队做出更好的决策。

3. 模式 3：缺乏信任

信任是组织中一种未被充分认识的信息过滤器。信任程度是用来确定你需要在多大程度上保护自己免受个人或组织自私自利影响的衡量标准。你对他人的信任越少，你就越有可能隐藏、过滤或歪曲对方可能用于决策的信息。这会削弱态势感知和决策有效性，明显减缓信息流。

信任可以通过多种方式挥霍。大多数情况下，原因始于误解或处理不当，让一个人感到受伤或被利用。在 IT 行业，以下是最常见的情况：

- ❑ **强迫承诺**：一个人或团队被迫接受其他人做出的承诺，通常粗心地忽视其实际可行性。这可能是任何事情，例如积极设定发布截止日期、签署难以交付的要求。问题的症结在于客户的期望与交付团队的努力之间的不匹配。做出承诺后，客户期望失败的风险低于实际风险。不仅交付团队经常面临巨大的失败威胁，而且为提高成功概率所做的任何艰巨努力都无法得到认可。
- ❑ **不合理的流程僵化**：一个本应提高态势感知的流程实际上反而会因为其严格的、僵化的流程链而受损。人们没有努力实现该过程的预期结果，而是隐藏细节并利用政治和社会压力来绕过规则和程序。当然，这会带来意外和进一步不信任的风险。
- ❑ **甩锅式事故处理**。事故管理流程是为了以人或技术的形式寻找替罪羊，并将责任归咎于人，而不是为了找到并消除事故的根本原因。这导致了一种"事件剧场"的游戏，即调查范围被严重缩小到事件本身，细节被混淆或忽略，以尽量减少责备，改进步骤仅限于确定的症状的有限列表，或者扩展到目标不明确的改进列表中，不太可能解决根本原因。

避免失去信任的最有效方法是建立一种文化和支持机制，积极促进组织中人们之间强烈的尊重感。尊重可以创造统一的目标感、信任感和安全感，从而激励人们打破壁垒，共同努力取得成功。

培养信任和尊重的团队和组织通常会表现出以下几点：

❑ 创造安全的工作环境：在压力过大的环境中工作绝不会令人愉快。压力通常来自技术本身，例如必须在设计糟糕、过于复杂、脆弱、紧密耦合、充满缺陷、构建、集成和测试困难 / 耗时的危险软件之上处理 / 调试 / 开发，或者根本就不打算像其他人现在想要的那样使用它。有时，用于构建和支持安全工作环境的支持要素是压力的主要来源，例如拥有不可靠的基础设施或无故失效的工具，或者难以可靠和高效地使用的工具部署、配置或管理你的服务。在充满噪声、会议或活动的不断干扰的环境中，压力也可能会降低人完成工作的积极性。需要允许团队积极留出时间来识别和消除工作环境中的此类压力因素。这样做不仅表明组织关心他们的福祉，而且还有助于减少降低态势感知和妨碍决策制定的噪声和压力。

❑ 培养一种被重视的感觉和归属感：如果人们觉得自己是团队成功的关键部分，而不仅仅是一些可互换的资源，就不太可能隐藏或歪曲信息。帮助他们为自己的工作感到自豪，努力营造一种氛围，让他们觉得自己在团队、组织的成功和成就中占有一席之地。做到这一点的一个方法是，用更多以客户为中心或以组织为中心的目标来取代针对个人的绩效目标。鼓励团队不要把错误和失误作为指责的重点，而要把它作为生态系统中某些元素被发现是不安全的、需要改进和变得安全的标志。我还鼓励团队真正了解对方，不要把别人视为资源或对手。

❑ 创造成就感：如果人们没有朝着目标前进的感觉，他们就会变得没有动力，并觉得工作没有目的性。建立频繁和定期的质量反馈机制，以显示在实现一组结果或目标方面取得了多大进展。

6.6 分析与改进

由于我们的态势感知会以多种方式变得支离破碎和扭曲，因此在你的团队中采用某种方法来定期检查、纠正并主动寻找以防止未来出现任何可能损害服务交付的缺陷是有意义的。

大多数团队确实有一些方法来检查和纠正上下文和一致性问题。他们通常采取检查点和审查会议的形式，旨在验证每个人对给定情况以及需要做什么才能继续前进具有相同的理解，这有助于确保在此过程中不会意外遗漏步骤。

虽然这样的策略可以捕捉并解决偏差和理解错误，但它依赖于每个人的充分参与和关注。当人们处于压力之下时，这个策略通常会失败。它也没有告诉我们造成意识差距的根本原因，更不用说解决这些问题，以防它们在未来持续造成损害。

解决此问题的最佳方法之一是重新设计你和团队看待错误和失败的方式。与其将它们视为一个人的错误，不如将它们视为一个集体的态势感知失败。找出态势感知失败的原因，无论是来自有缺陷的情境心智模型、错误的框架还是错误的信息流，都可以帮助你发现它发生的原因，并建立机制来减少它在未来发生的机会。

　　这种转变还有一个额外的好处，那就是它更容易避免相互甩锅。它暗示支持个人和团队态势感知的机制存在不足，需要改进以确保成功。这减少了相互指责和其他只会进一步削弱团队效率的行为。同样重要的是，要事先主动寻找可能导致态势感知退化的潜在危险。

　　我经常使用的另一个方法是与团队一起模拟各种场景。为了做到这一点，我会询问一个特定的服务、互动、流程或其他一些元素，看他们如何构建和更新他们的态势感知。看看人们在多大程度上依赖他们的心智模式，这些心智模式有多强，以及他们觉得哪些信息可以帮助指导他们做出正确的决定，并可以帮助发现可以迅速纠正的差距。通常情况下，在简单的圆桌讨论中就能发现差距，尽管有时要用实际的或模拟的场景进行跟进，以仔细检查细节是否正确。

　　态势感知是我们理解生态系统并引导自己在其中做出明智的决定以实现我们的目标结果的基础。我们的态势感知可能会在很多方面出错，从有缺陷的心智模型和糟糕的沟通方法到文化差异、不合适的工作评估方法、不明确或局部关注的目标，再到缺乏信任和进步感。了解你的生态系统内的这些动态，并不断改善它们，可以帮助改善各种不利于交付的不一致问题。

参考文献

[1] US Department of Transportation Research and Special Programs Administration. (1989). *Cockpit Human Factors Research Requirements*.

[2] Wiener, E.L., & Nagel, D.C. (1988). *Human Factors in Aviation*. London, United Kingdom: Academic Press.

[3] BASI. (1999). Advanced Technology Safety Survey Report.

[4] D'Este, Carlo. *Patton: A Genius for War*. New York: Harper Collins, 1995, p. 457.

踏上 DevOps 之旅

组织的系统通常被设计成这个组织通信结构的副本。

梅尔文·康威（Melvin Conway）

在 IT 行业中，对于如何最好地组织 IT 服务交付团队这件事可谓百家争鸣。一些人坚称，区分开发和运维团队是必要的，这样能保持团队的专注性和吸引具有正确技能的人，以及满足分工要求。另一些人认为，现代的云和服务交付工具已经足够好，没有必要区分特别的运维技能，更不必有专门的团队来处理运维工作。还有一些人认为，交付服务需要一个专门的以服务为重点的 DevOps 团队来管理。

无论个人偏好如何，真正确定组织的最佳交付和支持团队结构的是交付生态系统的动态和限制。这就是为什么盲目采用另一家公司使用的组织结构可能无法满足你的需求。不仅如此，随着生态系统条件的变化，影响交付障碍和风险的因素可能会发生变化，你和你的团队遇到的态势感知、学习和改进的机制的有效性开始失灵。

这种效率的下滑有时会非常严重，以至于需要调整团队结构和工作方式才能保持效率。通过不断重组团队来应对变化犹如短针攻痃。这种方法不仅具有破坏性，而且会增加团队成员的压力，引发他们对生态系统条件的误读，反而导致团队效率降低。

更好的方法是理解影响团队效率的因素。在此基础上，团队成员和管理层可以共同努力建立稳定的机制，定期测量团队的健康状况。这使得团队的问题可以被发现，找到其根本原因，并采取措施来恢复甚至提高团队的效率。

从前面的章节可知，效率需要在障碍、风险、态势感知和学习之间取得正确的平衡，以便你可以在正确的时间做出和执行最佳决策，实现客户的目标。虽然每个因素的重要性随时间而变化，但是确定平衡的条件相对稳定。第一，团队成员在适当的时间做出最合适的决策，以满足客户需求所需的信息流。让这件事棘手的是，并非所有信息都是必要的。为了使信息必要，信息需要准确、可用并且足够相关，以确保团队能够做出最佳决策，帮助组织的客户追求目标结果。此外，它还需要促使决策及时落地。事后诸葛亮式的完美决策，毫无意义。

第二，组织内需要有足够的信息流动，以保持跨组织的充分对齐。这与第一个条件的不同之处在于，对齐所需的信息可能会因团队或团队成员而异。成功意味着确保对正在执行的活动有足够的共享态势感知，以排除故障、改变或改善生态系统条件和能力，并避免团队和团队成员之间潜在危险的决策冲突。

为了达到平衡，需要确定信息以什么速度在什么时候流动到哪里，相较于测量信息流速和覆盖范围并进行调整以弥补差距，前者比后者需要的工作量更多。更好的方法是从底层开始设计组织结构和激励模型，以增强团队成员对于他们正在交付的整个服务和功能的强烈归属感和自豪感，而不仅仅局限于他们正在工作的那一部分。归属感和自豪感不仅使工作更加充实，还鼓励团队成员使用自己的知识和技能，共同交付一整套健康和维护良好的服务，以可持续的方式达成实现目标成果所必需的条件。

达成这些条件远比获得一堆工具、迁移到云端或将运营职责交给团队 [称为 DevOps 或"服务可靠性工程"（SRE）] 更为复杂。为了建立一种归属感和自豪感，团队首先需要了解和分享你所尝试实现的目标意图的价值。这就是为什么重要的结构有助于传达明确和一致的业务愿景，详细说明目标结果试图解决的问题以及在提供服务时需要考虑的限制。内置机制也需要定期测量交付域的有序"可知性"数量。这有助于每个人了解可能会阻碍信息流动的"迷雾"状况。

拓展：两家公司的故事

BigCo 公司长期以来一直是商业压缩包装软件的成功供应商。它拥有许多才华横溢的工程团队和大型产品线。随着软件即服务（SaaS）的流行，越来越多的客户开始要求 BigCo 公司为其产品提供 SaaS 服务。起初，BigCo 公司忽略了这一切，认为这只是一种永远不会流行的时尚。然而，在几家初创公司开始通过竞争性托管产品赢得他们的客户群后，BigCo 公司觉得他们别无选择，只能冒险一试。

BigCo 公司首先聘请了一些他们能找到的顶级运营人员，其中许多人在管理大型运营基础设施的领域拥有多年经验。根据他们的建议，BigCo 公司迅速建立了一些最先进的数据中心，其中包含了最新的自动化和云技术。同时，开发团队着手将他们的应用程序转换为托管产品。

起初事情似乎进展顺利。开发团队正在开发的服务看起来很棒。它们至少与 BigCo 公司的传统产品一样易于使用，而且不需要客户安装任何东西。同样，数据中心也很漂亮。只需按一下按钮，就可以轻松部署任何数千个实例。然而，问题很快就浮出水面。

虽然数据中心很先进，但大部分运营计划都留给了与现有 IT 组织一起工作的运营人员。他们采用了许多在内部长期使用的请求、支持和变更控制流程。这些流程不仅烦琐，而且基础设施自动化的大部分优势也随之丧失。这导致事件和请求处理的响应和周转时间过于缓慢，以至于即使是最忠诚的客户也不得不离开。

开发方面也并非一帆风顺。开发人员习惯于创建软件，将运营的责任留给其他人，很少有人有提供在线服务的真正经验。开发和运营之间的交互缓慢且容易出错，这使得部署新版本和错误修复变得很麻烦，并且对所有相关人员造成负担。这些互动留下了巨大的期望差距，没有人知道如何填补。

大约在 BigCo 公司艰难转型的同时，新兴竞争对手之一 FastCo 公司也在经历自己的挑战。与 BigCo 公司不同，FastCo 公司是一家纯按需软件服务公司，没有传统的压缩包装产品。FastCo 公司最初规模很小，但随着时间的推移变得非常受欢迎。它迅速发展壮大，全球数百万人每天都依赖它的服务。

FastCo 公司以交付速度而自豪。它从未觉得一个独立的运营团队是必要的。相反，他们依靠开发人员和云提供商来运行服务。

一切似乎都很顺利，直到 FastCo 公司遇到了一个非常意外的问题。它的成功引起了该行业大客户的注意。一家财富 500 强公司对 FastCo 公司印象深刻，因此与 FastCo 公司签订了一项特别有利的长期合同，以购买他们的服务。对于 FastCo 公司来说，这是一个巨大的胜利。它不仅保证了每年数千万美元的稳定收入，而且也推翻了竞争对手（如 BigCo 公司）的论点，即没有大型企业会购买如此重要的软件服务。然而，这个巨大的胜利的缺点是 FastCo 公司同意了一份合同，它必须满足 99.9% 的服务水平协议（SLA）。

FastCo 公司之前对服务可用性和可靠性非常重视，但是没有对其进行测量，因此 SLA 对他们来说是全新的。现在他们已经有了具体的合同要求，但是需要快速找到方法来测量和满足这些要求。

此外，FastCo 公司的云服务提供商也有问题。FastCo 公司与云服务提供商签订的 SLA 与它刚刚签署的合同非常不同，有时云服务的瞬时延迟和中断会导致自己的服务出现错误和不可预测的行为。没有人确定 FastCo 公司是否能够保护自己免受这些影响。

这些 SLA 承诺也促使 FastCo 公司的一些人开始思考业务连续性。如果发生了非常糟糕的事情，比如生产环境突然消失，他们能否及时恢复？他们知道自己可以快速部署服务实例，这肯定有所帮助。他们甚至从云服务提供商那里获得了许多方便的工具，可以根据需要启动任何必要的基础设施元素。

但是，任何进行业务连续性规划的人都会告诉你，基础设施和软件的部署只是这个难题的一小部分。维护当前和准确的环境配置更加重要。小的、看似不重要的差异可能会导致非常糟糕的行为和性能后果。升级、手动故障排除和新的实例都可能导致微妙但后果严重的障碍，这些障碍被发现时早就为时已晚。同样，硬编码的 IP 地址和路径等配置障碍也可能在服务端和客户端上出现，这可能使得在其他地方移动或重新创建服务变得困难。

还有数据弹性和恢复问题。客户需要他们的数据既可用又准确。虽然可用于存储和复制数据的手段非常广泛，但很少有服务提供商花时间真正了解生成、存储和操作的数据的性质，以确保存储和处理数据的正确机制到位并进行最佳配置。如何处理服务数据，使丢失和损坏的数据始终保持在可接受的最低水平？

当 FastCo 公司的员工开始审视这一情况时，他们感到震惊。恢复不仅困难且耗时，而且没有人相信任何人都能可靠地恢复他们所拥有的一切。尽管团队的工程技能和经验很丰富，但没有人为此事负责，这意味着此问题经常被忽视。

这两家截然不同的公司将如何克服这些挑战？

7.1 服务交付挑战

BigCo 公司和 FastCo 公司都面临着同样的问题，即两者都未能建立应有的态势感知水平，以确保其服务高效、有效地满足客户的需求。尽管拥有截然不同的模型，但这两家公司仍然设法保留许多从传统 IT 继承下来的旧习惯和过时的思维模式。这使得它们没有更好地关注如何实现目标结果，而是专注于交付和运营方面的任务指标。

从客户的角度来看，服务提供商有责任确保一切都按照期望的方式工作，并且服务提供商必须尽一切可能确保了解客户的期望。完全由服务提供商承担建立和运营服务，可以解决服务生态系统中的信息沟通问题。因此，服务提供商必须找到方法了解客户对服务的需求，然后建立必要的强大反馈、反思和改进机制，以便履行这些义务。

7.1.1 传统服务交付中的问题

让我们回顾一下两家公司的故事，看看究竟是什么原因导致它们都无法建立必要的态势感知和改进循环。

在 BigCo 公司的失败中没有什么令人惊讶的地方。它只是用自己的信息化操作取代了客户的信息化操作。尽管它可能拥有更先进的数据中心、工具和专职员工，但所有过去塑造团队思维方式的责任分割习惯仍然存在，许多相同的组织结构仍然存在，这让态势感知和开发共享责任以确保服务与客户需求保持协调的机会变得碎片化。

组织结构所造成的分裂会鼓励团队基于更传统和局部化的指标进行评估和奖励。这导致不同团队几乎没有动力去缩小意识差距，更不用说在团队直接职权范围之外的工作上进行协作，而团队绩效评估机制不太可能奖励这些工作。

尽管 FastCo 公司没有传统的组织结构去干扰信息流，但仍有迹象表明一些传统的思维模式仍然存在。首先，开发人员通常根据交付速度和产出进行评估，而不是根据理解和实现客户结果进行评估。其次，很少有开发人员有动力去学习如何管理服务环境的运营部分，除非是绝对必要的。许多人没有意识到，仅仅了解自己的代码和具有重要的技术知识，并不能自动使你成为最适合运营的人。缺乏运营意识不仅会在服务设计和编码方面带来挑战，而且还会对服务托管配置设计、检测和运营管理机制的有效性产生不良影响。许多人错误地认为，通过外部云平台和基础设施提供商提供的运营工具和解决方案，就可以轻松解决运营问题。但这种想法与认为你可以通过穿同样品牌的鞋子成为著名篮球运动员一样可笑。

拥有优秀的工具并不一定意味着你知道如何有效地使用它们。实际上，服务堆栈中的深层复杂性和潜在透明度的缺乏可能会使你难以理解堆栈内部和跨堆栈之间的细微差别和相互作用，即使你正在积极寻找它们。这增加了忽视服务健康关键因素的风险。

一般来说，简单地信任提供运营功能的外部提供商会引入本可以避免的问题。FastCo 公司最终发现了这一点，它承诺的服务水平保证远高于其上游服务提供商的服务水平保证，而对如何缩小差距几乎没有深思熟虑过。

可靠性和正常运行时间远非唯一可能出现的不匹配因素。在性能、可伸缩性、缺陷修复和安全性方面，上游服务提供商提供的服务也可能存在其他问题，如果没有足够的运营意识，这些问题可能一直隐藏着，直到需要付出痛苦的代价。这可能导致意外和令人尴尬的事件，进而会危及你与客户群之间的关系。

为了提供符合客户目标和期望的服务，你不仅需要克服妨碍你认识服务生态系统动态的各种障碍，还需要确保你的服务满足客户的要求。

7.1.2　服务要求带来的挑战

服务交付团队通常不清楚或不够关注客户期望的特定服务要求，客户也不会提供帮助。有些客户关注解决方案或交付的功能 / 程序细节，而不是关注各种服务要求可能对他们产生的影响。然而，交付客户所期望的东西才是成功。

客户可能会认为有很多重要的服务要求。大多数要求以 "性" 结尾，通常分为两类：

❏ 满足客户需求的服务性能要求（如可用性、可靠性和可扩展性）。

❏ 满足客户、法律和监管需求的风险缓解要求（如安全性、可恢复性、数据完整性、可升级性、可审查性和任何其他必要的法律合规性）。

这些要求通常因为多种原因被忽视。当它们出现时，它们通常被标记为 "非功能要求"。这个术语的问题在于，人们很容易相信开发人员提供了功能要求，而任何 "非功能" 要求要么已经自然存在，要么由其他人提供。证明一个非功能要求不存在通常留给测试团队，他们必须无可置疑地证明它缺失，并且解决这种情况需要其他计划外的工作。特别是当测试和生产环境之间差异很大的时候，不仅很难证明某些东西不存在，也很难反驳别人的质疑，而且说服其他人完成交付所需的非功能性需求，还必须承受整体发布可能延迟的舆论风险。

提供客户所需的可用性也面临一个问题，就是它们的重要性和可感知性可能取决于客户使用服务的领域的性质。

领域差异可能会使适合一个客户的方案完全不适用于另一个客户。因此，对于行业、市场或客户知之甚少的服务提供商，很容易无法满足客户需求，或者发现自己在什么时间、什么地点交付以及如何交付方面受到限制，或者遭受昂贵的损失。

这些要求带来的另一个挑战是需要了解在你的服务生态系统中有效地提供它们意味着

什么。哪些元素有助于提供它们？它们是内置于服务中还是需要特定的操作来维护？你有什么能力来跟踪交付它们的情况，并应对可能危及其适用性的事件？实现这些目标所需的手段是否限制了你应对新问题或新机会的能力或选择？

即使在不那么复杂、有序的操作领域中，所有这些都可能出人意料地困难。通常情况下，可用性、可扩展性、安全性和数据完整性等要求通常取决于多个交付团队以已知和互补的方式在一起协作。任何一个问题或误解，无论是来自技术限制、交互中断，还是环境卫生问题，都可能导致一系列故障，既可能隐藏原因，又可能掩盖对客户造成有害影响的严重程度。

在缺乏良好的信息流、缺乏关键的技能和对目标结果的理解不足的情况下，组织如何建立良好的生态系统和运营意识，自信地提供满足客户需求和期望的服务呢？

7.2 走出服务交付困境

走出服务交付困境首先要了解实现的结果和实现这些结果的意图，然后确定实现这些结果的服务要求。在此基础上，可确定各种信息来源的相对重要性，以及它们的用途、功能和特性。

为此，团队首先需要管理层传达整体业务愿景。管理者不只是告诉团队成员做什么，而是更要与每个成员一起确定实现该愿景的业务目标并承担交付正确解决方案的责任。

7.2.1 管理者的角色

管理者不可能也不应该事必躬亲，他们的主要职责如下：

❑ 他们是领导层的成员，应向团队传达和阐明业务目标和愿景。

❑ 他们是团队的负责人和代表，应向上级反映团队在能力建设方面需要的帮助，以及需要上级解决的困难。

❑ 他们应制定与客户需求相符的业务目标，并组织团队对可能影响更大战略目标的团队重大发现和进展进行交流。

管理者要有能力吸引并与组织中的同事进行互动。管理者要全面了解团队情况，帮助团队成员提高学习能力、克服沟通障碍，促进信息交流和协作。另外，管理者还要带领团队跟进新技术和运用新方法，使团队更好地完成交付目标。

拓展：挫折感和数据工程

帮助团队走出服务交互困境是管理者的责任。为了说明这一点，下面举个例子。几年前，我接手管理一个数据工程团队。这个团队所在公司的战略商业智能（BI）计划进展不顺，技术团队经常无法按时完成任务，而已完成的任务质量也很差。该公司的客户都非常不满意，导致该计划遭到质疑。

我与他们会面时，感受到团队情绪低落。他们一直在长时间工作，但几乎没有成果。

当他们听到有人认为他们技能不足或工作不够努力时，他们很抵触。他们认为得到的资源支持不足，也无法理解公司为什么不愿意派更多的工程师参与数据工程项目。

乍一看，这种情况很棘手。然而，当我深入了解了情况后，情况变得清晰起来，真正的问题是交付过程中存在过多的未知和不确定性。

造成上述问题有两个原因。第一个原因是很难看到是否正在取得进展。该数据工程团队的所有小组都按照两周为期的 Scrum 框架下的冲刺（Sprint）模式进行工作。每个小组负责一个业务组件，第一组负责识别并验证各种数据源及其结构。第二组负责编写处理 BI 系统中这些数据源的代码。

这些工作看起来都很合理。然而，团队从未对外公开正在进行的业务细节，包括谁在做什么、付出了多少努力、工作何时可能完成，或者过程中遇到了什么问题。

任何团队外的人都只能看到单个业务组件正在被处理。因此，在 Scrum 看板上，一个组件通常会在 2 ～ 6 个冲刺中保持"进行中"的状态，这是一个 4 ～ 12 周的时间段，在这段时间内，除了正在处理反馈本身的工程师之外，几乎没有人能够清楚地了解到正在取得的进展。

第二个原因是，业务团队、工程师和数据科学家之间对每个数据源的相对重要性几乎没有共识，更不用说达成一致了。这影响了数据处理的优先级和准确性，包括数据的清理和最终解释。由于没有实时跟踪工作进展，以及对 BI 计划价值的看法不一致，商业部门会自行更改数据源结构以处理新的业务需求。当然，即使每次数据更改都意味着必须抛弃和重新处理受影响的任务，这些更改也很少通知数据工程团队。

确立透明度畅通和沟通流程至关重要。第一步是提高该团队执行工作的可见性，即将工作分解为大小合理的任务块，每个任务块不超过两个工作日的工作量。中途创建的任何工件都将与给定任务链接，以便任何感兴趣的人都可以查看并更好地了解正在进行的情况。

分解工作并链接工件的好处是：工程师可以看到他们正在取得稳定的进展，并为他们将遇到问题并需要帮助时积累有用的信息。

下一步是改善业务客户、数据工程师和数据科学家之间的参与和协作程度。所有人都需要就每个数据源的相对优先级和期望的目标结果达成一致。业务客户还同意分享其技术路线图，并努力减少会破坏 BI 工作的变更。如果在处理某个数据源时需要变更，大家同意停止工作并将该数据源放在优先级列表的后面。

鉴于以上措施，反馈速度显著加快，紧张气氛开始缓和，士气得到提高，工作也有了显著改进。

7.2.2　服务交付生态系统中的关键要素

尽管管理者在这个过程中扮演着重要的角色，但显然他们也不可能解决服务交付中的所有问题。服务交付生态系统中对客户有意义或重要的关键要素不仅涉及系统、软件、人员、技能和供应商，还受到它们之间相互作用的影响。从软件和系统本身到配置、访问控制子系统、网络服务和数据本身，这些要素会直接产生影响。其他辅助要素，如故障排除和恢复工具、熟练的员工和仪表系统，会间接产生影响。

通过了解这些要素、它们的影响和作用可评估和塑造团队，并更好地管理运营风险，最终提高交付能力。这些要素分为以下三类。

1. 已知且可管理的要素

已知且可管理的要素是指服务生态系统中的所有已知且可控的要素，它们直接对服务的运营能力做出贡献。在这个理想的世界中，所有关键或重要的要求所需的元素都将以最佳方式存在。

对于已知且可管理的要素，如果不能够及时有效地监控、响应任何危及交付的事件，那么这种要素就起不到应有的作用。比如，大多数客户对交付延迟是有容忍限度的，即便可管理要素可以用于缩短延迟时间，但最终交付时间不在客户可容忍的限度内，那么这些要素也就没有作用了。当然，只有已知且可管理的要素是不够的，还需要辅助要素来发现并及时纠正与该要素相关的交付问题。比如，有些组织只引入复杂的工具和技术来管理可靠性（如可扩展性和可恢复性），却没有相关辅助要素的支持。他们要么没有可有效地使用它们的技术人员，要么将责任分散到无法或不愿有效地为满足客户需求做出贡献的团队中。

了解这些已知且可管理的要素及其对服务交付成功的贡献是很重要的。比如，需要了解并测试它们的阈值，追踪它们在生产中的状态，并确保在接近阈值时采取必要行动的任何团队都能够在可接受的时间范围内以可接受的精度执行任务。

2. 已知且不可管理的要素

已知且不可管理的要素是指已知的对服务运营稳定性有贡献，但不在直接控制范围内的服务生态系统的所有要素。目前最常见的是云服务和 PaaS 服务，如 AWS 和 Azure，这些服务是关键基础架构和平台服务的基础。与这些服务同样普遍但经常被忽视的是由商业硬件（如网络、计算或存储设备提供商）或软件（如数据库、支付或安全 COTS 软件包）提供的组件，更小但同样重要的有缓存和网关服务提供商，以及外部运行的构建、测试和部署服务提供商。

了解已知且不可管理的要素的重要性以及它们的贡献非常有帮助。但是，处理已知且不可管理的要素的主要目标是将它们对生态系统的风险最小化。对于系统和软件，这可能涉及构建强大的监控、故障排除和恢复程序，并且在提供关键功能的地方使用更标准或经过验证的版本和配置。

另一种更有效的方法是通过有意识地设计和运营服务，使系统对任何不可管理的问题保持弹性。这正是 Netflix 的猿猴军团和混沌工程背后的思想。对于 Netflix 来说，在 AWS 实例上托管流媒体服务的重要组成部分可能会使其面临不可预测的风险，可能导致卡顿和画面掉帧，从而影响客户的观影体验。此外，还存在一种忽视或淡化生态系统问题威胁的倾向，创建的软件难以应对意外情况。

通过使用混乱猴子测试（Chaos Monkey）和延时猴子测试（Latency Monkey）等工具，工程师知道很少发生的问题肯定会发生，这促使他们对软件进行工程化设计，从而弹性地处理这些问题。这将降低业务风险，最终以更可预测的方式交付客户所期待的要求。

3. 未知要素

对于一些要素，如果不知道它们的组成要素、它们的状态或如何最好地操作它们以实现客户需求，那么这些要素就没有太大的作用。这种类型的要素就是未知的。这些未知要素带了一定程度的不可控风险，甚至可能会损坏甚至摧毁业务。

不幸的是，由于信息流的缺乏和交付服务的不可控性，大多数要素都是未知元素。这也是大多数服务交付组织在其工作的开始阶段所看到的一切。即使解决了确定客户需求的问题，但仍有很多工作要做，以缩小生态系统内的意识差距并交付所需服务。

7.2.3　团队走出服务交付困境的方法

无论组织结构如何，团队可以通过运用一些方法增强他们的共同态势感知，同时继续学习和改进，以走出服务交付困境。本书后续章节涉及的方法有：组织工作以使其更清晰地知道发生了什么（第 11 章中有讨论），定期以轻量级方式共享信息和想法（第 13 章中有讨论），拥有智能并有用的工具（第 10 章中有讨论）。重构治理过程（第 14 章中有讨论）和自动化实践（第 9 章中有讨论）的方法，可以增强态势感知。

在使用具体的方法之前，团队应该捕捉和填补任何可能妨碍信息流和有效交付的成熟度差异。下一章中将讨论这个问题，同时介绍"职责"角色中的第一个，可供团队使用以促进运营信息流并在团队内部和团队之间发现改进领域。我在许多组织中都使用了这种模式，并发现这是打破障碍的同时提高跨团队技术协调和专业知识的绝佳方式。

第二个"职责"角色，队列大师，更加关键。它在第 12 章中有讨论，是一种让每个团队成员有机会从日常工作中后退一步看到大局，通过监控流经团队的工作流程来改善团队态势感知，发现学习和改进的方法。

第 8 章

服务交付的成熟度模型和服务工程负责人

如果不知路在何方，问问以前到过那里的人。

JJ·洛伦·诺里斯（JJ Loren Norris）

有效的交付服务非常困难。这是一个挑战，许多服务交付团队都将重点放在如何无缝且高能效地交付客户想要的服务。但客户需要的不仅仅是一堆功能，还需要服务满足其要求（见第 8 章）。许多服务交付团队都在努力构建成熟度，从而可靠地实现这些要求。生态系统复杂性的不断增长只会增加实现这些要求的难度。随着团队、实例和服务的规模与数量在增长，即使是看似完美的团队也可能难以保持意识共享和跨组织的一致性。

不幸的是，新兴的工具和交付方法大多继续侧重于消除交付中的摩擦。因此，在确保形成用于了解其相互作用所需的信息流这件事上，它们通常贡献不大。这意味着，微小的差异和错位会在生态系统中自由传播，经常会默默地扭曲我们关于服务动态性的心智模型，最后破坏了决策的有效性。

克服这一障碍的最佳方法是评估我们所依赖的实践与行为的成熟度，以优化信息流和态势感知。这样做可以为暴露意识问题及其可能的来源提供线索，以便让我们跳出意识迷雾。意识迷雾会损害我们的决策，并最终影响客户的服务体验。

本章介绍的这些方法可以帮助我们开启发现之旅，并走上正确的改进道路。第一种方式是服务交付的成熟度模型，对于服务生态系统中的各部分，成熟度模型可以帮助我们识别对其了解的程度和有效管理程度，这些会影响我们在交付服务时的预期。该模型依赖于第 8 章中的知识概念，并遵循许多合理的安全、架构和协作方法，使团队能够更好地理解并提高在其控制范围内成功交付的能力。

随着我们的进步，会发现解决意识迷雾问题需要的不仅仅是几个过程和工具的调整。

有时候，团队成员的工作量如此之高，以至于他们往往缺乏大局观，从而忽视了他们所在区域与更大生态系统之间的关键关系。另外，由于生态系统多变且复杂，团队对最新深度技术信息的需求非常迫切，即使是最积极、最善意的架构师或项目经理也无法完全满足这样的需求。

第二种方法是服务工程负责人（SE 负责人），这是一种轮值机制，可以更直接地帮助提升团队意识和一致性。根据生态系统的复杂程度与碎片化程度，以及团队需要领悟和改进的能力，可以临时使用这种轮值机制，也可以连续地滚动使用。

8.1　服务交付的成熟度模型

我们的行业中充斥着各种成熟度模型，但许多成熟度模型不过是推销咨询服务的噱头，甚至提到这个概念都会引起团队成员的抱怨。然而，在某些情况下，结构良好的模型是一种有效的方法，可以衡量和指导组织以更可预测、更可靠、更高效的方式提供满足客户所需的服务。

判断给定的成熟度模型是否可能有帮助的最佳方法之一是查看该模型所测量的内容。一个有用的模型应该引导我们识别并减轻或消除困扰组织的任何不可预测性和风险根源。这与描述缺陷维度的成熟度模型不同，后者往往侧重于统计输出，最多只能暴露问题而不是指出症状的根源。

与学校中的等级评估不同，成熟度模型的特点在于，不必在每个维度上都有完美的分数。可能会遇到这样的情况，如果产生的原因和影响范围是已知的，并且不会影响客户所依赖的要求，一个领域的一些不成熟和变化是完全可以接受的。

事实上，任何一种坚持只有在每一个分数都很完美的情况下才能取得成功的成熟度模型都具有天生的缺陷。一些组织似乎在一些领域追求高水平，这不仅是不必要的，而且损害了他们满足客户要求的交付能力。这就是为什么成熟度模型需要以与客户结果和要求相适应的方式来实现。

例如客户提出了服务可用性度量方面的要求，如可支持性和耦合性。即使没有成熟度模型，可用性度量也往往与客户的实际需要不匹配。团队盲目地努力满足一些神话般的99.999% 正常运行时间指标，但没有意识到客户只需要在工作日的可预测窗口内提供服务。当客户没有机会使用某项服务时，他们通常不关心该服务是否可用。事实上，他们可能更喜欢一种更简单、更便宜的服务，在需要的时候就可以使用，而不是一种危险的过度设计的且总是可用的服务，这种服务昂贵且难以满足他们的需求。

为了避免此类问题，我们试图鼓励团队避免将成熟度的度量视为一种评估，而是将其作为一种指南，以帮助他们提高对服务交付生态系统的态势感知，以满足其组织和客户的需求。有些时候，成熟度的度量会暴露出团队能力上的不足，团队可能需要帮助解决技能或信息流方面的差距。还有时候，团队需要管理层或领域专家的帮助，去观察并取得进展。

通过消除对判断的恐惧，团队可以安全地分享并寻求帮助，最终实现有效的交付。

8.1.1　度量代码质量的示例

在度量服务交付成熟度的时候，重要的是要确保度量的指标能够合理地帮助我们满足客户的需求。然而，在某种程度上，度量会使你的行为偏离预期目标。

例如，代码质量可以体现出代码的稳定性以及团队对其进行更改、扩展和支持的能力。一个常见的假设是，可以通过计算和跟踪已注册的缺陷数量来度量代码质量。基于这一点，整个行业都致力于跟踪和绘制缺陷数量在各式各样代码的生命周期中上升和下降的趋势。

这种度量方式的问题在于，记录的缺陷数量只包括了那些被发现的、被认为足够重要且需要记录的缺陷，事实上可能仍存在成百上千个尚未发现的缺陷。有些可能出现在未被探索但很容易遇到的边缘情况中。另一些可能只是看起来没什么问题，导致团队忽略了它们。当组件或服务之间的交互跨越了团队间的职责边界时，也可能存在缺陷。

这个度量的另一个问题是，团队经常根据缺陷数量而不是服务的整体成功或失败来获得奖励或惩罚。由于只能计算那些已被记录为缺陷的东西，团队成员会隐瞒或声称某些东西是"特性"而不是缺陷，而不是努力实现客户的目标结果：在生态系统中拥有更高级别的代码质量。

一个好的成熟度模型应该关注减少缺陷产生的方法，而不是计算缺陷的数量，其中一个指标就是团队重构代码的频率和广度。定期重构遗留代码不仅可以减少代码库中的缺陷数量，还可以帮助团队成员保持对所依赖各种代码片段的最新准确理解。这降低了对特定代码元素的错误假设而导致缺陷蔓延的可能性。让团队成员轮流管理代码库等方式进一步提高了每个人的共享意识。

8.1.2　服务交付的成熟度模型等级

服务交付成熟度模型基于成熟度级别的概念，通常有从 0 到 5 的六个级别，除了方便地与大多数其他成熟度模型的级别计数保持一致外，这个数字还与整个交付生态系统中贯彻的共享意识、学习和摩擦管理的变化非常吻合。

以下是每个级别的概述：

❑ 第 0 级：起点。这是一个临时的选择，在任何细节被捕获之前，每个人都处于模型的起点。在第 0 级，团队把计划组合在一起，以找出并理解客户的要求。一个团队从这个级别立即跳到第 2 级或第 3 级是很常见的。

❑ 第 1 级：涌现最佳实践。这是团队在理解客户要求后发现其不成熟或处于不良状态的阶段。在这一阶段，应该制订一个改善计划，并为每项行动制定时间表并确定负责人，以帮助实施改善措施，使该领域至少达到第 2 级。

❑ 第 2 级：组件级的实践。这是一个团队在知道组件级别的客户要求时达到的水平。

他们可以跟踪其状态，了解其贡献，了解如何监控健康状况和性能，并了解可能出现的问题。组件级以外的信息和协作是有限的或者不成熟的。

- ❑ 第 3 级：跨组件的持续实践。在这一级别上，交付团队对他们所交付的组件和服务所依赖的组件、服务、数据元素以及其他团队有明确的了解，并进行跟踪和更新。交付团队与提供和支持依赖关系的团队和组织有一套非常好的协调实践和定期清晰的沟通渠道。对于软件和服务，任何 API 都是干净且定义良好的，数据模型是清晰且一致的，数据流是已知且可跟踪的，测试和监控是稳定且可靠的，组件之间的耦合得到了良好的管理，监控和故障排除的做法明确，角色和升级已知并商定，能够解决重大事件期间的任何协调问题。

- ❑ 第 4 级：跨领域服务旅程的持续实践。在这个级别上，所有交付团队的组件和服务流程都是端到端的，包括交付团队直接职权范围之外的组件和服务。有少数领域不是"已知的"，并得到相应的处理。交付团队清晰地了解和跟踪所有业务流程之间的依赖关系和耦合级别，监视所有跨业务旅程的流程，记录和理解故障类型，以及它们对客户的影响和预期结果，了解故障的排除、修复和分离。在整个服务过程中团队的沟通和协调是清晰和定期的，工具的存在是为了在整个过程中捕获、理解并改进客户服务体验和使用模式。团队经常发现自己在互相帮助，在业务范围内召集其他人来帮助和评估可能不属于他们直接职责范围内的薄弱领域。在具有多个服务交付团队或外部服务依赖关系的生态系统中，该级别对于顺利的交付服务是至关重要的。

- ❑ 第 5 级：持续优化的服务交付实践。当交付团队达到这个级别时，一切工作都在无缝地进行。在任何需要的时候，在与其他团队和客户紧密合作的情况下，交付团队都可以并且确实能够按需发布。持续改进的措施无处不在，团队定期改善和接受新的业务挑战，积极帮助现有客户和吸引新客户，通过交付的服务达到他们的目标成果。

如图 8.1 所示，成熟度通常是跨越多个维度度量的。成熟度的雷达图的作用不是仅仅提供一个关于成熟度的数字，而是帮助团队暴露潜风险，并突出他们可能需要时间和帮助来改进的领域。有时它能表明，投资于架构工作以构建弹性或解耦对问题的依赖是有价值的，有时它能暴露那些花费了大量精力但对客户的目标结果没有贡献的工作。

该模型的一个特点是每个成熟度级别都是累积的。成熟度级别的提升意味着团队更好地理解所拥有的内容，或者在一个地方真正地进行改进，或者在向服务生态系统引入新组件、解决方案或新团队。

该模型提供了一个微妙而有效的推动力，以改善团队之间的沟通流程和协作关系，包括组织外部其他重要参与方之间的协作关系。这对于比较保守或好争论的团队来说是有益的鼓励。它还可能突显了不健康的供应商关系，例如在第 7 章所述的 FastCo 公司中，需要解决供应商服务水平不匹配问题。

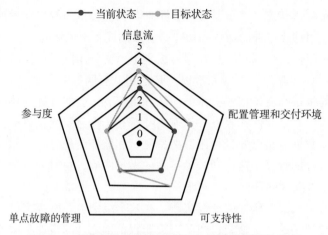

图 8.1　成熟度的雷达图体现了当前状态与目标状态

为了将所有这些结合起来，团队通常会与经理或团队外部的领域专家合作，收集、审查和跟踪每个能力度量的背后证据。这可以帮助团队了解导致成熟度水平下降的根本原因。我经常鼓励团队也构建如图 8.1 所示的雷达图，以帮助确定自己的位置，以及他们在下一个改进周期中的目标。

需要注意的一点是，团队很难在所有衡量标准上都达到第 5 级，第 5 级很难。这意味着一切正常，服务提供的生态系统很少如此静止，以至于不再需要补救出现的问题并进一步改进。即使在第 5 级，目标也是让每个人不断找到新的方法来更有效地实现目标结果。

8.1.3　服务交付成熟度的关注领域

既然已经对一个可行的测量机制有了构想，那么就有必要讨论一下在我们的生态系统中测量和跟踪什么是有意义的。

所有的生态系统都是不同的。然而，为了衡量服务交付的成熟度，有许多有用的共同领域需要考虑。软件、数据和系统级的健康安全当然是一个集合，团队处理各种架构实践（如耦合、冗余和故障管理挑战）的方式也是一个集合。所有这些都属于传统的技术领域，在这些领域，任何认知的缺乏都可能产生巨大的、潜在的、破坏性极强的故障风险。

有一些领域可能不太明显，但对服务交付团队的认知和能力有着重要影响，用以应对不断出现的挑战并有效改进，它们是：

- ❑ 信息流。
- ❑ 配置管理和交付环境。
- ❑ 可支持性。
- ❑ 单点故障的管理。
- ❑ 参与度。

8.1.4　信息流

生态系统中及时有效的信息流对于保持态势感知至关重要。信息来自人员、代码和服务，以及支持代码和服务的创建、交付与操作的任何平台和机制。

这一度量的目的是维持交付团队和操作团队的态势感知，包括找到以下问题的答案：

❑ 在帮助相关的人员意识到需要注意的开发活动时，如何平衡主动工具和被动工具？哪些度量只能通过被动工具？为什么没有合理的主动度量方案？

❑ 在发现问题到了解问题之间，有多长时间的滞后？

❑ 信息流的质量如何？

❑ 评估和理解一种情况需要多少专业知识？团队中多少人具备这样的专业知识？

❑ 团队和服务的能力和弱点有多少是广为人知的？

测量信息流从掌握简单而明显的事实开始，比如团队会议对团队成员的意见、想法和关注点的包容性如何，怎样识别整个生态系统中的信息和知识来源，等等。

团队了解谁知道什么，谁拥有执行特定任务的知识，以及如何获得和共享这些知识的能力，可以明确哪里可能存在瓶颈、单点故障，或者上下文可能扭曲或丢失的地方。例如，作为人与人之间沟通的桥梁，如果信息很大程度上依赖于管理人员或某一主题的专家，那么就会造成不必要的冲突和信息丢失。同样，使用聊天室也是帮助信息流动的好方法。然而，如果聊天室的成员是分散的，有太多无关的噪声，或者如果没有以某种方式捕获信息以供将来参考，聊天室就可能达不到要求。

同样重要的是，测量来自生态系统度量工具的信息流量和质量。不一致的日志记录方法、缺乏代码和服务的检测工具、不可靠的监控、难以跟踪的实例配置状态、丢失或过期的文档和不稳定的事件跟踪，都会限制团队了解从服务健康与代码交互到客户使用模式和整个生态系统业务流程等一切的能力。我们经常遇到依赖外部服务提供商提供关键平台服务（如消息队列、网络和数据服务）的团队，他们并不真正了解这些服务的使用模式，最终发现它超出了供应商的上限。由此产生的供应商限流、服务中断和预算膨胀都是令人尴尬的，并可能对客户造成不良影响。

交付过程本身的度量价值也常常被忽视。拥有关于所有事情的数据，包括代码变动的数量、组件开发人员在整个团队中的代码分配、构建/集成/测试统计数据、版本控制、打包的原子性、部署配置的跟踪、环境及其数据的可恢复性，所有这些都可以揭示可能阻碍团队响应事件和学习的风险区域和摩擦点。

同样重要的是，检查团队如何获得关于客户及其需求和期望的信息。团队了解客户的使用模式、对客户来说重要的要求以及客户试图实现结果的方式，可能会暴露潜在的滞后、差距和误导，这些问题会降低决策所需要的态势感知能力。

许多团队发现度量信息流的成熟度非常困难，很大一部分原因是信息流的成熟度与信息流的数量关系不大，而与提供足够的上下文来协调团队和提高决策效率的能力关系很大。

尝试回答前面概述的问题为我们提供了一个良好的开端，可以帮助我们的团队开始走向信息流成熟的道路。通常用一些实验来补充这些内容，这些实验旨在测试信息在整个组织中流动的方式和速度。有时候，它可以简单到向不同的团队和团队成员提出相同的问题，然后在他们的答案中寻找任何差异的线索；还可以使用追踪器（如第 6 章所述），来寻找信息和结果在团队中移动时的任何流动性冲突、瓶颈和扭曲。

随着时间的推移，即使只为了提高自己的认知和决策效率，团队中的每个人也都应该能够自己检查流程的质量，检查信息的来源、去向和总体准确性。应确保团队清楚地了解这些信息的目的是支持团队，而不是评判团队。最好的团队也会出现差距、瓶颈和单点故障。快速捕获它们，了解它们是如何形成的，然后设法防止它们在未来出现，这样才有意义。

8.1.5 配置管理与交付环境

了解环境中可能发生的变更程度和位置，可以帮助我们确定实施该变更的潜在风险水平。这包括确定这些变更可能影响哪些功能，以及如果确实出了差错，这种变更可能有多可逆。

为了衡量生态系统的环境，团队通常会尝试回答以下问题：

❑ 交付团队如何管理他们的代码和交付环境？它是否以一种更成熟的方式完成？是否使用了良好的版本控制、原子性打包以及构建与跟踪配置变更的工具？这些工具是否可以很容易地审查其准确性？人们是否只会遵循文档，无法确保最终状态和当前状态公开透明？

❑ 是否有持续构建和集成的技术？如果有，它们如何持续地审查代码的状态？这些技术多长时间检查一次，以了解代码运行状况及其满足客户需求的能力？

❑ 开发团队是基于主干开发吗？如果是，那么所有的代码都会被键入到同一个主干中，冲突会立即得到处理。如果不是，那么团队有复杂的分支和补丁 / 合并吗？如果有的话？这意味着每个人的工作不会一直集成在一起。在管理合并冲突时，很容易遗漏细节。

❑ 软件是打包的吗？如果是，包是原子化的吗？如果是，这样就可以轻松地卸载，而不会留下诸如挂起的文件、孤立的备份或可能损坏的配置等残余物。

❑ 是否所有的软件和所有的包都有版本控制，并且随着时间的推移会跟踪更改？如果是这样，是否有可能确定在给定时间环境中使用了什么配置，进行了什么更改，以及在什么时候进行了更改，以便追踪错误或意外的行为变更？

❑ 有没有可能知道是谁改变了什么，他们什么时候变更的，为什么要变更？

❑ 跨组件版本的兼容性是否可知、可跟踪、可管理？如果是，如何进行？

对于环境也需要问同样的事情：

❑ 它们的所有元素都是已知的、可跟踪的吗？

❑ 环境中包括托管的基础设施吗？

❑ 不引发问题的情况下，在托管的基础设施中允许有多少差异存在？为什么？

- ☐ 是否跟踪差异？如果是，由谁进行审计？审计的频率是多少？
- ☐ 软件栈是可复制的吗？如果是，复制它需要多少时间和精力？
- ☐ 任何被授权构建环境的人都有能力自行完成吗？
- ☐ 一个人要花多少时间才能掌握构建和配置环境，以及部署和配置一个版本的技巧？
- ☐ 是否知道开发、测试和生产环境之间的差异？如果是，在哪里跟踪这些差异，环境之间的差异导致的风险区域在哪里？如何处理它们？

良好的配置管理与交付环境是使持续交付工具和机制真正发光发亮的关键，它能增强持续交付工具和机制的作用。

8.1.6　可支持性

服务的可支持性取决于两个重要因素：

- ☐ 交付生态系统中有效安装、管理和支持服务所必需的能力的广泛性和可用性。
- ☐ 支持服务的业务人员所需的知识和认知范围。这包括了解可能导致服务降级或失败的原因，服务开始出现问题时的行为，如何在出现问题时进行故障排除和恢复，以及如何扩展服务以实现增长和处理偶尔的突发故障。

可支持性是一种经常被误解和忽视的能力。首先，拥有了一个具有可支持性机制的服务生态系统和一些可能有能力使用这些机制的团队成员，并不一定意味着该能力得到了有效部署。整个团队的知识和认知往往非常分散，较低级别的运营支持人员可以看到发生了什么，但仅掌握基本的基础设施和故障排除知识，而较深的知识则存在于前端、后端和数据库团队等各自的专业人士手中。这会降低响应速度，同时也让人很难看到不同生态系统元素之间的关系模式。

另一个挑战是，可支持性的概念很容易被误解为处理事件的准备过程和计划的数量。我经常看到这样的运营手册，它们期望员工盲目地遵循循序渐进的过程，而不会鼓励员工了解问题，以便员工们能够找到减少未来发生此类问题的方法。另一个是灾难恢复和业务的连续性计划，用于预先计划处理特定灾难性问题的步骤。虽然记录解决可能出现的问题，以及记录执行恢复并保持业务连续性的方法是明智的，但指望捕获和记录所有故障和恢复路径的方法是任何技术人员都做不到的。不是所有技术人员都具备对所运行的生态系统的深度知识，而且往往他们没有考虑到不可预见的事件组合，如几个组件的降级或数据损坏事件，这两种情况都更有可能发生，需要深入地对生态系统进行认知来解决这类问题。

事件

即使一个拥有多年职业生涯的人也可能会被一连串看似微不足道的问题所困扰，这些问题就像滚雪球一样会演变成灾难。其中的一些案例如 2021 年 10 月 Facebook/Meta 的 BGP 事故、2007 年 365 Main 数据中心的停电或 2012 年 2 月 Azure 的闰年停电，它们都大到足以撼动成千上万受影响的客户，使客户们选择摆脱这种灾难性的被动依赖，而之前他们对这种依赖知之甚少。然而，我们不必认为只有大型的服务提供商才会被诱骗进入一个这样的陷阱。我亲眼看见了数百次鲜为人知但破坏性不小的级联故障，其中许多故障都被事先一再保证不会发生。通过鼓励员工了解服务的生态系统及其试图交付的结果，可以大大减少潜在的停机时间及其可能造成的损害。

有许多跟踪可支持性的好方法。最基本的是衡量某人在安装和支持组件或服务方面的速度有多快。我过去曾为新员工组织了一次入职培训，让他们完成安装各种关键服务组件的任务。这包括了解如何安装各种组件，然后执行安装并记录安装过程。接下来他们可以建议应该修复什么，并描述他们认为所提议的修复会带来什么价值。

在一家公司，这项工作开始于将一台刚开箱的新服务器放在员工的桌子上。然后，他们不仅需要弄清楚如何安装服务，还需要弄清楚如何将服务器安装在机架中，联上网络，在其中安装正确的操作系统，并确定所有其他配置和支持的细节。这是改进服务安装和配置的一种非常有效的方法。每一个经历过它的人都能回忆起经历过的所有痛苦，并有动力不断寻找方法来简化它。

在云中交付服务时，很容易执行类似的练习，包括通过交付流水线引导代码或尝试启动新的服务实例。有些公司会让新员工在入职时进行生产环境推送，以帮助他们熟悉交付和推送流程，同时也能深入了解可以改进的方法。

制定类似的流程也很有价值，这些流程可以衡量当前团队成员能够以多快的速度完全适应他们以前没有参与过的生态系统的任何部分。对于大量服务组件分布在许多领域的大型组织，这些流程尤其有益。这不仅可以让人大开眼界，而且是鼓励每个人公开分享和跨团队合作的好方法。

跟踪事件可以成为了解生态系统各部分可支持性的另一个绝佳窗口。与代码质量一样，价值并不来自事件的数量，而是在事件内部和周围发生的情况。在一家公司，我以这种方式成功地发现了一个特殊型号硬盘内轴承的重大故障。由于有数千个这样的驱动器，该方法使我们避免了大量潜在数据丢失的苦痛。

衡量团队可支持性的一个好的起点是让他们尝试回答以下问题：

- ❑ 某些事故是否与变更同时发生？这可能表明交付生态系统中存在需要补救的态势感知问题。
- ❑ 是否某些类型的事故总是由处理事故团队中的同一小部分人处理呢？这可能表明存在危险的知识差距、过度专业化或单点故障问题。
- ❑ 如果在某个特定领域事故频发，是否有团队成员创建了一个工具，或想要创建一个工具来清理和重新启动流程，而不是解决潜在问题？这可能会危险地隐藏那些会影响客户的问题，从而降低团队的服务交付能力。
- ❑ 在一个或多个特定组件或基础设施类型中或之间是否存在故障模式？这可能提供了生态系统脆弱性或信息流损失的线索。

与安装服务的情况一样，在故障排除过程中主动发现此类认知缺陷的一种方法是在测试中模拟故障，然后让团队中的不同人员尝试排除故障、稳定并恢复系统。如果做得好，这些活动可以提高响应能力，并激发员工探索解决未来问题的新创方法。

8.1.7　单点故障的管理

单点故障（Single Points of Failure，SPoF）非常可怕。它们发生在代码、服务、基础设施和人员之中。这个瓶颈限制了组织应对不断发展的事件的灵活性。该度量的目的是确定 SPoF 可能存在的位置、原因以及它们如何形成，以便团队可以建立机制来移除它们并防止它们在未来发生。

人可以说是最危险的 SPoF 形式，他们将知识、认知和能力困在组织最难控制的地方。人可以死亡、离开或忘记，无法避免。SPoF 通常表现为组织持续依赖某些人来解决最麻烦的问题。这些人不仅乐于助人，而且经常为了节省时间而长时间地工作。对于那些读过 *The Phoenix Project* 一书的人来说，布伦特·盖勒就是一个很好的例子。当我们在野外遇到他们时，我们经常开玩笑说，他们可能拯救了这个世界，但他们把普通的事情变成了超级英雄的奥秘。

让我们的超级英雄去做他们以前一直在做的任务让人感觉很安全。当我们知道超级英雄能够自信地完成任务时，谁愿意冒出问题的风险？这种逻辑一直有效，直到没有超级英雄帮助我们。

人员的单点故障既可以发生在开发方面，也可以发生在运营方面。避免单点故障是我们强烈支持团队成员轮换到不同领域的众多原因之一。轮流担任团队主管和 SE 负责人等职务也有助于减少单点故障。这不仅能帮助团队成员后退一步、发现功能障碍或发现一些尚未被充分认知并分享的关键细节，而且也能提醒每个人在整个团队中不断广泛分享知识。轮换角色的做法和必要的分享也提升了团队中定期轮换所有工作的价值。日复一日相同的工作令人心烦，因为自己是唯一知道如何做的人，所以常常被人打扰，有些细节甚至自己也记不太清。

代码、服务和基础设施的单点故障也很危险，其中包括了组件紧密耦合的地方。组件的紧密耦合是指如果一个组件无法更换或移除，就会对另一个组件造成严重或灾难性后果，这样会限制灵活性和响应能力。紧密耦合的组件的更改、维护和升级通常需要仔细处理和密切跟踪，此类组件经常需要一起升级或测试其后向兼容性。

确定并跟踪这些问题对于突出这些问题给团队带来的风险非常重要，以便团队能够针对并消除这些问题。这可以通过多种方式实现。例如让团队创建紧密耦合组件的清单，并对依赖关系及其影响进行排序，然后每次接触到它们时都会突出显示。

对于作为单点故障的人员，可以让团队成员交换角色，然后记录他们不确定什么或需要向其他人寻求帮助的每一个案例。当某人对某个领域的占有欲特别强时，最好让管理者或团队建议将这个人送去参加培训或休假，以暴露问题的严重程度。在人员不在的情况下，可以识别并消除信息差距，这是降低单点故障风险的一个很好的方法。

8.1.8 参与度

了解团队内部的情况并不总是有助于提高团队在交付生态系统其他部分中的整体认知。重要的是要衡量团队与谁合作、如何合作以及合作的频率，乃至这些合作的一致性和协作性，以发现并消除可能降低认知共享和知识共享的任何障碍。监控并支持团队与他们所依赖的参与度之间的互动尤为重要。这些参与方包括关键服务的供应商、正在执行和支持服务的运营团队，以及团队知道的一个或多个客户，这些客户是团队最终为其提供服务的用户社区的重要组成部分。

参与度是衡量这些参与方健康状况的一种方法。协作和反馈是否有规律且是双向的呢？参与方更主动还是更被动？互动是友好的、结构良好的、有明确目标和依赖关系的，还是随意发生的或以指责的方式发生的？

交付和支持团队与非技术团队中的对应人员协作得如何？协作期间是否顺利，还是有很多摩擦和指责？

如果开发和运营是在不同的团队中，那么两个团队是一起思考、分享和合作规划他们所做的工作，还是只考虑自己？这通常可以通过对变革的抵制程度和对变革的抱怨数量来衡量。

与客户进行某种形式的接触也非常重要。交付团队不一定要直接与客户接触，但是他们应该对客户有足够的了解，这样他们就可以设计和调整自己的工作，至少可以尝试满足客户的需求。他们需要了解哪些行为和事件可能会严重影响客户，是否有特定的时间段会对这些行为和事件造成特别大的破坏，是否有可以将问题最小化的解决方案，是否可以在已知的时间内在对客户影响最小的情况下完成维护活动，这些是怎么知道的，又是怎么检查的。

成熟团队的参与度对每个人的成功都很重要。这也可能是团队在持续的交付压力下最容易忽视的领域。

为了帮助参与方，我们一直在寻找可以分享正式信息的机会。例如，我会询问团队成员是否可以与销售人员一起去拜访一位友好的客户，看看他们的产品是如何运作的。如果有用户体验团队，我希望团队成员去看看用户体验的实际情况。为了鼓励跨团队分享，我会鼓励团队邀请其他团队参加讨论他们所在领域的一些任务或组件的会议。我还会寻找不同团队的人一起解决一个特定问题，这样就可以与他们建立联系。

有时候，跨团队参与需要的不仅仅是非正式的参与，这是服务工程负责人能够提供帮助的众多地方之一。

8.2　服务工程负责人

很多团队发现在处理涌入的大量工作的同时，很难在保持态势感知和提高交付能力之间找到平衡。造成这种情况的部分原因是，我们中的许多人长期以来都习惯于在传统的角色和责任范围内思考我们的工作。当忙于专注我们需要完成的任务时，我们都有一种忽视大局的倾向。

应对这一切往往需要集中精力。当试图提高交付成熟度和填补知识空白时，这种关注变得更加关键。基于这些原因，将服务工程负责人放在适当的位置是很有用的。

服务工程负责人（或 SE 负责人）是一个职责角色（意味着在团队中轮岗），其任务是在整个服务交付生命周期中提高生态系统的透明度。它的任务之一是让某个人在一段时间内专注于团队服务交付成熟度的某个方面，以帮助团队发现、跟踪并消除阻碍团队有效交付的任何差距。这对于那些忙碌的或倾向于专注于各自领域的团队来说尤为重要，他们需要外界帮助来确保自身留出足够的精力自我提升。

当需要改善参与度、信息流和跨团队与专家领域的共享所有权时，服务工程负责人可以提供很大的帮助。当工作任务以紧密连接的方式深度执行的时候，例如在独立开发和运营团队的传统配置中，这尤其有用。

8.2.1　为什么要有一个单独的轮换角色？

有些团队很幸运地拥有一个管理者、架构师或职能部门，他们不仅拥有承担 SE 负责人的责任所需的所有时间、技术、操作能力、团队信任，而且已经完成了该角色的大部分工作。如果是这种情况，团队可能不需要 SE 负责人。

然而，很少有组织如此幸运。如果认为自己的组织可能是这样的，那么在决定放弃 SE 负责人之前，应该检查两个重要条件。首先是你的心中是否有一个特定的人？当然，这有可能产生一个新的单点故障。这决定于团队是否可以应付，或者如果那个人离开了，团队是否可以轻松地转向一个 SE 负责人。

第二个条件是这个人或功能角色是否足够接近细节，从而具备必要的态势感知？这样他才能真正帮助团队的其他成员保持态势感知并学习和改进。

不幸的是，有些人将 SE 负责人误认为是许多角色的另一个名称，而这些角色远远不能满足这些需求，最常见的包括：

- ❑ 项目经理或协调员的另一种称呼。虽然 SE 负责人确实有帮助，但整个团队都有责任提高服务交付的成熟度。
- ❑ 服务前台或咨询前台的另一个名称。虽然 SE 负责人通常会关注于改进信息和工作流的活动，但它们并不负责咨询。
- ❑ IT 运营支持人员的另一个名称。在开发团队和运营团队独立的情况下，SE 负责人可以着手并执行一些操作任务，只要这样做是有意义的，并且不会干扰他们提供操作指导和跨团队协调的工作。

推荐 SE 负责人在精通编码和服务运营的技术同行中轮换，原因有很多。首先，作为团队的一部分，即使他们来自运营团队，并轮流担任开发团队的 SE 负责人，他们也已经对自己的领域有了深入的了解。这有助于在构建和交付软件、工具、服务基础设施时弥合任何潜在的知识差距。对代码和服务操作熟悉的人员可以确保合理的设计、部署和操作支持的选择，以帮助提供所需的服务能力。

其次，作为团队的一部分，SE 负责人与团队成员有着必要的联系，以提高认知和信息流。了解团队成员及其工作领域使 SE 负责人知道哪些人需要参与对话，进而了解即将到来的变更或决策。

最后，让 SE 负责人在技术同行之间轮换让他们将有机会后退一步，看看团队内部或特定交付的情况，并知道他们能够帮助实施的任何改进，最终也会对自己有所帮助。

轮流担任临时的 SE 负责人也可以真正让人们看到挑战，以及他们可能没有意识到或完全意识到的某些挑战的因果关系。因此，在确定轮值速度的时候，重要的是在环境稳定性和尽量减少产生新单点故障的可能性之间找到适当的平衡。

在正常情况下，SE 负责人的任职时间为一个月左右。合理的界限通常是在特定的冲刺结束后，在交付的间歇期或焦点变化时，或者仅仅是在第 4 周或第 5 周结束时。唯一可以延长 SE 负责人工作周期的时间是在初始阶段，即加载成熟度模型的时候。此时团队需要很多帮助。该阶段的负责人需要非常了解模型，以便团队知道模型的用途以及为什么它对帮助团队很重要。出于这个原因，团队经理通常会亲自挑选 SE 负责人，让他们全职工作，时间是正常时间的两倍，通常是两个月。

SE 负责人不仅是指导代码和服务交付的有益补充，他们在运营、商业智能、数据科学以及人工智能和机器学习活动中也很有用。根据交付类型，SE 负责人的职责性质可能有所不同。始终重要的是，他们积极努力提高认知和团队协调，以确保提供的服务满足所期望的要求。

8.2.2　SE 负责人如何提升认知

为了改善信息流和态势感知，SE 负责人需要完全融入团队中。这包括尽可能参加所有的会议、例会并和其他团队同步。为了做到这一点，SE 负责人将与团队一起回答以下问题：

❑ 哪些服务和能力是交付的一部分或可能受到交付的影响？

❑ 哪些客户可能会被涉及或受到影响？

❑ 受影响的要求最低可接受水平是多少？此次交付的产品能否满足这些要求？

❑ 有多少必要的条件可以满足约定的合同承诺？

❑ 是否有任何基础设施元素会被需要或受到影响？如果是，它们会受到哪些影响？

❑ 是否有新的基础设施、软件或服务组件需要从外部供应商获得？

❑ 订购和获得外部供应商的产品是否需要考虑交货时间？

❑ 哪些配置元素将被触及？如何在整个生态系统中发现和跟踪变更？

❑ 是否需要交付团队之外的人员帮助？如果是这样，如何处理协调和信息流，以使团队认知不下降？

❑ 交付是否在操作管理服务的方式上产生了显著的变化（新服务、要监视和跟踪的新事物、新的要求、新的或不同的故障排除步骤、新的或不同的管理方法，等等）？如果是，如何捕获和跟踪它们？

- ❑ 是否有任何需要考虑的法律、法规或治理需求，或者可能需要完成额外的工作？
- ❑ 交付的安全意味着什么？是否有任何元素得到改进或退化？如果是，改进和退化的效果是什么？
- ❑ 是否需要对数据元素、数据流、数据架构或任何分类和处理进行调整？如果是，更改哪些内容？谁负责实施它们？如何管理和跟踪它们？
- ❑ 是否有任何已知的可管理功能需要测试和记录？
- ❑ 是否有任何无法管理的缺陷需要团队注意和防范？
- ❑ 是否有可能引发问题的未知缺陷？
- ❑ 团队或外部组织是否有任何可能影响团队交付能力的活动或变化？如果有，它们是什么，谁负责交付它们，它们会如何影响团队？谁与团队协调这些变化，跟踪它们，并通知团队它们的影响？
- ❑ 是否有任何平台工具或技术可以帮助团队更有效地交付，并可以集成到交付过程中？这些通常是可以促进交付和整体生态系统卫生的工具和技术。如果有，它们是什么？谁能帮助指导团队了解并使用它们？在不影响服务的整体设计和架构的情况下，它们是否可以在交付中使用？

列表中的许多问题可能很难得到明确的答案，服务工程在组织中还不是很成熟，特别是当刚开始开展工作的时候。但是有了这些问题的答案，可以帮助 SE 负责人和其他人开始揭露这些问题所在的流程，并为如何消除这些问题建立一个路线图。

8.2.3　与 SE 负责人进行组织配置

从历史和内部政策到法律和监管规则，一切都可能影响组织结构和职责的布局。虽然这些差异并不妨碍团队拥有 SE 负责人，但它们可能会影响该负责人参与活动的方式。

为了说明这一点，并更好地理解 SE 负责人在组织中可能能够提供帮助的领域，让我们浏览一种最有可能的组织配置。

开发团队和 IT 运营团队分开的组织配置

开发团队和 IT 运营团队分开的组织配置仍然很常见，一些组织在法律或法规上被要求进行这种职责分离。更常见的情况是，组织对开发和运营职责的不同看法，以及这些职责要求团队成员具备的技能差异，导致了这种配置。

在这种配置中，最有意义的做法是从 IT 运营团队中选取 SE 负责人，然后让每个负责人在开发团队中轮换。

在开发团队中有一名面向运营的 SE 负责人有许多明显的优势。该负责人更有可能拥有开发团队中经常缺少的那种深度运营知识。作为交付团队的一部分，SE 负责人可以指导开发人员设计和实施更有可能满足客户需求的结果与决策。

面向运营的 SE 负责人也是确保生态系统信息流动的一个好方法。他们在服务生态系统方面的经验可以指导开发人员了解重要的细节，并需要考虑这些细节，以便做出更好的技术设计和实施决策。这使开发人员能够了解到，现在更容易实现的选择是否会带来额外的风险或冲突，而从长远来看，这些风险或冲突可能过于昂贵。

大多数 IT 运营团队也熟悉其他开发团队或供应商，他们可能正在交付开发团队依赖的组件或服务。这为开发团队提供了一个新的渠道，以深入了解他们可能需要考虑的现有或即将出现的情况，或将其视为自己交付的潜在风险。我们多次看到这种情况发生，并及时对话和主动调整，减少后来的麻烦。

同样，SE 负责人可以帮助运营团队的其他成员更早、更深入地了解即将交付的产品的细微差别。这降低了意外事故发生的可能性，使运营团队能够更积极地为安装和支持任何变更做好准备，从而增加了运营成功的机会。

重要的是，IT 运营团队的成员更可能熟悉各种云和 DevOps 工具与技术。他们应该了解哪些服务在团队的服务交付生态系统中最有价值，并能够帮助开发人员最大限度地利用它们。如果运营团队具有工具和自动化工程职能，SE 负责人可以帮助协调两者。

让 SE 负责人作为交付团队的一部分，也更有可能培养两个组织之间对服务交付成功的共同所有权的感觉。通过成为交付团队的一部分，SE 负责人可以建立关系，帮助打破组织壁垒，这些组织壁垒经常使团队与来自其决策的共享结果脱节。

8.3　需要注意的挑战

让外部团队的人员担任 SE 负责人这样的重要角色确实存在着许多挑战。

首先，开发人员和 IT 运营人员之间可能存在一些重大的文化差异。长期以来，开发人员一直被鼓励快速交付，而运营人员则被要求将风险降至最低。这些相互矛盾的观点往往会恶化两个群体之间的关系。为了解决这一问题，双方的管理者都应该改变激励结构，以便双方都能从合作中受益，共同实现客户期望的目标结果。

其次，传统上很少有 IT 运营人员对交付生命周期的代码和软件开发有丰富的经验。同样，开发人员很少完全掌握他们要交付的整个服务栈。许多人容易感到尴尬，或试图掩盖这些知识差距，或更糟糕的是，他们会完全忽视这种差距。

双方应寻找机会取长补短。虽然运营服务的工程师不一定需要成为合格的程序员，但了解基本的脚本编写并理解一些基本的编码和软件交付概念（如依赖性、耦合、继承、一致性和版本控制）对他们来说非常有益。这不仅有助于他们更有效地与开发人员接触，还可以改变他们对故障排除和操作生产环境的看法。知道如何编写脚本是很有用的，因为它可以让一个人思考如何自动完成无聊的重复任务。即使他们最终没有写出任何代码，思考在什么地方可以使用脚本对于帮助团队简化重复性工作，去做更有价值的工作也是很重要的。

让开发人员更好地理解服务栈有助于减少他们的偏差。他们也更有可能以更有效的方式使用云和 DevOps 工具来设计软件。仔细观察运营的工作可以鼓励开发人员思考如何对他们所提供的服务进行测试，以帮助每个人了解部署时发生的情况。开发人员经常习惯于探测一个开发实例，以至于忘记了在生产中部署成百上千个开发实例时，做同样的事情有多么困难。

8.3.1　激励合作与改进

才华横溢的管理者会知道，衡量团队成功的最重要标准是他们能在多大程度上交付对客户至关重要的成果。这就是成熟度模型可以提供帮助的地方。通过激励整个交付生命周期的团队，提高组织交付这些成果的能力，可以鼓励团队成员找到协作和消除团队障碍的方法。

要做到这一点，最有说服力的方法之一是寻找合理的组合，共同提高交付质量。最好的例子之一是将改进的打包和配置管理与自动化部署和环境配置管理工具相结合。

开发人员和测试人员总是在寻找好的地方来测试新的代码，但他们的选择往往不够理想。大多数开发人员编写代码的沙盒很少会反映生产环境，即使人们克服了基础设施规模的差异，沙盒中也堆满了无关的东西，通常缺乏所有必要的依赖关系。测试环境通常只是稍好一点，并且通常数量有限且需求量很大。随着云服务变得唾手可得，构建基础设施元素就像使用信用卡一样简单。然而，部署服务堆栈要麻烦得多。一些人尝试使用快捷方式，如预先配置的容器和虚拟机的快照，如果不仔细维护，这些容器和虚拟机器本身可能会过时，并填充额外的代码和配置数据，这些数据也可能会导致问题。

自动化部署和配置系统，尤其是支持更清洁、更原子化的软件打包、标记化配置和审计功能的系统，可以大大减少安装冲突，同时更容易发现和跟踪其他无法追踪的更改。这种类型的自动化系统可以与仪表板相结合，以显示各种环境的配置和任何差异或偏差，从而更容易发现潜在的风险区域，并最终帮助更有效地管理环境。

另一个很好的组合是使用生产监控、遥测和故障排除工具改进代码检测和服务检测。许多开发人员和测试人员要么不知道现代 IT 运营监控和遥测工具可以收集和呈现什么，要么看不到扩展他们所接触的丰富信息带来的个人益处。扩大此类工具的可用性有助于在整个交付生命周期中建立认知共享，产生更成熟的方法来匹配各种环境中的条件，从而提供更好的服务。它还可以帮助 SE 负责人更好地在交付生命周期的早期发现潜在的有问题的差异，对这些差异可以进行调查、处理或准备。

8.3.2　开发者运行生产环境的服务

一种越来越常见的配置是完全取消 IT 运营，而将服务运营职责交给在构建产品的开发人员。有些人认为这是真正的 DevOps，甚至是 NoOps。由于服务运营和开发之间没有团队边界，因此这两个团队没有冲突的优先级问题，也没有两个职能之间信息流中断的风险。

这种团队中也可以有 SE 负责人。最常见的是在交付团队的成员之间进行职责轮换。这具有明显的优势，可以消除团队之间的潜在激励冲突和信任问题。它还确保仍有人在寻找成熟度改进，以更有效地提供客户所需的服务功能。

然而，有些挑战可能会限制 SE 负责人的作用。SE 负责人的作用是确保信息流和态势感知，从而更有效地提供客户所需的服务。除非与其他交付团队合作，SE 负责人可能能够帮助改善协调和一致性，否则 SE 负责人的大部分注意力需要集中在服务的运营方面。

这方面的问题是，很少有开发人员有足够的运营经验来将服务运营能力准确地转化为服务设计和交付能力。当涉及操作工具以及基础设施堆栈的配置和使用时，这可能是一个大问题。在这两个领域中缺乏知识往往导致它们得不到有效利用。

近年来，许多不同的团队都在这个问题上遭受了巨大的痛苦。他们通常已经通过滥用从 Kubernetes 到 AWS 基础设施服务的一切手段，将他们的生产环境扭曲成无法管理的"肿瘤"。在大多数情况下，这不仅会削弱组织发布更改的能力，也会影响对客户的体验：有时客户会话中断，订单意外丢失或翻倍，甚至更糟。

这显然不是实现客户目标结果的好方法。

拥有多个交付团队的大型组织可能会发现，让一个中央平台团队发挥 SE 负责人的作用非常有利，尤其是已经提供核心运营工具的团队。这种配置的优势在于鼓励团队之间的信息共享，同时促进平台工具的采用。

8.3.3 克服运营经验上的差距

虽然有些交付团队很幸运，有一名或多名实力强大的高级开发人员，他们在运营角色上花费了大量时间，并可以帮助制定 SE 负责人的规程，但大多数人都没有那么幸运。为了克服运营经验上的差距，团队可能需要考虑雇佣一名或多名具有扎实的服务运营和运营工具背景的人员来为组织注入活力。这绝非浪费。一旦团队学会如何有效地执行 SE 负责人的任务，或者不再需要 SE 负责人，该人员就可以轮换到工具和自动化工程（Tools & Automation Engineering）岗位，在那里他们可以增强运营工具的能力。

这些人应该帮助团队设计运营项目的积压工作，团队需要将这些积压工作落实到位，以建立团队的成熟度。这些项目可能包括以下改进：清洁的原子化打包和自动化部署、确定服务健康的关键指标和阈值、确定需要哪些工具来帮助故障排除和了解生态系统动态、最大限度地减少手动更改、捕获和主动管理部署的配置和版本、跟踪部署了哪些服务版本以及正在使用哪些服务版本、确保知识共享并与客户结果保持一致，等等。

在此基础上，团队需要想出一种轮换 SE 负责人的方法。正如在 IT 运营模型中一样，团队成员在轮换期间所承担的职责应该减少，以允许他们后退一步，承担起这一角色。这允许整个团队共享成熟度改进，也允许那些缺乏经验或对运营方面不满意的人获得足够的指导和资源。

这种双重职责团队往往面临的另一个挑战是管理响应性的计划外工作。在团队中进行响应性工作可能需要对团队的工作方式进行多次调整。其中最大的问题是让每个人都能看到工作流程，尤其是团队中的工作流程（见第 11 章），还需要有一种机制来尽量减少影响整个团队的响应性工作（参见第 12 章）。

最后，与所有服务交付配置一样，团队最终将受益于一个由一名或多名人员组成的小团队，他们致力于构建、获取和管理服务，以及改进团队使用的操作工具（见第 9 章所述）。这使团队能够专注于进行工具改进，充分利用原子封装和配置管理等成熟度改进方案。

参考文献

[1] Gene Kim, Kevin Behr, and George Spafford (IT Revolution Press, 2014).

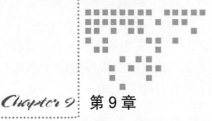

Chapter 9 第 9 章

自 动 化

将自动化应用于低效率的操作反而会导致效率进一步降低。

比尔·盖茨（Bill Gates）

通过工具和自动化快速、轻松地部署、配置和故障排除生产服务的能力非常重要。在业务方面，它能够快速尝试不同的市场产品，同时提高组织快速响应新的或不断变化的客户需求的能力。在技术方面，它可以帮助增加团队可以完成的工作量，同时使工作的执行复杂度大大降低，结果更加可预测。

然而，许多组织忽视的是，自动化的好处远不止安装一堆工具。一个组织的最佳自动化方法可能与另一个组织的最佳自动化方法有很大不同。事实上，使用与生态系统条件不匹配的工具来忽略这些差异，实际上会带来更多的工作量和更少的交付可预测性。

为了自己的组织可以找到最佳的自动化方法，首先要了解交付生态系统中的动态性和条件性，然后制定最适合它们的工具决策。通过这个过程，可以建立一个积极的反馈循环，既提高了团队的生态系统认知，又使其更加可预测，降低了劳动强度。

本章首先概述了环境条件影响自动化效率的方式。在此基础上，我们探索了精益的 5S 等概念是如何提高认知的，同时减少了不必要的可变性。我们还介绍了工具和自动化工程，以及一个团队如何显著改进自动化战略，并最终扩展组织的能力。

9.1 工具与生态系统的条件

公司希望实现自动化的原因有很多。有些公司希望能更快地交付和扩大规模，有些公司则希望降低成本，甚至有些公司根本不关心这些，而是希望被视为拥有某种自动化／云／

DevOps 战略。

那些对自动化充满热情的组织想要的是亚马逊的云能力、Netflix 的服务能力、Spotify 的资源流动性、谷歌的数据挖掘能力和 Etsy 持续交付能力的某种组合。他们可能并不总是清楚所有的细节，但是通常现在就想要自动化，认为它很容易实现，并且想知道他们可以购买或下载什么工具来立即实现它。

渴望实现自动化的公司通常意愿良好，但在起点上却误入歧途。最大的问题在于，我们所看到的条件与需要部署工具以实现预期目标的条件之间存在着鸿沟。

与生态系统条件不匹配的工具就像在比赛中错误类型的赛车。例如，一级方程式系列赛是比拼速度和敏捷性的比赛。这样的赛车是针对这些动态性进行优化的，但因此需要健康安全的完美赛道。一块散落的垃圾或一个表面粗糙的轨道，很可能会使人受伤。另一种是越野赛。虽然它仍然是一场汽车比赛，但它是一场在恶劣和不可预测的条件下进行的耐力比赛。越野车必须在坚固性和速度之间取得平衡，这使得它们比一级方程式赛车要慢得多，但更耐用。

自动化的工作原理与这大致相同。有些时候，这种不匹配意味着该工具最终并没有特别有用，就像在一级方程式比赛中的越野赛车手一样。例如，当构建和代码仓库设置与已安装的自动构建和持续集成（CI）设置不一致时，就会发生这种情况。在笨重、缓慢或脆弱的构建过程中采用自动化只会增加复杂性。如果开发人员很少键入代码，而只构建和集成了小部分内容，代码分支过多，或者交付过程非常复杂，那么结果也会如此。自动化应该提供对整个代码库状态的快速反馈。偶尔从这个过程中的一小部分得到反馈是很难做到的。

不匹配同样会带来挫败感，甚至额外的浪费。这种情况常见于监控和数据分析工具，在这种工具中，不匹配几乎不会产生巨大的影响。而在服务方面，不匹配往往表现为不一致、记录不足或维护不当的接口和数据，任何一种都可能导致难以联系和理解系统内部和跨系统的情况。严重依赖专有供应商提供的软件和服务会在生态系统中会产生一个巨大的分析黑洞。

通常，之所以会出现不匹配，是因为软件或服务本身设计时根本没有考虑分析或度量工具，从而留下了质量差的数据工件，这些工件包含了太多的噪声，无法用于监视和理解。有些时候，问题实际上与监控或分析工具的选择及其配置有关。我经常看到这样的工具盲目或错误地抛出垃圾，它们要么被部署在一个不适合它们的环境中，要么流程的内部工作发生了一些微妙的变化，导致工具曾经寻找的指标或数据不再相关。

不匹配的危险是极其可怕的。就像一级方程式赛车需要严格控制的轨道条件一样，一些工具同样对不匹配非常敏感。但与一级方程式赛车不同的是，受影响的通常是生态系统。

自动化部署的工具尤其如此。过于紧密的服务或数据耦合的挑战会使自动化部署变得困难。然而，更大的问题在于没有一个清晰且足够一致的生态系统部署模型。如果部署目标的组织没有高度健康安全的配置，没有对最小的未知或未管理状态的自然处理，自动化部署将极大地增加不可预见或不可控部署和配置问题的发生概率，这些问题是不可逆的。

并非所有的不匹配在本质上都是技术性的。一些最难处理的不匹配会影响人们的工作内容和工作方式。自动化部署和公共云解决方案可以深刻影响已建立的过程,并产生非常实际的法律和监管后果。使人员和流程适应新的交付方法可能会给组织带来真正的业务难题。如果新技术和流程缺乏足够清晰和可跟踪的治理控制和保护,任何感知不足甚至可能会限制市场和客户。如果不仔细地做出自动化的选择,它们也会使工作人员的工作更加烦琐且容易出错,从而破坏自动化计划本身的可行性和有效性。

9.2 营造可持续的环境

那么,如何发现和消除不匹配呢?首要任务可能是了解生态系统的环境。但要做到这一点,首先需要知道该往哪里看。

第6章讨论了如何获得充分的上下文信息,而不仅仅是四周环顾一下。从心理模型偏差到糟糕或误导性的信息流,一切都会让我们误入歧途。借鉴精益的概念是个不错的方法。精益依赖于员工普遍持有的两种愿望。第一是为自己的工作场所和工作成就感到骄傲。第二是建立工作生态系统,使得以正确的方式工作比以错误的方式工作更容易。可以通过一种称为 5S 的方法来实现这精益。

9.2.1 5S

与 IT 自动化一样,工厂工具和自动化只有在生态系统已知且清洁,并且与工人的操作相匹配时才能正常工作。组织和维护有序工作场所的精益方法称为 5S。传统的 5S 支柱是指整理(Seiri)、整顿(Seiton)、清扫(Seiso)、清洁(Seiketsu)和素养(Shitsuke)。它们就像俄罗斯套娃一样组合在一起。

从表面上看,这些支柱的名字听起来可能与 IT 人员无关。到底什么是 IT 行业中的"清扫"?不要担心术语本身,因为它们只不过是更大概念的简写,即使是只关注条款的制造商也看不到什么好处。对于制造业和 IT 业来说,每个术语背后的意图都是相关的,见表 9.1。

表 9.1 5S 支柱在 IT 行业中的含义

5S 支柱	IT 行业中的含义
整理	了解并分类生态系统中的工件,并删除不必要的工件
整顿	合理地组织工件和工作空间,以最大限度地提高效率,最大限度减少不可捕捉的变化
清扫	维护 / 改进工件、工具和工作空间,以确保其实用性
清洁	建立 / 维护 / 改进共同的共享框架和流程,支持整个生态系统的端到端维护和透明度,同时鼓励持续改进
素养	建立 / 维持的结构和管理支持,以持续改进

让我们深入了解每一个 5S 的支柱,看看它们如何帮助我们的业务流程。

1. 整理：知道有什么

5S 的第一个也是最核心的支柱是整理。整理的目的是掌握构成环境的所有部分，从代码、基础设施和服务堆栈的其他构建块到其中的工具和流程。这项工作不是简单的库存审计，库存审计只提供了环境中可能拥有的内容快照。整理必须持续不断地保持你对实际需要什么以及为什么需要它的认知。

发现生态系统中存在哪些组件，它们做什么，谁使用它们，谁拥有它们，它们在哪里运行，以及它们如何进入、移动和离开生态系统，这些显然是有用的。它提高了我们对正在发生的事情的认知，帮助团队发现可能导致自动化工作复杂化的问题风险和潜在的不匹配。

尝试确定每件事的目的也有助于我们发现那些不必要的、不再需要的，或者不应该出现的东西。在制造业中，整理被视为废物处理的有用机制。组织习惯性地收集各种杂物，通常很少有时间用于删除它，因为要么人们太忙，要么这些努力看起来根本不值得。有些人甚至可能会认为，把它放在一边是在耍聪明。整理强调的是为什么忽视或保持"杂乱"是错误的做法。

通过删除与交付无关的东西，我们可以消除藏有隐患的地方，以及干扰我们理解事情的噪声。就像清理院子里的树叶或干灌木，可以让我们更容易地避免被花园里的水管绊倒，或者踩到一条在院子里栖息的蛇。删除还具有额外的好处，可以消除一些可能导致灾难性问题的代码或错误配置。

整理是让每个人思考生态系统中所有事物目的的好方法，它不仅提高了每个人的认知水平，而且还鼓励人们思考改进的方法。整理还大大减少了无主事物的数量，这些无主事物可能导致潜在的灾难性意外。

拓展：骑士资本（Knight Capital）

如果你认为整理没有多大意义，或者说似乎没有必要，那么不妨看看一个相当著名的例子，说明不这样做会导致灾难。

骑士资本曾是美国一家踌躇满志的金融服务证券商。和许多这样的公司一样，骑士资本也投入巨资建立了自己的高速算法股票交易系统。设计这些系统的目的是发现和利用市场内部和市场之间的细微价格差异。出现这些差异的原因有很多。其中一个臭名昭著的原因可能是"暗池"的存在。这些私人交易所最初是为了允许大型机构投资者在不影响市场的情况下匿名买卖大量证券（通常是为了重新平衡他们的投资组合）而设立的。后来，"暗池"成为交易公司完全避开交易所和做市商的途径，有时甚至以牺牲客户利益为代价来获利。

2012 年 6 月，纽约证券交易所（NYSE）获准创建自己的"暗池"，称为零售流动性计划（RLP）。骑士资本迅速采取行动，修改了他们的内部交易路由器软件 SMARS，将其订单处理流程整合到 8 月 1 日开放日的 RLP 中。

SMARS 的作用是从顶级交易平台接收母订单，然后根据可用的流动性，找出将订单分配到外部池和市场执行的最佳方法。

与金融行业的许多公司一样，骑士资本更喜欢新的功能，而不是维护现有的功能。对于像交易柜台这样的前台部门来说尤其如此，在这些部门中的交易员们不断地寻找任何可能给他们带来市场优势的新功能。这意味着很多旧的、休眠的代码到处都是，SMARS 也不例外。其中一个被弃用的功能叫作"Power Peg"。它的设计初衷是累计跟踪各市场股票的兑现情况，以便知道何时停止发出指令。Power Peg 在 2003 年已经停用，跟踪部分的代码最终被移出了 Power Peg 的例行程序，并进入另一个功能。然而，虽然这个特定的例程已经停止了，但代码不仅保留了下来，而且仍然可以调用。

保留仍然可调用的休眠代码是非常危险的。这个软件就相当于把一把上了膛的枪随意地放在衣橱后面的一堆东西里，而且保险还是打开的。任何不起眼的事件都可能意外地将它激活，从而对环境造成严重破坏。这正是将要在骑士资本发生的事情。

骑士资本的开发人员知道这把众所周知的"枪"，但显然没有意识到他们所面临的危险的严重程度。作为 RLP 工作的一部分，他们决定删除 Power Peg 代码，这样就可以在新的 RLP 代码中重用激活它的标志。

尽管删除可调用代码始终是一个好主意，但在将要重用激活它的标志的同时，这样做就像在黑暗的壁橱后面抓着装有子弹的枪一样。对骑士资本来说，还有其他一些杂乱的问题，导致枪口对准了他们自己。其中一个原因是，与许多公司一样，骑士资本并不擅长将部署配置保持在已知的一致状态。

7 月 27 日，在 RLP 发布前不久，新的 RLP SMARS 代码按计划缓慢推送到八台 SMARS 生产服务器，以将中断影响降至最低。不幸的是，其中的一台服务器被遗漏了，没有升级到新代码，留下了一个没有删除 Power Peg 软件的服务器。

这个服务器配置不一致的事实意味着没有足够有效的机制来防止它发生。没能发现这个问题意味着任何已经实施的检查要么不够彻底，要么不够明显，无法引起任何人的注意。这绝不是开发者想要的缺陷，特别是当他们太忙或太马虎以致忘记删除休眠代码的时候。

在 8 月 1 日市场开盘前的 1.5 h，骑士资本收到了符合使用 RLP 且带有重新指定标记的客户订单。虽然收到新代码的七个服务器正确处理了这些订单，但这些订单仍然激活了第八个服务器上仍存在的 Power Peg 代码。

此时，骑士资本仍有可能恢复正常。第八台服务器上的异常情况触发了 97 个警报错误。由于这仍然是在市场开放之前，因此警报可能会在市场开放前引起注意调查，甚至能让人修复错误。不幸的是，这些警报被忽略了，这暴露了另一个问题，即混乱阻碍了认知和行动。

工具非常重要。如果做得好，它可以帮助你更好地了解环境中正在发生的事情。错过潜在问题的早期警报从来不是什么好事。在 90 min 内错过 97 个警报，然后在灾难发生后仍然不知道原因，说明工具的设置、使用和解释存在严重的功能障碍。虽然警报可能没有发到正确的地方，但更可能是由于太多噪声导致了上下文和警报价值缺失。任何曾经遭受过嘈杂监控系统困扰的人都知道，在一段时间后，你会选择忽略所有声音。

在市场开盘时，Power Peg 代码继续造成了混乱。由于休眠代码无法再跟踪订单是否已被填充，它继续复制订单数百万次。管理员们仍然没有意识到配置的差异，他们通过回滚其他生产服务器上的代码来做出响应（就像许多不知道发生了什么的人一样）。然而，这使问题变得更糟。标志存在于订单中，因此回滚导致所有八个服务器都出现了问题。这意味着他们对代码如何工作的理解要么有限，要么对所采取的方法的风险评估很少。

45 min 后，当错误代码被终止时，该公司已在 154 只股票中执行了超过 400 万份订单，买入超过 3.97 亿股，净买入 80 只股票，达到 35 亿美元，做空 74 只股票，约 31.5 亿美元。最终，骑士资本损失超过了 4.6 亿美元。

这种认知上的错误最终使骑士资本陷入了瘫痪，不仅导致 4.6 亿美元的损失，而且最终导致其作为一个独立实体的消亡。

2. 整顿：组织并使其有用

了解自己所拥有的，并摆脱自己不需要的，这是我们避免成为下一个骑士资本的好方法。但是，只有当我们知道它在哪里，并且可以在需要的时候使用，才知道什么是对团队有用的。这就是 5S 的第二个支柱：整顿。整顿是以合理的顺序组织生态系统的各个部分。在工厂中，这意味着创建一个布局良好的工作台，每个项目都可以轻松地放置在最合理且方便的地方。按逻辑来组织一切可以提高灵活性和准确性，并让这些资源的用户在出现问题时保持警觉。

对于那些从未在组织良好的环境中度过任何至暗时刻的人来说，这可能更像是一个美好的愿望，而不是一个重要的要求。时不时地寻找东西可能会有点沮丧，但组织类的工作会让团队远离其他可能更赚钱的重要任务。

这些信念之所以经久不衰，是因为缺乏组织掩盖了其实际成本。证明这一点的一个有用方法是将这种混乱转移到危险更加明显的地方。

想象一下，一个人必须去医院做小手术。然后，被带到一个房间，被告知要上手术台。当进入房间时，这个人会奇怪地发现，房间角落的地板上堆积着一堆各种修复状态的手术工具。过了一会儿，医生进来了，身后跟着一名护士。医生开始在堆里捡东西。

过了一段时间，医生把手伸进口袋，拿出几把旧勺子和一把牛排刀，说："我很高兴今天是自助餐厅的汤与牛排日！我找不到合适的手术设备，但这些应该足够好了。"在这段时间里，护士一直在从推车上的一个瓶子抽取液体并装满注射器。当护士把这个注射器插在他的手臂上时说："所有的药物看起来都一样。这一种离我最近，所以就用它了！"

这样的情况很可能会让这个患者拼命地跑出去。健康面临的风险既高又明显，只有在自己的生命处于危险之中，且没有其他选择的情况下，才可能容忍这种风险。

然而，医院环境并不是自然形成的。虽然可能在地板上找不到手术设备，但保持设备和药物的有序性以尽量减少错误，这仍然是一个持续性的难题。事实上，有报告指出，每131 例门诊死亡和 854 例住院死亡中，就有 1 例与是药物相关的错误，每年死亡人数超过

7000 人。

组织性问题是医院医疗事故最常见的原因之一。许多药物都有看起来相似或具有发音相似的名称，并存放在医院药房的外观相同的容器中。这就是为什么医院越来越多地使用整顿和其他 5S 技术，比如改变药物容器的颜色和形状；隔离医疗车和医疗室，以减少出错的可能性；使用条形码和其他辅助检查在错误导致危及生命的问题之前识别错误。

虽然并非总是如此明显地危及生命，但 IT 领域的混乱也同样危险。当面临交付压力和代码难以使用的时候，当工具是新的或笨重的时候，当构建工作环境需要太长时间的时候，人们将不可避免地偷工减料。就像医生使用自助器皿一样，草率复制的代码、管理不善的依赖关系、一些随机或不太合适的部署目标，似乎"足够"来完成这项工作。

在外人看来，这种心态看似鲁莽，但却使组织面临不必要的可变性和风险。这使得代码更难阅读和处理，问题更难排除，往往得不偿失。部署自动化工具的人将不得不发现和处理这些情况，以确保他们的工作既有用又可靠。当供应链中的工具来源不明时，如 SolarWinds 和 codecov2 的安全漏洞，这些未知甚至会给业务带来直接的危险。

就像医院一样，IT 方面的整顿应该使以正确的方式做事比使用快捷方式更容易、更值得。这需要我们找出导致功能障碍的根本原因。例如，布局不良的代码仓库和过多的分支，这些通常会导致键入错误和合并失败，从而增加错误并消耗时间进行整顿，这些问题通常是由于程序员不熟悉版本控制工具及其最佳实践造成的。

在运营方面也是如此。缓慢而烦琐的资源调配流程、糟糕的软件打包以及不一致或手动的安装和配置不仅令人沮丧，而且会引发人们制定变通方案，增加工作量。通过改进打包、配置和资源调配，以及减少登录部署实例需求等措施，可以打破问题的循环。

拓展：无序的依赖管理

几乎不会有 IT 专业人员会怀疑依赖管理的重要性。然而，真正花时间来确保充分管理依赖关系的人却很少。

这种重要性和执行力之间的差距最终在一家大型跨国公司中凸显了出来。他们决定重写一项核心服务。多年来，这一服务已经有机地成长为难以支持的多种语言和技术的混合体。预期是清理堆栈并用一种语言（Java）重写它，从而使堆栈更具支持性、可扩展性和可靠性。

就像大公司的很多大型项目一样，它迅速涉及包括分散在世界各地的 20 多个团队中的数百名软件开发人员。这乍一看可能并不可怕。问题是他们都在处理相同的整体服务，来自不同团队的许多部分彼此之间也是紧密耦合的。更糟糕的是，每个团队都决定使用自己的 Maven 实例。这意味着有超过 20 个不同的项目对象模型（POM），也意味着超过 20 个不同版本的依赖关系。

Maven 如何计算库依赖关系的问题使得该问题变得更糟。当有对库的两个不同版本的引用时，除非明确告知，否则 Maven 倾向于选择最接近依赖关系树根的版本。即使知道了从公共和私有仓库中获取的所有内容都是后向兼容的，但要始终保持正确是很难的，因为库版本仍然可以从一个版本转换到另一个版本，这引入了许多变化。

20 个团队，彼此之间没有交流，并且没有后向兼容的确定性。在集成的时候，这相当于 100 辆汽车的碰撞。任何东西都无法持续构建，更不用说工作了，结果项目陷入了停滞。

公司成立一个专门的小组来解决这个问题，当特别糟糕的情况是，在许多情况下，冲突级联，涉及了跨越数十或数百个组件和多个团队的多个冲突版本。有时感觉就像大海捞针。

为了解决这些冲突，团队不得不重写或放弃几个月的工作。在某些情况下，不得不解散团队或转移工作，以尽量减少进一步的问题出现。最终，该项目从未完全恢复，并被宣布为一个巨大的失败。

3. 清扫：确保并维护公共设施

5S 的第三个支柱，清扫，是指创建一种机制和文化，以维护和改善生态系统中工件及流程的组织、健康和效用。清扫通过帮助建立防止不必要的混乱的机制来加强整理，并通过保持组织努力的有效性来加强整顿。

保持交付生态系统的健康似乎是一件合理的事情。我们知道，汽车、电脑、房子，甚至自己的身体，每一件事都需要不时地关心和照顾，以保持合理的工作秩序。遗憾的是，IT 领域的情况并非如此。从代码和系统到交付和运行它们的过程，一切都被习惯性地忽略了。错误和过时的或次优的流程经常被降级或忽略，它们一直存在，直到引发重大事故，才让解决它们成为绝对必要的。系统也是如此。一旦它们就位，只有在绝对必要的情况下，才倾向于从头开始重建，然后往往是勉强运行即可。

一些人认为，罪魁祸首是这样的一种感觉，即维护和改进是将更多的钱浪费在本应解决的问题上。人们很容易将责任归咎于管理者和现代的商业实践，比如零基础预算，他们倾向于采用看似明确但未经证实投资回报的新功能和产品，而不是处理现有的缺陷或不可靠的设置，只因后者的收益不高。但是，任何人都知道，开发和运营团队更倾向于开发新的、光鲜亮丽的产品，而不是关注现有产品。

IT 生态系统的快速和持续发展，使得调整和维护其组成的系统、软件和流程变得尤为重要，即使在相对稳定和简单的环境中，也是如此。技术变革仍然经常使技术栈过时。随着供应商宣布旧版本即将报废，硬件和软件的维护成本越来越高。但这并不是最棘手的问题，许多拥有传统 IT 系统的银行和大型企业会告诉我们，寻找既了解又愿意支持长期过时技术的人员所需的费用高昂。尤其是当那些构建它的人早已离开，而组织对改进现有系统毫无兴趣的时候，没有人喜欢尝试去支持一个陈旧而笨重的系统。

还有一个问题，长期存在的遗留系统往往会收集太多杂乱的东西，以至于要充分了解系统上有什么以及它们是如何工作的变得极其困难。这就产生了所有情况中最糟糕的情况，即组件变得越来越难以支持，但是改进或替换的组件又会在不知不觉中破坏某些重要的东西。

实施清扫并不意味着要不断地追逐当前的潮流，但它确实需要通过建立一种文化来保持主流。这种文化以拥有生态系统的健康和福祉而骄傲，鼓励人们指出问题，并尝试以一种既能解决问题，又能与组织努力实现的结果相一致的方式改善生态系统。它帮助人们审视问题，而不是一下子着手解决一个巨大的问题，而是尝试以一种更可持续的方式逐步改进和学习。

然而，要做到这一点，还需要最后两个 5S 支柱。

拓展：谜一样的系统

许多银行、航空公司和电信公司的系统早已过时，导致了非常尴尬的故障。一些比较知名的事件包括苏格兰皇家银行事件，人们失去了自己账户多天的访问权限；各种航空公司使用的 Sabre 航班预订和预订系统的崩溃；许多英国航空公司的航班运营 IT 崩溃。尽管这些公司非常不幸，但它们远不是发现自己承担这种遗留风险的唯一一公司。

在职业生涯早期，我在一家为投资银行开发交易系统的公司工作。该公司不仅拥有自己专有的核心技术，还将公司的产品深度集成到了客户的各种交易、合规、后台和报告系统中。这是一次很好的学习经历，这也让我学会了很多不该做的事情。

离开金融行业几年后，我曾经应邀访问了一家著名的投资银行，讨论他们所面临的分布式软件开发挑战。参观的办公室曾经是另一家投资公司的办公室，我曾在那里工作过一段时间。

在去会议室的路上，工作人员带我穿过交易大厅。交易大厅通常令人印象深刻，到处都是显示器和技术设备在快节奏地运转。走着走着，我认出了几台曾经用过的老版 HP 9000 服务器，很惊讶它们还在那里。

这让所有人停下了脚步。有位工作人员问我对它们了解多少。他们已经多次尝试了迁移，但发现每次都有各种关键的后台任务都会以意想不到的方式失败，他们只得把它们留在原地。

幸运的是，我原来做了大量的笔记，能够解释它们的功能。我被这种情况逗乐了，于是要了控制台。在那里，输入了以前的登录凭证，果然，仍然有效。

4. 清洁：通过标准化提高透明度并改进

尽管整个生态系统受益于前三个 5S 支柱，但它们的主要关注点往往是组织和改进功能层面的事情。清洁的主要目的是消除阻碍，充分了解生态系统状态的可变性，从而能够提供可预测且可靠的结果。这提高了跨生态系统的透明度，同时也降低了认知的复杂性和熟悉的难度，以帮助不同功能更有效地相互协作。

需要注意的是，这些标准不是自上而下创建和执行的传统"最佳实践"规则。相反，它们是由一线人员制定和商定的，用于减少变异性和噪声的数量，反而不利于实现目标结果。

在交付生态系统中，有许多很好的地方可以实现清洁。在开发方面，清洁通常是在工具中实现的，这些工具使任何开发人员都能有效地处理任何一段代码，并在任何项目或团队中工作，而无须花费太多的时间。这些工具包括诸如编码风格标准、标准日志记录和数据结构格式、观察工具以及构建和开发环境的标准。虽然并不总是完美实现，但这些在经验丰富的企业软件开发组织中非常常见。

在交付和运营方面，实现清洁中最重要的地方是在软件打包、部署和环境配置管理中。拥有干净的、可预测的、权威的、易于复制的配置和流程，可以消除交付团队和支持团队所面临的许多变更性问题。干净的配置管理可以消除可能隐藏问题的噪声，使问题在何时何地突然出现变得更加清晰。

开发和运营团队也应该尝试使用相同的代码仓库和任务管理工具。当团队之间存在巨大的需求分歧时，这可能是行不通的。然而，通常团队选择不同的工具和代码仓库是出于个人喜好，而不是真正的需求，结果常常在不知不觉中为交付生态系统引入了不必要的冲突和风险。当代码和任务需要在团队和不同系统之间来回移动时，这样的团队不得不努力管理任务或协作。这不仅需要花费更多的精力来保持系统同步，还增加了任务和代码可能被错误处理或扭曲的风险，从而破坏了态势感知。

清洁带来的一致性可以大大简化工作，提供两个好处：

❑ 它不鼓励用错误的方式做事情，因为那样比用正确的方式做事情需要更多的努力。例如，为了创建一个部署就绪的原子软件包，在其目标上手动安装、排除故障和删除软件的工作量比不可逆的"乱枪打鸟"方法要更少．

❑ 流线式的标准化可以支持本地特定的元素。例如，新的自动化测试工具和业务智能工具，可以很容易地添加到跨越交付生命周期的预先存在的流水线中。

流程也可以遵循这样的方法。团队可以协商一致来提供标准接口，以改善信息 / 代码共享、协作和时间安排，但仍允许内部灵活性。这是团队负责人和服务工程负责人的职责。在这两种情况下，这种方法都提高了可预测性，减少了工作流中的冲突。

只需要一点点的预先考虑，就可以让团队将更关键的工具和流程联系在一起。联系不需要同时发生，也不需要在任何地方都发生。它们应该发生在那些能够提供大量价值的地方，提供新的见解或更流畅、更不容易出错的交付方式。

拓展："一体式"工具套件的问题

标准化工作的一个关键是让使用它的人感觉它是合理且正确的。我反复遇到的一大挑战是工具和流程无法生效。有时人们只是缺乏足够的训练，或者发现自己在挣扎。这种情况很容易发现和纠正。更常见的是，强制执行的"标准"引发了问题。

标准化尝试失败的一个常见原因是，供应商试图通过向客户出售一整套工具，以及试图占领整个服务生命周期的"最佳实践"流程，将客户锁定在他们的工具生态系统中。通常，当客户被一个或几个真正有用的工具所吸引时，这种情况就开始了。当他们与供应商接触时，客户很快就会发现会被迫购买一整套工具和流程，以使他们想要的工具以"最佳"的方式工作。通常情况下，附加的工具和流程是薄弱且麻烦的，或者根本不符合客户的需求。更糟糕的是，很多时候套件的扩展远远超出了采购组织的范围，迫使其他人选择使用糟糕的工具或使用并行的工具集，并在必要时使用"双重密钥"。

应用生命周期管理（ALM）和 IT 服务管理（ITSM）供应商使用这种捆绑技术最为熟练。他们的解决方案通常试图通过将凭证、代码仓库、配置管理（CMDB）、部署和环境管理、自动化、监视和报告工具以及围绕它们的流程紧密集成到一个单一的端到端捆绑包中来控制生态系统的所有方面。

从局外人的角度来看，这是一个很好的现成解决方案，可以照顾到交付生命周期的所有方面，听起来可能很有吸引力；然而，这样的解决方案很少适用于所有人。尽管跨组织的团队需要相互协调和传递任务，但他们通常有非常不同的需求。通常情况下，这些变化超出了角色的区别。一体化解决方案中的工具和最佳实践不可避免地以忽略这些差异的方式概括了团队的需求。这通常会毫无理由地增加不必要的交付冲突，只为了适应解决方案，或者更糟糕的是，扭曲或剥离团队进行有效决策所需的生态系统信息。

出于这个原因，我通常强烈建议企业不要"全情投入"在一个套件上。许多团队通过放弃对他们不起作用的花哨工具，转而使用像 Bugzilla 这样的"愚蠢"工具，或者在墙上粘贴任务卡片，来解决棘手的功能障碍。

这个问题并非 IT 领域所独有。在采用精益技术的制造车间我经常发现，使用更简单的工具，他们会生产出更好的产品，速度更快，成本更低，而不是使用华而不实但灵活得多的"一体式"工具套件。

5. 素养：建立支持系统以确保成功

作为 5S 的最终支柱，素养致力于建立一种文化，对前四大支柱所需的结构和管理提供支持。在完全孤立的情况下，工作和改进措施是不可持续的。人们需要一个鼓励认知、跨组织合作、进步感和归属感以及学习型的组织结构。虽然每个人都扮演着一定的角色，但最关键的是管理层的承诺。通过理解和支持每一个 5S 支柱，管理层可以创造条件，使现场人员能够持续沟通、协作，并不断努力以更好的方式实现组织目标。

管理者在塑造信息流动、被理解和被执行的方式方面具有独特的地位。通过同事和上级，他们有可能看到并帮助协调多个团队的活动。管理可以促进信息流动和跨组织协调，这有助于从了解生态系统的状态到组织、改进和创建合理的标准，以帮助实现目标结果。

管理者也倾向于成为行政领导层的一部分，或有更多的机会接触行政领导层，使他们能够在制定组织目标和目标结果的战略方面发挥作用。他们可以通过提高管理团队对基层情况的认识，以及确保他们将结果背后的意图准确传达给一线人员来做到这一点。

如果管理者创造和培育这样的环境，鼓励人们建立允许信息流动的机制，那么所有这些都将发挥作用。这意味着要培养安全和信任的文化。各个层次的人都要敢于畅所欲言，不怕报复，愿意挑战假设，在追求目标结果的过程中尝试新事物。这么做没有问题，即使他们后来被证明是错误的也应允许，只要从经验中吸取的教训能够被分享和接受。

对完成任务的方式进行微观管理、鼓励团队之间的零和竞争、惩罚失败肯定会迅速摧毁任何安全感和信任感。但更无辜的行为也可能如此，比如推出一种新的工具、技术或流程，而不让那些必须在决策过程中使用它的人参与其中。这并不是说需要每个人都同意。然而，如果无法说服许多持怀疑态度的人，告诉他们 5S 方法如何创造环境，帮助他们以某种可证明的方式更好地实现组织目标结果，那么信任将会破裂，解决方案将永远不会实现其潜力。

9.2.2 观察自动化 5S 的实施

既然已经讨论了构成 5S 的每个元素，那么如何将它们结合在一起来帮助 IT 自动化呢？在服务交付生命周期的每个部分都有很多可以借鉴的例子。我从自己的经历中选择了两个例子，一个是按需服务的初创企业，另一个是一家大型互联网服务公司。

1. 初创企业

在证明自己的产品找到了一个有利可图的市场之前，初创企业很少有能力雇佣大量的员工。需求可能会迅速增加和减少，对一家提供按需在线服务的初创公司而言，这一点尤其如此。这类公司通常是实现各种自动化的理想场所。自动化不仅减少了对大量工作人员的需求，而且当这些任务做得很好的时候，客户不太可能担心服务提供者的倦怠导致服务的失败。

对于一个从头开始的新业务来说，从一开始就将所有事情进行自动化是相对容易的。然而，如果不注意实施 5S 原则，一旦服务上线并提供给活跃的客户，就很容易损害团队保持快速和精益的能力。

我曾进入过一家初创公司，负责管理交付和运营的主要部分，该公司已进入这样一种局面，使得服务交付自动化难以维持和发展。不仅软件变得极其复杂，整个服务栈中的组件之间耦合紧密，在追求新业务的过程中，客户还想要大量定制他们的实例。这种定制一直延伸到硬件和操作系统。软件定制也深入到代码中，一些客户拥有自己的代码分支。

所有这些定制都因客户软件栈版本没有严格保持一致而变得更糟。新客户通常会使用最新版本的软件栈，而老客户则必须等到新客户和交付团队都同意后才能进行升级。

交付的升级也很困难。复杂性和可变性意味着开发/测试和生产环境之间几乎不可能保持一致。这是如此糟糕，以至于在部署时，如果软件能够正常工作的话，也很少能像预期的那样。这导致了生产环境中不断需要人工干预，使得几乎不可能知道任何东西是如何配置的，更不用说去复制它们了。

要想投入可使用的工具，以获取可预测的结果，就要理顺所有这些混乱。要使这种清理既有效又持久，唯一的办法就是在这个流程中，让每个人都能更容易地采取同样有组织的方法，而不是让他们保持随心所欲的状态。

为了找到一条摆脱初创公司所处状况的道路，我们决定首先编写一个通用的软件栈配置，该配置可用作最基本的起始配方（"整顿"的一种形式）。如果智能一点的话，可以改变组织环境的方式，将元素分离成通用的、一致的构建模块。在组装时，任何客户特定的差异将根据需要以可追踪的方式添加。例如，web 服务器由 Linux OS 实例、Apache web 服务器和一些模块组成。模块可能因特定客户而异，但这些模块可以在安装时从构建清单中添加或移除。配置也是典型的文件，可以根据客户或实例的具体差异进行模板化，并根据需要进行定义和添加。

然后，团队构建了通用基础的标准化版本包，并自动化其部署和配置。因为在 Terraform、Puppet、Ansible 或 Chef 等工具可用之前就这样做了，所以使用了 Kickstart 的升级版本，该版本从保存包和配置细节的代码仓库中提取。

然后，我们开始说服工程团队的其他成员进行组织并标准化他们的生态系统。

我们从构建一个自动化的持续集成系统开始，并定期构建和打包一些工具。早期的工具之一是开发人员或测试人员能够"检查"用自动化部署工具构建的新基础实例。

到目前为止，构建和更新要使用的实例既耗时又费力。一种可以快速可靠地构建标准实例的工具可以节省大量时间。开发人员希望在构建中包含更多的软件栈，以便进一步加快速度，要求的回报如下：

❑ 所有软件都需要进行干净的打包，以便可以自动安装、配置和删除（"清扫"）。

❑ 要自动安装的每个软件配置文件都具有可选的自定义值，以便该工具可以在安装时填充。

❑ 所有自定义值都将基于实例所属角色的规则生成。因此，位于丹佛用于开发的 Linux web 服务器实例将是开发角色、Linux 角色、web 服务器角色和丹佛位置角色中的一员，根据角色获得软件，并根据与这些角色相关的规则生成配置。

随着客户实例的稳步清理和标准化，我的团队将其纳入了管理工具。传统的硬件和软件配置逐渐消失。在大多数情况下，客户都渴望在短时间内实现实例的无缝构建、升级和扩展。有时，如果公司领导层认为这样做更具成本效益，那么拒绝加入的客户可能会被放弃。

由于已经按照设计的方式构建了自动化，配置库实际上是其管理的任何配置的可信数据源。这意味着可以运行"diff"并查看环境之间的配置差异，还可以跟踪依赖关系，并使用这些信息来驱动监控和其他支持机制。版本化还可以让团队了解是谁在什么时候、出于什么原因对配置进行了哪些更改。这可以用于从审计到故障排除的所有方面，以发现感知到的服务性能或行为随时间变化的原因。

有序地表达生态系统，其优点很快变得显而易见。一旦能够将生态系统中的一切描述为众多角色中的一员，就好像拉开了帷幕，团队可以突然看到并理解一切的状态，并开始消除不必要的定制和无序配置，还可以使用代码仓库来驱动整个服务交付的生命周期。

2. 大型互联网企业

我和几个同伴在这家初创公司工作后，来到了一家规模更大的老牌互联网服务企业。该公司非常成功，多年来，通过手工增加服务，他们一直在发展，甚至有一个集中的工具团队负责构建其他工具。因为有太多的未知和混乱，公司发现自动化很困难，而且结果无法预测。

我和同伴们加入后不久，公司面临了危机。公司签署了一些大的合同，其中有严格的服务水平协议（SLA），但几乎不知道如何达到。我和同伴们认为这是一个机会，并开始工作。

根据原来的经验，需要掌握那里的情况（整理）、组织（整顿）和标准化（清洁）。辅助机制，比如在启动时引入的开发环境构建工具，以及来自管理层的鼓励（素养），将有助于吸引人们使用、维护和改进新引入的机制（清扫），不仅能够提高满足服务水平的能力，而且还能提供更好的自动化工具。

尽管在前进过程中面临着巨大的压力，但仍然知道要从微小的事物开始获得成功。从一个业务单元中选择了一些服务作为开始，我们考虑如何结合从初创公司学到的知识来构建一个可操作的配置代码仓库，可以驱动操作系统来自动化安装和软件部署，而另一组人则考虑改进现有的自动化安装和部署工具，以及改进软件打包。

在这一过程中，第二组人试图确定发生了什么。这包括更容易了解的信息，比如硬件配置，以及有用但不太准确的信息，比如硬件上有什么软件和服务，它们是如何配置的，以及谁在使用它们。有趣的是，最后这一部分被证明是最难的。有时我们不得不禁用网络端口，等待有人投诉，然后才知道是什么情况。

一旦有能力以更有组织的方式构建、部署和跟踪，就将所有新的部署转移到新的设置中。有了收集到的信息，也可以开始寻找机会重建已经存在的东西。虽然最初有一些阻力，但当开发和支持团队看到通过投入一些额外的努力所获得的好处时，大部分阻力都消失了。

一旦在一个业务部门有了一个明显可行的工作模式，就开始向其他部门寻求转型。在此过程中，添加了新的自动化工具和功能，如完整的 CI 设置、自动化部署和测试框架以及持续交付流水线和报告工具。任何未知的遗留问题都越来越与纳入新管理框架的系统和服务泾渭分明。

即使取得了所有这些成功，我仍然遇到了一些团队，他们拒绝使用该工具，无论有什么好处或提供了多少帮助来实现过渡。该组织最高层认为这远非理想。最终，该公司决定将使用该工具作为生产数据中心的一项要求。他们通过开放新的数据中心，只允许那些使用该工具的人迁移到那里来实现这一点。然后，一个接一个地宣布关闭旧数据中心，并给抵抗的团队最后一次机会。在第一个团队解散后不久，其余团队也加入了进来。

9.3 工具与自动化工程

建立可持续的环境，对于为任何自动化奠定充分可靠的基础至关重要，这样才能保持有用并取得可预测的结果。正如前面的例子一样，使环境可持续甚至可能成为任何自动化工作的最初方向。但是，帮助组织建立足够可持续的环境，并成功实现其目标的自动化，并不是靠自己就能实现的。它需要技术娴熟的人来完成，这就是工具和自动化工程的作用所在。

工具与自动化工程的概念来自这样一种认识：即使人们有实现自动化的愿望和所有必要的技术技能，他们可能并不总是有足够的时间或充足的动力来完成它。让一个或更多的人致力于为组织制作和维护正确的工具有助于克服这一挑战。除非有一个相对较大的组织，特别是一个地理上分散的组织，这个角色所需的人数永远不会很多。对于大多数组织来说，一两个人也足够了。

最好的工具和自动化工程师，往往是有才华的脚本编写人员和程序员，他们对运营有相当多的了解，包括操作系统、网络挑战和实时服务的故障排除。这些人通常是天生相信"交付即代码"概念的那一类人，不一定是纯粹的运营人员。相当多的人有发布工程、后端工程或白盒测试背景，其工作跨越了开发和运营领域。

对运营的深入了解是非常重要的。它不仅使工具和自动化工程师能够掌握有效理解自动化服务生态系统所必需的概念，还使他们能够以比传统程序员更能适应运营故障条件的方式，开发与运营和基础设施工具集成的解决方案。

9.3.1　组织性的细节

工具和自动化工程师在组织上与负责维护服务栈功能的人员协作，通常这样效率最高。其原因是运营环境构成了客户服务体验的基础。通过密切关注运营服务的环境，工具和自动化工程师可以在 5S 支柱最重要的地方构建支持 5S 的机制，然后在整个交付生命周期中反向工作，以提高交付团队构建和维护服务的能力。

在将开发和运营分离的组织中，运营团队中的工具和自动化工程有助于工程师适应运营环境。它还为运营人员提供了一种方法，帮助他们创建自动化和支持生产生态系统所需的功能，但运营人员要么没有技能，要么没有时间自行完成交付。工具和自动化工程师既了解运营环境，又精通软件开发，还可以帮助服务工程负责人在开发和运营之间作为沟通的桥梁。

在交付团队构建和运行软件的组织中，工具和自动化工程师为交付团队提供云和 CI/CD 的专业知识，并确保有专门的能力来构建并支持交付和运营的自动化。这对于防止为支持 5S 支柱而设计的工具被降级以支持新的服务功能来说非常重要。

9.3.2　工作流程和同步机制

虽然工具和自动化工程师是负责生产环境中服务团队的一部分，但他们可以不参与任何待命、队列负责人或服务工程负责人的轮换。这样做是为了确保他们能够应对交付生态系统中 5S 支柱的任何威胁。然而，尽管存在这种差异，他们仍然是团队工作流程和同步机制的组成部分。

通过工具与自动化工程最终构建的大多数工具，都受到来自团队回顾和战略回顾会议中改进需求的影响。原因显而易见，例如，如果已经自动化的服务不能可靠地工作，那么自动化部署更多的服务就没有意义。对于检测和故障排除工具、构建框架和代码仓库也是如此。如果其中任何一个太脆弱或不可靠，那么制造更多同样的东西只会让事情变得更糟。

通过参与回顾和战略评审会议，工具和自动化工程师可以在更深入的背景下了解更多在运营环境中所经历的痛点。他们可以利用会议提出问题，建议进一步的探索性工作，以揭示根本原因，并提出工具解决方案，以帮助团队克服这些问题。

工具和自动化工程师还可以发现团队正在接受和执行的工作中的摩擦和风险点，这些摩擦和风险点可以通过新的或增强的工具来减少。例如，开发人员或运营人员可能习惯了特定服务的打包和部署速度缓慢和烦琐。工具和自动化工程师可以用新的眼光来看待问题，并可能找到解决的方法。

工具和自动化工程师的工作往往表现得非常类似于开发看板。大多数工作通常会在计划会议上进行，在计划会议中，可以在"就绪"栏中对其进行排序，以便工具和自动化工程师以周为单位完成。对于工具和自动化工程师来说，工作项目可以以快速的方式进入工作流程（即插入），尽管与快速服务工程工作一样，仍应进行相同的一般性审查，以确定是否有方法把未来此类行动的需求降至最低。

虽然工具和自动化工程项目的规模比其他服务工程工作的规模稍大，但总体而言，大部分工作项目的大小仍应不超过一两天的工作量。这二者都有助于提高对实际情况的了解，并保持项目的全面发展。

提供有效的自动化，是确保现代 IT 组织成功所需的一个日益重要的要素，它可以帮助改进基础设施、软件和服务的组织性和可维护性。但简单地使用工具既不安全，也不可持续。整理、整顿、清扫、清洁和素养，这些 5S 支柱使团队能够建立成功的自动化工作所需的态势感知和可预测结构。

随着交付团队对交付生态系统的认知和管理水平的提高，他们应考虑开发一个专用的工具和自动化工程功能，该功能面向运营的服务工程领域，以提供工具和自动化解决方案，帮助组织在运营环境中实现客户的目标结果。

参考文献

[1] Institute of Medicine. *To Err Is Human: Building a Safer Health System*. Washington, DC: National Academy Press; 1999, p. 27.

数据和可观测性

如果不每天打破各种先入之见，注定要失败。

大野耐一（Taiichi Ohno）

越来越多的企业声称自己是数据驱动的。商业智能和大数据计划试图将交付生态系统中不断增长的数据堆聚集在一起，供人提高认知和学习。这种组合看起来很强大，特别是当与精益创业和敏捷等方法相结合的时候，它们旨在以更快和更有效的方式利用这种反馈。然而，在实践中，更快、无缝地为客户提供更好、更安全解决方案的承诺，似乎仍然难以实现。

哪里出了问题？如何解决这个不足呢？

有效交付不仅仅需要快速构建和部署服务功能，然后收集生成的任何数据。为了使交付有效，还必须提供客户认为对他们实现目标结果至关重要的解决方案。收集数据只有在提供反馈，以改进决策制定，并在实现这些目标结果时才有用。

获取这种高质量的信息实际上比听起来要难得多。首先，要确认什么样的信息是有用的。大多数收集和分析生态系统信息的人倾向于收集那些被认为是正确的信息。这会导致确认偏差，从而损害有效交付所需决策的质量。

为了避免这种由偏差引起的缺陷，最好是寻找反驳自己信念的证据，而不是与之一致的证据。这样的方法减少了被误导进入有缺陷的思维模式的机会，这种思维模式会逐步降低你的决策能力。捕捉和分析意想不到的结果为学习和改进创造了机会。

其次，要确定捕获所需信息的最佳机制。团队必须准确、及时地这样做，并且要提供足够的上下文信息，使这些信息能够有效地指导决策。事实上，简单地使用现成的工具来捕获和处理现有的生态系统数据可能是危险的。这样做有可能在预期上下文之外捕获和分析数据。这些数据不仅无法提供有用的见解，所使用的工具也可能引入不相关的信息，从而产生错误的相关性结果，损害你对生态系统中正在发生的事情的理解。

最后，所捕获的信息需要对决策者来说是可见的和可理解的。

本章试图带读者们踏上这段旅程，同时提供一些答案来帮助读者实现这一实用的目标。它借鉴了本书中讨论的许多概念，以帮助读者确定"正确的"数据。此外，由于技术领域日新月异，每天都会出现新的方法和创新方法，因此，作者试图保持工具是不可知的。任何对具体工具的引用都应该作为有用的例子，而不是特定的要求。

10.1　确定"正确的"数据

我曾参加一个晚宴，与 DevOps 的专家会面。我们开始谈论一些有趣的服务工具，这些工具是在我工作过的一家公司安装的。许多工具旨在让我们跟踪从用户和任务旅程到相关事件及其对服务生态系统的影响的所有内容。

有几个人向我提出了质疑，其中一些问题确实一直困扰着我，部分原因是我认为理所当然的事情却显然不成立，它们围绕以下内容展开：

❑ "即使有获取信息的方法，可我为什么要拥有它？"

❑ "收集数据已经成为一种恋物癖。我已经沉迷其中，增加的数据只会让做事情变得更加困难。"

他们强调了一个非常现实的问题。有人认为，随着"数据驱动"流行语的推广，每个人都必须收集数据。

的确，许多组织对数据科学和分析的兴趣在爆炸式增长，数据分析就像在胡乱挖掘一个囤积者的车库一样富有成效。虽然在堆积如山的随机材料中可能会有一些有用的东西，但如果不知道所收集的东西的质量、收集的来源，或者收集这些东西的原始原因与你的需求有多大相关性，那么这些东西有用的概率是很低的。事实上，收集和筛选大量随机数据，往往会掩盖或扭曲可能存在的有用信息，使及时找到这些信息，并将其用于建设性的用途几乎不可能。

然而，我所任职的这家公司已经认识到，确保工具和分析有效的关键原则如下：

❑ 所有收集的数据必须有一个已知的目的。如果收集数据没有可识别的目的或价值，就不应收集数据。如果它的唯一目的是只同意被认为是正确的东西，它也不应该被收集。

❑ 所有收集到的数据必须有一个已知的受众。收集和表示工具需要确保目标用户能够很好地理解数据所代表的内容，从而能够从中获得价值。

❑ 所有收集到的数据的来源是足够可靠的、一致的和及时的。

公司不仅对新的数据和工具执行这些规则。现有数据、这些数据的来源、依赖这些数据的人以及支持这些数据的文档都要定期检查，以确保它们仍然有效。当无效情况再出现时，将调查其原因，其结果是更换或报废工具和数据。

对于任何处于大量未知或过时数据和系统的环境中的人来说，所列的标准对于减少混乱和保持分析的重点都是非常有用的。让我们来了解每一条规则以更好地理解其重要性。

10.1.1　了解目的

数据可以被收集，并不意味着它应该被收集。收集大量的超复杂数据不仅浪费了大量资源，而且实际上会使你更难找到所需的信息，更难建立必要的上下文以充分利用这些信息。

这就是为什么收集的数据需要有一个明确的目的。目的通常围绕以下一项或多项：

❑ 揭示或澄清需要追求的目标结果。

❑ 协助制定目标结果所需的任何决策。

❑ 帮助你认识和理解交付生态系统，以提高交付能力。

❑ 提供满足法律或法规要求所需的证据。

服务交付的最大挑战之一是对目标结果没有清晰的概念。有时候，这是由于无法直接接触到客户进行调查。有时候，可能存在不准确的假设或偏差，从而隐藏或扭曲了需要解决的问题。有时候，你可能会偶然发现一个完全不同的客户需求，它远比你最初追求的目标更有价值。

为了确保你对目标结果有正确的理解，需要首先设置一些工具，以捕获和呈现可能影响实现目标的因素。这个过程必然是迭代的，因为可能会发现一些初始设置是不相关的，或者有一些差距会降低工具的效用。

当你了解了更多，开始制定解决方案并朝着目标结果前进时，你将需要建立更详细和有针对性的措施，这些工具不仅可以提醒你目标结果是什么，而且可以告诉你如何弥补差距，以帮助客户达到目标。它还可以告诉你什么样的工具可以捕获生态系统的动态，以及你自己的能力如何，然后你可以使用这些工具来学习、提高自己的能力和改进方法。

让我们看两个非常不同的例子，以说明如何确定数据的用途。

1. 网上购买家具

一个正在考虑在网上购买家具的客户，通常是在寻找各种各样预算之内的家具，满足他们的需求和想要的审美。成功通常意味着找到并购买他们想要的东西，可能还包括一些他们不知道自己想要但现在离不开的东西。为了取得成功，客户必须能够找到在线商店，搜索并找到他们想要购买的家具，订购并支付家具，然后收到并愉快地保存它。任何阻碍这一过程的东西不仅会损害商店与特定顾客的关系，还可能阻止其他人成为潜在的顾客。

衡量在线商店成功与否的标准如下：

❑ 搜索次数与放置在购物车中的商品数量之间的比率。

❑ 被丢弃的购物车数量以及它们在订单流中被丢弃的位置。

❑ 支付成功和失败的比例，以及失败的原因。

❑ 退回的货品与交付的货品总数之比，以及退货的理由。

❑ 满意客户（和回头客）与不满意客户的比例。

每一项都提供了一个开始探索和发展的地方。例如，可以扩展搜索信息，以了解在找到目标之前需要进行多少次搜索，有多少次搜索没有结果，以及有多少次未转换的搜索是基于类别、基于特征或基于名称的。最重要的是，你可能会开始寻找获取原因线索的方法。

可观测性测试的另一个重要方面是交付生态系统的关键部分由其他方交付的情况。付款处理商和家具交付的物流服务提供商可能会遇到这种情况。尽管你可能无法直接为他们提供工具，但他们的表现仍然是客户能否实现目标结果的重要部分。找到可能对客户产生负面影响的条件工具，甚至是间接的工具，是非常有价值的。例如，发现和查找付款验证错误、退货率和投诉等可以提供有用的线索，表明进一步调查情况的价值。

2. 在医院获得成功治疗

在某些情况下，数据收集和分析的目的可能非常明确，但可用的工具和数据过于分散，因此，利用它们远非易事。医院就是这样一个例子。

人们去医院有各种各样的原因，主要是因为受伤、生病或一些影响患者生活质量的问题。很少有人会抱有这样的期望：他们将自己置于死亡的额外风险中。然而，去医院可以说是你能做的最危及生命的活动之一。

2006 年，英国首席医疗官利亚姆·唐纳森爵士（Sir Liam Donaldson）表示，死于医院医疗事故的风险是 1 / 300，比死于飞机失事的可能性高 3.3 万倍。根据美国疾病控制和预防中心的数据，每年有近 170 万住院患者感染，其中超过 9.8 万人死亡。

在医疗环境中，任何医院就诊的总体目的都是诊断并治疗患者的病症。目标结果通常不仅是稳定病情，而且是让患者们走上改善整体健康的道路。用有限或错误的数据实现这一结果，可能会导致错误，或暴露于可能存在的任何危险病原体之下，这是非常危险的。获取和分析必要的上下文数据，以做出有助于患者取得良好结果的正确决策，这对于医院工作人员来说至关重要。

在许多领域，及时获取和呈现上下文数据有助于治疗患者，包括：

❑ 分诊和入院时的分类和路线准确率数据。

❑ 患者病历的准确性、可用性和完整性问题的原因和发生率。

❑ 治疗延误和错误率、类型和原因。

❑ 设备、药品、材料和人员的位置和使用模式。

❑ 患者和入院类型的位置和移动模式，以及他们接触设备、药物、材料和工作人员的情况。

就像在线家具商店一样，这些领域中的每一个项目都只是一个起点。例如，病历问题可能表明记录系统过于碎片化，或者医生使用的系统笨重且容易出错，或者存在更大的记录管理问题。同样，医疗设备的使用模式可以与清洁和维护记录相结合，以查看是否由于某种原因发生了交叉污染。然后，可以探索这些领域中的每一个项目，以便进一步学习和改进，以帮助提高患者接受安全且准确治疗的机会。

10.1.2 了解受众

对于确定最佳信息和最佳收集方式而言，了解你正在收集信息的目的无疑是有价值的；然而，目的并不总是揭示要收集的最佳信息，或者收集和呈现信息的最佳方式。你还需要了解谁会消费它。

受众自然会分成几个重叠的群体：

❑ 使用信息进行故障排除、设计和改进技术解决方案的技术团队。

❑ 作为整体产品或服务交付的一部分的非技术团队，如家具店的仓库和库存团队，或医院中的医生和医务人员。

❑ 支持更多业务导向功能（如客户和市场定位、规划、追加销售、运营和财务报告以及合规性）的员工和合作伙伴。

❑ 客户，他们经常试图了解和优化他们的活动，以实现他们的目标结果。

并非每个人都以相同的方式、相同的文本或相同的动机利用信息。这意味着，对于那些需要数据的人来说，看似适合自己的数据可能不是最佳的。对于确保目标受众能够利用最终有助于他们实现目标结果的信息而言，做一些事情发现并纠正潜在的不匹配问题有很大的帮助。

让我们探讨一些更常见的信息不匹配及其可能导致的问题。

1. 语言不匹配

用与使用数据的受众不一致的方式呈现数据，会导致一种常见的不匹配。这使受众无法理解信息及其对他们的意义，导致他们忽视信息或做出错误的决定。

有很多事情可以导致这种脱节。有时，这可能是由于使用的语言对接受它的受众有着非常不同的意义。人们会被不同上下文中代表不同事物的首字母缩略词所迷惑，例如"ATM"代表"异步传输模式"或"自动柜员机"。

另一种常见的脱节形式是，当听众已经了解了术语或统计信息，但没有充分了解其潜在信息，从而无法有效使用术语或统计信息。我看到技术团队和非技术团队都在这个问题上挣扎。当工具需要符合法律或法规要求时，这可能会特别痛苦。语言上的不一致，如萨班斯－奥克斯利（SOX）法案的访问和更改信息，可能会产生错误警报，给快速移动的交付团队带来巨大的法规遵从性难题。

也许最令人沮丧的情况是，该工具位于一个应该使用它的人要么不使用它，要么缺乏解释其输出的专业知识的状态。这种情况经常发生在软件统计数据中，比如构建和代码度量，以及基础设施和服务利用率。我曾遇到过一些团队，他们拥有优秀的度量标准，这些标准表明脆弱的代码由于开发周期后期严重的代码变动而具有高缺陷率，但是团队却不能有效地解释这些度量标准。同样，我也见过一些明显的瓶颈实例，在这些实例中，负载的小幅增加或使用模式的改变都会导致破坏性的服务故障，但导致服务行为改变的决策却被盲目地实现了。

这种不匹配对所有相关人员来说都是非常令人沮丧的。为了提高信息被传达出去的机会，试着找出任何可能导致问题的语言，用更直白的语言取代它。为了帮助找到这样的语言和可能被误解的度量标准，可以寻求新的团队成员的支持。新的团队成员不太可能知道内部使用的任何不寻常的术语或度量的含义。抓住他们所遇到的任何问题，这可以帮助你找到并解决可能发生脱节和错位的地方。这些问题可能以术语或流程的形式出现，他们可以记录和反馈这些不清楚的术语或流程。此外，员工可能会对一个度量标准或流程有不同的解释，团队可以重新探讨并确定统一的解释。

对于法律和法规的遵从性问题，我始终建议与法务团队一起工作。通过这种方式，可以检查你是否了解组织需要哪些信息来满足法规的要求，并充分了解为什么需要这些信息，以及这些信息的用途。通过这种方式，你可以确保捕获的信息是正确的、清晰的和完整的信息，并且使用它的各方可以很容易地理解它。你还可能在合规信息请求中发现沟通方面的挑战。我个人有几次实际需要的东西比要求的东西更容易提供，因此在与法务团队建立有效信任的过程中消除了很多麻烦。

2. 捕获和表达失真

有时，数据的问题不在于所使用的语言，而在于它的上下文和含义如何被捕获或呈现的方式被丢失或扭曲。当这种情况发生时，结果可能比完全没有数据更糟。

我经常遇到这样的情况：数据失真非常严重，以至于信息受众对交付生态系统产生了错误的认知和理解。有些人对性能、可靠性、安全性甚至运营模式一无所知。其他人误解了这些数据，并最终指出本不存在的问题，通常会提出复杂而完全不必要的解决方案来解决这些问题。

就像语言不匹配一样，解决此类错误的最佳方法是花时间与信息受众交流。他们需要什么样的数据来满足目的？以什么样的格式最能方便他们理解数据的细微差别？例如，呈现趋势的信息通常需要包含规模和范围，以确保重要的细节不会被隐藏或平均化。

信息的呈现位置也可能很重要。例如，在第 9 章中详细描述的骑士资本案例中，在故障发生前的几个小时内，SMARS 系统发出了 97 次危险问题警报。然而，这些警报都很模糊，并发送到了一个电子邮件账户，使得支持团队忽略了问题的紧迫性。

同样，信息可能也需要以一种更具上下文情境的方式呈现。这方面的一个例子是通过依赖关系树的视角呈现从监控和服务到生产数据流的所有内容。

10.1.3　了解来源

获取"正确"的数据不仅仅取决于谁使用它，以及他们是否需要它。它的来源和如何到达需要它的地方也是很重要的。

并非所有数据源产生的信息都具有相同价值。例如，对于一组服务探测数据与单个用户对服务缓慢的投诉而言，前者可能更清楚地反映了服务响应问题的性质。这些探测数据可能会提供更多的背景信息，说明什么是慢的，速度有多慢，在什么条件下，以及它对服务生态系统的影响。它提供了更多的事实以供我们据此采取行动。

不幸的是，在给定的时间内所需信息的最佳来源并不总是那么明确。如何系统地确定那些即使不是最好的，至少足以实现目标结果的数据来源呢？

任何给定的数据源都有许多方面可以帮助你确定其是否适合帮助目标受众实现其预期目标，其中包括以下内容：

❑ 数据源的可靠性和一致性如何？

❑ 收集、处理和传达数据的及时性如何？能否有效告知受众和提高受众的决策能力？

让我们来看看哪些方面会影响数据源的适用性。

1. 可靠性和一致性

可靠性和一致性是数据分析和信息管理的迷人之处，也是经常被误解的方面。首先，许多人将可靠性和一致性与准确性混为一谈。数据实际上可能是准确的，但既不可靠也不一致。例如，客户抱怨服务响应速度慢，这种抱怨通常是随机出现的，并不能始终引导我们找到原因。

问题是，很少有人花大量时间思考数据源的可靠性和一致性，更不用说费心去理解这些数据是如何扭曲决策过程本身的。当依赖有可能与自身的情况或使用意图不匹配的工具生成或操作的数据时，这种问题最为明显。

不匹配通常分为三类。第一种是在不了解生成条目的目的、准确性或上下文的情况下挖掘默认日志数据。我曾见过这样的情况，即组织试图在其整个服务过程中智能地从日志中挖掘数据，结果却发现自己在混乱中挣扎，这是因为在各种外部开发或交付的解决方案中，捕获和记录信息的内容和方式的思维是不同的。一些挖掘出的数据存在巨大且无法解释的缺口，而其他数据来源则使用了晦涩的语言，认为只有生成数据的组织才能查看。

第二种不匹配出现在用于捕获数据的工具与解释它的方式之间。有时候，这个问题与解决方案本身有关。方案中可能暗含"没有明确问题意味着一切正常"的方法，或许以片段的方式查看客户流程，例如，在我们的在线商店示例中将查找和购买部分从处理和接收端分离出来，或在医院示例中将员工、患者和设备流分离出来，而不是查看完整的端到端流程。

第三种不匹配发生在现成的工具应用于一个不适合的生态系统的时候。对于应用于虚拟环境和云环境的各种通用资源利用和性能跟踪器来说，这是常见的。管理程序、容器和虚拟提供的服务可能会改变资源可用性和进程计时。有时资源在不可用时似乎可用（这是一个常见的虚拟机问题），或者即使在可用时也似乎不可用。Docker 在很长一段时间内都存在统计错误，这使得它看起来像是存在资源短缺的问题但实际上并没有。

同样地，在某些情况下，工具无法发现一个其设计中没有考虑到的问题。例如，一个设计用于发现响应性和损坏问题的工具，无法发现流式源中的丢失的数据帧或数据错误。

为了处理这些不匹配的问题，我们可以后退一步，评估自己对工具和数据源的可靠性和一致性的了解程度。如果工具很重要，并且你不能完全确信它满足自己的需求，你可能需要改变自己的方法。

2. 及时性

有多少次你只是在需要某条信息时才发现它特别重要？在信息匮乏的时代，及时获取数据并从中提取有意义的信息越来越重要。银行投资家支付数百万美元，仅仅是为了在别人之前几毫秒获取和转换信息，某些企业则将数据驱动视为成功的关键。

同样，反馈的及时性决定了我们对交付生态系统中不断变化的动态做出响应的决策速度。及时的反馈不仅能让企业在竞争中占据优势，客户也希望服务提供者也能够迅速得到提醒、响应并解决他们遇到的任何服务问题。当客户认为他们在某种程度上是在为供应商工作，却不得不将问题通知供应商时，他们会感到委屈.

工具需要捕获并呈现完整的上下文信息。这意味着，从获取和呈现上下文信息所需的时间到何时以及如何使用这些信息，都需要在工具本身的设计中加以考虑。监测多个数据源的工具需要协调这些数据源的任何时间延迟和碎片。这样的方案可能令人望而生畏。

我看到很多企业都犯了这样的错误。他们提出了详尽的数据分析计划，以推动近乎实时的决策制定，比如 1 ～ 5min 就能完成，结果发现需要三到七天才能获取和处理驱动目标决策所需的数据。

10.2　让生态系统变得可观测

思考数据的有用性是重要的一步。然而，为了有效和安全地交付，我们不仅仅需要检测和收集生产数据，还需要对创建和提供服务的生态系统的其他部分有一定的信心。要做到这一点，需要考虑如何使交付生态系统可观察。

让我们后退一步，在整个生命周期中查看自己的交付生态系统。精益制造通过所谓的"行走"（walking the gemba）来实现这一点。在制造业中，"行走"是为了经历交付过程的所有步骤，以观察正在发生的事情，并在整个生态系统中构建上下文。

一个关键的细节是，"行走"从最后一步开始，并通过生命周期返回到最开始的地方。

从最后一步开始"行走"有很多原因。一个原因是，从结果开始，你可以更容易地追溯故障的原因。例如，如果你在几辆刚从装配线下线的汽车车门上的相同位置看到损坏，就可以在制造过程中去寻找潜在原因。同样，你可以探究在交付周期早期未被发现生产缺陷的原因。在一家公司，我发现许多生产缺陷从未被发现的原因是，投入生产的软件包从未被事先测试过。相反，它们是事先制造和包装的。由于某些库仅包含在生产包中，因此除了生产之外，根本无法在任何地方找到这些库和新字节码之间出现的任何问题。

另一个原因是，从最后一步开始"行走"会让你的大脑更难做出可能掩盖重要细节的假设。大多数人都倾向于忽略那些看起来无聊或无关紧要的细节，除非在那一刻出现了明显的问题。如果某个问题后来变得明显，那么必须回溯以找出原因。

在一个服务交付生态系统中，我通常从客户参与和支持部门开始进行"行走"，以查找客户的请求和投诉类型。这可以提供一些线索，说明当前解决方案在满足客户期望方面的不足之处。

然后，我去找生产和管理产品的人。我观察他们的行为举止，他们在抱怨什么，他们在执行什么工作，他们使用什么工具和数据源来指导工作，以及信息如何流动。我会观察他们的工作是主动的还是被动的，以及他们的劳动如何有效地改善了服务。

我继续观察整个生命周期的流程，看看发布和 bug 修复部署之间的差异，测试、构建和代码/包存储库过程中的动态和信息流，以及它们周围的工具。然后，我会研究开发过程本身，包括团队的组织方式，他们对代码和生态系统的了解程度，他们对客户和用户的需求有多熟悉，以及他们与任何产品和架构功能之间的动态关系。我还会研究信息和工件流和它们周围的工具，谁使用它，以及如何使用它。

这一过程将针对产品和架构、市场营销和销售，有时还包括一个或多个客户，可能还有高级管理人员。我寻找这些群体在产品生命周期剩余时间的认知水平，以确定是否存在任何重大的脱节，如果有，其潜在原因可能是什么。

所有这些都将帮助你生成运营生态系统的最粗略轮廓，不需要很长时间。根据问题空间的大小，我通常需要 2～6 周的时间来协调、查看、满足、测试假设和记录。你可能会觉得这样做有点困难，但将第一次"行走"的时间限制在相对较短的时间内是很重要的。

最终你可以绘制一张路线图，这是使生态系统具备可观察性的一个开始。它不一定完整的，因为有些问题一开始可能根本没有意义，甚至会产生比答案更多的问题。它也可能没有优先级或可操作性。所有这些都没关系，毕竟才刚刚开始。

通过这张路线图，你肯定会看到急需解决的问题，甚至可以快速解决这些问题。除非不立即解决问题会对组织造成无法弥补的重大损害，否则不要这样做。你仍然很可能遗漏了一个关键细节，这个细节可能会改变你应对这种情况的方式。相反，最好先快速记录问题。这样就可以避免无意中犯错。

在进入下一阶段之前，需要通过在生态系统中跟踪来测试一些假设。这些跟踪通常是为了观察关键活动或者那些你在行动中没有观察到或有疑问的活动的动态。这些活动可能是生产、故障排除、修复错误并部署其固件、安装新容量等。这将有助于弥补第一次"行走"时遗漏的任何内容，或回答可能有的问题。有时，它们可以同时完成。

从这里开始，你可以寻找机会，让生态系统变得可观察。

10.2.1　用工具去观测

下一步是开始识别具有可接受的可信度、一致性和及时性的数据类型和潜在来源，将构建文本信息生态系统所需的信息拼接在一起，并最终满足受众目标的目的。

初步的调查应该让你了解了已经存在的东西，以及它们有何作用。一些系统，如监控系统和工单系统，是一个很好的起点。然而，在开始清理工作之前，应该首先确定整个生态系统中信息流中存在中断、空白和错误的地方。这些都是生态系统中的未知迹象。

让你的生态系统尽可能成为已知的已知或可控的已知的未知，这很重要。这可以帮助自己将未知因素可能造成的不可预见的影响最小化。

接下来的章节讨论交付生态系统，以及观测它们的方法。虽然"行走"是从最后一步开始，但不要把它作为自己必须开始的点。我几乎在一个组织的每一个地方"行走"，在很多情况下，我在几个地方同时开始，这很有帮助。

10.2.2　开发环境中的工具

除了生产之外，开发环境可以说是交付生态系统中信息最丰富的部分之一。它经常被忽视，或者仅仅被用来管理人员。任务和工作流、代码、构建统计数据和其他有用信息可以提供对交付动态的深刻见解。当你能够将所有这些数据联系起来，了解过一切是如何协同工作的时候，所有这些数据都会更加有用。

为了做到这一点，通常从小的度量开始，其中一些开发人员已经这样做了。首先，在所有工作项上放置标识符。这些标识符非常常见，如果正在使用 Jira、Bugzilla 或 Gitlab / GitHub 等工单系统来跟踪工作，那么这些标识符是很自然的事情。工作项是首批可跟踪的元素，可以用于将"为什么""如何"和跨生态系统工件之间的其他重要质量关系联系在一起。有时它们存在于规范或需求文档中，有时候它们被简单地包含在工作项内。设置一个 ID，你就可以用以创建的工作项标记工件。

接下来是工作本身，绝大多数开发工作都涉及代码。确保将所有可能的内容签入版本控制存储库中，并在签入注释中标记任务 ID。这使其具备可追溯性，以允许其他人了解哪些工件以何种方式被触及、完成何种任务。这个过程非常有用，以至于与我合作过的许多组织都配置了他们的存储库，只有当他们有相关的任务 ID 时，才能接受签入。

所有这些数据使交付流水线开始变得可观察，目的是提高交付生态系统中的人员对其动态的整体认知。

代码度量（更改、流失、死 / 休眠代码、开发人员分布）可以帮助合理地了解潜在的脆弱领域和可能需要测试的交互，以及真正了解代码的人。捕获代码度量并作为交付生命周期的一部分定期检查它们，可以帮助更好地进行目标测试，以及发现并最小化单点故障。令人惊讶的是，这类信息很少被捕获和仔细检查，在交付过程的核心留下了一组庞大且易于解决的未知信息。

下一步是自动化构建和集成结果。自动化构建和持续集成系统可以提供关于构建和集成问题的有用度量。当这种系统已经存在时，有必要确保构建报告的结构和显示方式能够提高与特定代码段相关的任何问题或故障模式的可见性。将任务 ID 作为任何代码提交的一部分，还可以让自己查看某些类型的工作项是否存在问题，以及暴露个人和团队之间的任何潜在协调问题。这允许我们发现哪里可能存在问题代码、摩擦或信息流问题。

积极尝试将所有这些信息汇总到仪表板中，使我们可以从任何部分开始，深入挖掘并跟踪所有的关系。高度定制的 Jenkins 配置和定制的顶级仪表板，可以深入各个领域，帮助我们做到这一点。

技术团队是这些信息的最大消费者。这些信息有助于他们避免忽视他们自己应该能够看到的问题。在构建统计之外，工具化开发似乎并不是非常有用。我经常收到来自团队的反对意见，他们认为不需要在签入和跟踪工作中加入任务 ID。在低信任度的环境中尤其如此，人们认为他们会根据自己的"效率"来评判自己。有一些方法可以绕过这种阻力，但重要的是，要揭露这种阻力会导致功能障碍。正如你将在拓展故事中看到的那样，数据也可以被证明对业务非常有用。有了数据的指导，可以发现其他未知的风险和单点故障，这些风险和单点故障很可能是具有破坏性的。

拓展：Heikkovision 公司

我在一家即将被收购的初创公司遇到了一个独特的例子，证明了开发意识的力量。虽然公司看起来蒸蒸日上，但执行管理团队却很紧张。尽管通过转向敏捷开发技术和部署持续集成工具，我们已经看到了交付速度和服务质量的巨大改进，但质量和发布时间仍然不可预测。不断变动且低质量的功能降低了公司的吸引力。收购本身也带来了风险。收购是资源密集型和分散注意力的行为，也可能导致关键人物离开。对于这些人可能是谁，他们真的离开会有什么影响，以及如何减轻伤害，人们知之甚少。

有人问我能不能帮忙。

虽然不可能总是确切地知道谁将离开组织，或者在交付版本的过程中可能会遇到什么问题，但是可以做很多事情来确定那些风险高的地方。为此，我启动了两项计划，很快就找到了版本不可预测性的根源。第一个问题是，当团队在短时间内进行冲刺时，没有采取任何措施来弱化团队之间紧密依赖关系。这导致依赖项之间形成了一条串行化发布链。在这些链中，一个特性可能需要一个团队的工作，比如一个重要的代码库，然后将其传递并合并到另一个团队的工作中，如图 10.1 所示。这意味着即使在最理想的情况下，发布一个特性也需要 16 周（团队数量乘以每个冲刺的周数）。

图 10.1　串行化发布链

通常，下游团队会发现需要上游团队修复的错误。这种情况通常发生在发布链下游的几个团队中，为此需要再次遍历每个上游团队。有时需要多次冲刺才能完成一项工作，有时发生了一些事情，使得序列化工作被团队中途取消优先级，从而导致一切停滞。

确定原因和特性功能可能需要串行化发布链，这意味着现在每个人都可以看到问题的所在和造成问题的原因。人们可以决定接纳它们，并相应地设定期望，消除依赖关系，重组工作，或者干脆避免从事这些工作。在大多数情况下，选择最终是一种混合，通常会导致更短和更可预测的发布链。

第二个问题是人为单点故障。为了理解这一风险，我们开始挖掘代码统计数据，以了解每个开发人员对每段代码进行的工作，何时、多久修改一次代码，以及发生了多少代码变动。然后，这些数据被输入到仪表板中，使我们能够看到组织中鲜为人知的代码，了解代码和代码的脆弱性，哪些代码区域容易受到人为单点故障风险的影响，以及哪些代码的重构最有价值。

仪表板的功能非常强大，它就像 X 光，能穿透噪声，帮助我们了解整个公司正在发生的事情。它可以帮助企业评估风险，改进资源管理，发布优先级和计划。它也为技术方面提供了证据，我们可以利用这些证据来展示投资的潜在收益。

10.2.3　工具封装和依赖关系

工作流程的下一部分是构建工件本身。同样，与开发工具一样，所获得的信息对技术团队非常有帮助。有趣的是，相对较少的人花大量时间研究这些工件的形状，它们是如何使用的，以及它们依赖关系背后的细节。大多数人只是将它们以无法追踪的方式放在某个服务器或存储区域。

我个人更喜欢将工件放在一个存储库中，在那里可以更干净地对它们进行版本控制，并且可以留下任务 ID、构建信息和其他注释。这也是我更新各种自动化工具的地方，这些更新可用于触发给定交付流水线中的下一步。许多交付流水线和编排工具被设计为能够可靠地查找此类信息。这使得从工件的上游到构建到代码和任务 ID，以及下游到部署，都具有额外的可追溯性。标记滚动也是一个有用的信号，可以告诉自动部署系统触发部署目标环境的更新。当你以完全跟踪和自动化的方式管理构建环境的所有软件和配置时，你还可以跟踪软件包。

如果做得好，所有这些都应该能够在以后的某个时候被查询到，并放置在仪表板上。除了你捕获的特定于单个版本的工件之外，还有许多重要因素值得捕获和报告：

- ❑ 我的包有多原子化？拥有原子包意味着可以在任何环境中应用和删除它们，而不必担心它们会留下碎片或以一种不能恢复或不能自动恢复的方式改变环境。
- ❑ 我的包环境独立性如何？许多组织习惯于为开发、测试和生产构建不同的包。这不是一个好习惯，因为它会产生潜在的未知因素，可能会导致问题。这些差异应该转化为可以在安装或运行时设置的配置参数或标志。如果有不能这样做的原因，而且这种差异确实不可避免，请确保报告与环境相关的包、它们的原因、它们可能导致的潜在风险，以及测试和减轻这些风险的方法。
- ❑ 这些包需要什么依赖关系？依赖关系是一件很糟糕的事情，得到的关注远远少于它们应该得到的关注。当依赖关系是外部的，特别是被 NPM 或 Maven 之类的工具引入时，情况会更糟。需要捕获和报告这些依赖关系，并尽可能采取缓解措施，例如使用本地副本以避免它们消失或导致隐藏的问题。

这些因素都旨在发现和跟踪你对潜在未知因素的认知水平。我通常把这些问题放在仪表板或 wiki 上，以便每个人都能了解自己的状态以及这些风险目前被管理得如何。目标应该是最小化这些风险，要么消除它们，要么强调它们的危险性。

10.2.4　工具自动化

增加对工具和自动化的依赖通常是一件好事。它可以减少多样性，让我们思考如何让我们的生态系统更具可重复性。但是我们中有多少人使用工具来捕获和跟踪工作，去了解工作是如何执行的，以及最终的结果？我们中有多少人在工具的操作、交互的工件以及任何任务之间创建了可跟踪的链接？

捕获这些信息非常有用，特别是对于那些严重依赖预期工具性能的人。这些信息提供了工具整体运行状况的可见性，以及工具执行工作的情况。如果你曾经遇到过工具故障，那么你可能知道任何关于发生了什么以及为什么发生的记录对于清理残骸和防止故障再次发生是多么有用。我曾见过监控系统过载，没有及时报告。我还发现构建工具、备份作业和其他维护活动以一种无声的方式中断，直到灾难发生才被发现。

检测可以帮助我们在信息不一致成为问题之前发现它们。检测还可以帮助我们发现潜在的改进方法，甚至估计其可能的价值。让团队养成定期检查的习惯，审查他们对工具的理解程度，促使他们发现工具遗漏的任何区域。这通常可以帮助团队发现各种工具内部或之间的不一致，或被误解的地方，进而做出改进。

10.2.5　环境变更和配置管理

IT 行业中一个非常常见且普遍良好的做法是，每当更改生产环境时，都要创建更改单。这是一个很好的记录，可以知道什么时候做出了更改，谁做出的更改，更改了什么，以及为什么更改。

但我们中有多少人真正详细地记录了实际做了什么、具体做了什么，以及原始状态和新状态之间的差异呢？我们中有多少人会回到有规律的更改记录中，将当前或过去的生态系统动态与已经发生的变化进行比较呢？

作为服务的提供者，你所做的更改可以说是影响生态系统动态的最显著和最重要的活动。这就是为什么捕获自己所做的更改以及现有状态和新配置状态之间的差异非常重要。这样做有助于建立共享意识，也有助于以能够理解根本原因的方式对更改导致的任何后续事件进行故障排除。因此，我始终鼓励团队在任何事件报告工具的首页上提供最后 5 ～ 10 个更改的详细信息链接。我一次又一次地发现，这不仅有助于处理事件的人缩短恢复时间，也有助于参与变更的人以更简洁的方式解决根本问题。

不幸的是，大多数交付团队在捕获变更的全部细节方面做得很糟糕。这项工作通常做得很差，以至于许多运营团队都抗拒频繁的生产环境变更。

丢失更改信息的最常见方式是手动执行更改。有时，人们不得不进行手动更改来解决问题以使工作正常进行。有时，一些商业软件会强制通过管理控制台或其他难以编写脚本的机制进行手动更改。这两种情况都会让人容易遗漏细节，应尽可能减少这种事情发生。我见过团队保存 shell 历史记录或使用脚本化测试工具，这些工具可以操纵 GUI 以获得更可重复和可跟踪的记录。

另一个常见的问题是，有些工作是自动匹配的，但执行更改的工具没有捕捉到执行更改之前的配置状态。有些人没有检查更改的最终结果，以确保其符合预期。我个人见过部署工具，这些工具围绕文件或符号链接展开，将内容附加到配置文件，然后宣布胜利，但实际上没有检查行动是否带来了预期结果。在某些情况下，这些工具忽略了错误，例如权限限制、文件不在预期位置或不完整，然后进入下一步。有些时候，服务 API 无法正常运行或以意外方式响应。即使在捕捉到错误时，也很少有人会费心去查看它们，直到故障发生（如果有的话）。

也许最大也是最常见的问题是，尽管我们可能会跟踪对生产服务所做的更改，但我们中很少有人会对测试和开发环境，或对支持服务（如监控或备份服务）所做的修改进行同样的跟踪。事实上，在所有这些项目中，由一只未经跟踪的手进行变更是极为常见的。

最后一个问题是，我们中很少有人会真正捕捉和比较开发、测试和生产中存在的配置，以分析它们的差异，并了解这些差异如何在每个方面产生不同的动态。产品包是否通过了开发和测试环境？如果没有，它是后来才安装的吗？这并不意味着开发和测试环境需要具有与生产环境完全相同的配置。大多数时候，这种情况几乎是不可能的。承认存在差异并不意味着你不必费心去了解这些差异是什么，或者不去检查并考虑它们可能会如何改变行为。忽视这些差异会产生更多不必要的问题。

捕获、报告和分析这些信息可以让你更好地掌握环境中的内容。在所有工件和活动之间创建链接，生成任务通知单和周期结束时的更改通知单，允许你从任何一点开始遍历生态系统，以了解并构建环境中正在发生的事情。

10.2.6　测试工具

有效的测试是包含有用信息的宝库。它可以提供各种各样的见解，许多见解超出了暴露代码缺陷导致的潜在风险的范围。测试工具可以帮助提高共享生态系统的意识，一般是通过捕获服务变更在目标运营生态系统中的可能行为。

以这种方式使用自动化测试工具和测试仪表，一开始听起来可能并不起眼，甚至是对大多数人认为测试团队所做工作的重申。不同的是，它的目标不是"质量保证"（QA）。首先，质量保证的前提被打破了。QA 并不能真正保证什么，QA 主要告诉你在测试过程中遇到了什么问题，可能存在根本没有遇到的其他问题。

这并不意味着不应该进行测试。相反，测试应该进行，测试的目的是提高你对服务在不同场景和不同条件下的行为的理解，以提高你有效响应各种服务行为的能力。测试还可以帮助你更容易地确定当看到某些服务行为时可能发生的情况。

我还喜欢使用测试来更好地暴露通过开发工具发现的脆弱代码所造成的服务危害。对有问题的领域进行更彻底的检查，有助于揭示有关其影响大小的更多细节。

为了使测试工具最大限度地发挥作用，我尝试在任何可能的情况下使用生产工具来增强它（反之亦然）。监控服务的仪表、日志分析工具、无损检测工具、综合事务工具等，可以提供一种快速的方法来比较同类结果。将测试用例和测试结果以一种可以与生产环境中的经验进行比较的方式公开，允许对测试和操作工具进行调整，以确保在未来查看和比较正确的动态。

另一个有用的信息是测试环境和生产环境之间的部署配置差异。除此之外，还可以捕获配置差异所造成的各种行为和性能差异，从而验证你对部署配置差异所导致的潜在摩擦点和瓶颈的理解。这使你对在生产中触发这些条件时可以更改哪些杠杆有更多的信心。

10.2.7　生产环境中的工具

生产环境是一个目标非常丰富的环境，可以使你的生态系统具有可观察性。它是服务满足用户的地方，你应该了解这些服务如何帮助客户实现其目标结果。许多组织已经意识到这一点，这催生了对大数据分析解决方案的大量兴趣和投资。

经常被忽略的是，以最全面和有效的方式建立对生产环境的准确理解需要传统的监视和日志记录方法以外的工具。即使有花哨的大数据分析工具支持，情况也是如此。

如果目标是提高对生产生态系统的理解，以便做出更有效的决策，那么有许多经常被忽略的工具值得考虑，如下面部分所述。

10.2.8　可查询 / 可报告的活跃代码和服务

无服务器服务的最大问题之一是，以传统方式检测和跟踪它们并不是那么简单。克服这一问题的最佳方法之一是直接在服务中放置可查询的"钩子"，这样可以让你了解正在发生的事情。

开始时不需要特别高级的钩子。"钩子"能回应一个"你还活着吗？"就够了。这可以很容易地扩展到"你的生命体征是什么？"以及更多类似调试的信息，例如"当这些用户 / 会话 / 数据遍历服务时发生了什么？"检测和跟踪正在发生的事情还可以使用 Java 管理扩展（JMX）之类的功能，或者让服务自行注册并以发布 / 订阅的方式将常规指标推送到中央总线或可以收集和分析它们的节点。

这些方法都不难实施。这些功能之所以有价值，是因为它们可以减少传统的日志机制所产生的复杂性和时间延迟。可以使他们返回的值符合可用的标准，这样可以快速将值放在仪表板上进行分析，以找出服务实例之间的任何差异。

检测服务和用户界面可以使你准实时地观察用户和用户会话。当分析一个或一小部分用户遇到的问题时，这是一个特别方便的功能。

10.2.9　一起呈现任务、变更、事件和问题的记录

许多服务管理工具供应商都在谈论使用他们的工具生态系统的优势，即将包括具有工作流程的票务系统、配置管理数据库（CMDB），甚至监控都连接在一起。问题是绝大多数数据要么隐藏，要么不太容易将它们放在对你和其他需要它的人有用的视图中。

我发现把所有这些信息放在一起通常是非常有用的。对于变更信息尤其如此，任何处理事件的人都应该立即看到变更信息。为了做到这一点，我通常倾向于使用一个简单的网页或其他一些同样不复杂的机制，无论你是在路上还是坐在办公桌前，都很容易看到。

虽然把变更和事件记录放在一起是非常重要的，但我也喜欢寻找从生态系统的任何点轻松追踪关系链的方法。例如，能够从一个包或配置开始，然后返回创建它的一系列任务，并向前转到部署它的位置和方式，这是非常强大的。这种方法允许你在正确的上下文和正确的时间中将可能需要的信息汇集在一起。创建一个简单的系统，让你可以轻松地在生态系统中"行走"，这是关键。

另一件有用的事情是，定期展示技术人员和非技术人员可能感兴趣的数据和趋势。这可能包括失败的变更和导致意外服务行为的更改的各个方面，以及处理时间远远超过正常时间的事件。这个演示需要以一种能够促进改进的方式进行，而不是以一种相互指责的方式进行。我们知道，责备会鼓励人们隐藏数据，切断关系。我倾向于把大部分的报告同步给那些更接近行动的人，同时将它以无可指责的方式打包，以便在需要帮助和支持时提交给上层管理人员。

10.2.10　环境配置

你是否了解了自己的交付生态系统中的所有内容？知道自己可以多快、多一致地从头开始重新构建和重新部署交付生态系统的每个部分吗？

了解交付生态系统中的内容比了解安装的软件版本或非常基本的元素（如网络地址）更重要。这关系到了解和定期审查生态系统到底是由什么组成的。我发现识别这些信息的最佳方法是定期重建尽可能多的生态系统。所谓"重建"，指的不仅仅是移动一堆容器或虚拟机磁盘（VMDK）文件。我的意思是能够重新安装整个软件栈、配置并投入生产。了解如何快速和一致地完成这项工作，可以让你知道在紧急情况下重建任何组件可能需要多长时间。

跟踪环境配置的作用是，可以通过一种方法来捕获和了解环境中的变化以及变化的方式，快速发现可疑或未经授权的变更。

我试图寻找定期进行重建的机会，以及建立记录摩擦点和团队可以尝试消除的其他危险点的仪表板。这些审查应定期进行，至少与战略审查一样频繁，以便确定目标并采取行动改善情况。

10.2.11 日志记录

日志记录是每个生态系统的传统和重要组成部分；然而，我们实际检查这些日志的频率是多少？这些日志记录有多可信？它们的结构和可读性如何？

我采用两种方式进行日志记录：

❏ 操作的有用性：应突出显示不值得信赖、难以解析或根本无法提供任何价值的日志。它们的哪些方面是没有用的、不可信的或不容易解析的？对运营支持有何影响？获取并查看这些信息可以帮助你解决问题。有时你可能会发现，有更好的方法可以获得相同的信息，或者存在太多的虚假噪声，因此当前记录的大部分内容都应该删掉。

❏ 长期效用：日志传达了什么？谁可以使用这些信息？是否有任何可能影响其处理或储存的法律或法规？它们是否易于获取和处理？它们需要多长时间才能处理成可用的形式？为什么？它们的准确度是多少？突出显示和跟踪此类日志和日志数据条目，尤其是那些重要的或可能偏离信息使用者需求的日志，有助于识别可能降低决策效率的潜在认知滞后。

10.2.12 监控

监控对你有多少价值呢？它是否总是及时地告诉你需要知道什么，并提供足够的背景信息帮助你做出决策？

尽管组织收集的许多监控数据充其量都是低于标准的，但许多人往往觉得数据越多越好。我们会经常收集警报和统计数据，但我们几乎从未看过，更不用说使用了，这让监控系统看起来就像是一个堆满旧报纸的囤积者的车库。

处理监控的最佳方法是检查监控数据，不仅要确定数据的准确性，还要确定谁将使用数据，出于什么原因，以及他们可能基于数据做出什么决定。如果有更好、更准确或更及时的方法可以方便地获取信息，那么应该用更新、更好的方法取代旧方法。如果监控触发的警报累积多次或发生其他情况后才被查看，则应解决该问题。获取太多无用的信息有时比不接收任何信息更糟糕，因为它会使你对信息失去敏感度。

监控调整应是定期战略审查的一部分，尤其是在监控未能在问题发生之前主动发现问题的时候。如何提高战略审查中监控的整体效率也值得关注。随着动态变化，需要不断调整和改进监控，还应鼓励员工不要习惯于无用的监控。

10.2.13 安全跟踪和分析

在服务业中，安全是保护你的组织和最终客户所必需的；然而，安全也有一个经常被忽视的附加好处。安全可以为捕获和跟踪生态系统中的内容提供更强大的动力。这可以用来更好地理解各种状态和用户活动导致的生态系统行为，从而提高你的整体意识。

许多安全技术和工具往往位于其他跟踪机制之上，如日志、环境配置跟踪等，或者有自己的专用工具来监控特殊的流量和威胁。这些机制正在寻找看起来奇怪或异常的东西，通过两种方式实现。

第一种方式是查找反映已知安全威胁和违规行为的活动和状态列表。这是大多数组织的做法，因为这很简单，但这并不是最佳方法，因为默认情况下，它假设没有未经授权的访问。这种方法也不能解释这样一个事实，即许多更恶劣的安全违规行为都是从内部开始的，要么是内部的不良行为者，要么是以某种方式泄露了访问凭证的人。

另一种方式是尝试捕获和跟踪尽可能多的生态系统的状态和活动。这包括跟踪配置和数据更改、网络流量等，在周围留下诱人的"蜜罐"，试图引诱不良行为者更多地了解它们，以便更好地保护生态系统中更敏感的部分。

为了能够跟踪这些信息，捕获并跟踪你所做的配置和变更，以便轻松地查询和检查任何未知的差异。这将捕获未被跟踪的潜在安全威胁和行为（无论是来自错误的工具还是未遵循的流程）。

这些数据的重点应该是可见的，以帮助团队和组织进一步改进。

10.2.14　服务数据

我们应该考虑的最后一个领域包括服务数据的结构、存储和可访问性。服务数据指的是客户数据和用于驱动服务的其他形式的数据。

尽管大多数大数据项目都在大量挖掘服务数据，但相对较少的组织会花大量时间考虑他们拥有的数据的整体架构和结构，而不仅仅是驱动服务所必需的架构。这些数据会不可避免地积累，形成散落在生态系统中的各种数据堆。这导致了重复和不匹配，使得数据比它所代表的内容更难拼凑和理解。这也使得获取要分析的信息变得更加困难。

为了减少这类问题，最好将两种机制作为交付过程的一部分：

- ❏ 拥有一个轮换的角色来构建和拥有一个架构图，该架构图包括了哪些数据存储在哪里、以何种方式存储以及由哪些应用程序和服务使用数据，应尽可能发现和消除重复和不匹配的地方。
- ❏ 从一开始就把数据架构和设计作为交付过程的一部分。数据应该放在哪里？什么应该访问它？是否在可能的情况下对副本进行了解释和最小化？如何提取数据？提取到哪里？用于什么目的？这个过程不需要特别烦琐。事实上，管理较小的更改要比管理较大的更改容易得多。

10.3　案例

使用正确的工具，向正确的受众提供正确的信息，以实现他们的目标，听起来确实很困难。从哪里开始？怎么保持下去的？如何改进？

有时很难找到最佳的前进道路，尤其是当你非常接近问题并习惯于自己一贯的做事方式的时候。

幸运的是，IT 并不是唯一一个面临这种工具测量问题的行业。许多其他行业都需要工具，这些行业也具有高可用性要求、高度不可预测的需求以及对故障的高敏感度。在一个完全不同的环境中观察某人是如何应对的，通常可以帮助你退后一步，更客观地看待自己的世界。

我个人喜欢涉足的行业是我们大多数人几乎每天都会接触但很少思考的行业：污水管理行业。

10.3.1　监测污水的生态系统

很少有人会说，一项既能处理你的垃圾又能把邻居的垃圾拒之门外的服务并不重要。然而，有多少人考虑过建立和管理这样一个系统的复杂性？

我曾有机会近距离地观察由洛杉矶市运营的一个这样的系统。可想而知，气味难闻，员工每天在污水管网、湿井、沼气池和蓄水池周围工作时所面临的安全隐患也是如此。但大多数人认为这是一种非常普通、经常被遗忘的服务，事实并非如此。

像大多数城市一样，洛杉矶通过贯穿整个城市的管道和隧道网络为居民和企业提供水和污水处理服务。人们不仅希望他们的水是安全的，无论流入下水道的是什么都不会再回来，而且还希望街道上没有垃圾。但是下水道是有害气体聚集的地方，它们会形成危险的云团，有时还会发生爆炸。

不仅如此，洛杉矶面临的挑战远远超过普通城市。大城市地区覆盖了 4800 $mile^2$ 的干旱和半干旱地形，横跨复杂的山脉和山谷。该地区容易发生干旱和洪水，两者都对污水系统有害。前者会在管道中留下堆积的废物，后者可能会淹没垃圾和径流系统，使危险充斥街道，甚至是人们的家园。洛杉矶还必须应对地震、滑坡和野火等自然灾害。此外，水、污水和暴雨系统会在各个地方纵横交错，这些地方的管理部门往往意见不一，更不用说有合作的愿望和手段了。

尽管面临这些挑战，但我目睹了一个动态的系统正在运行，它已成为世界上最先进的系统之一。不仅街道上的污水非常稀少，而且多年来径流和废物排放量减少了 95% 以上。此外，该系统还改善了水质和输送能力，降低了实际的总耗水量，减少了海岸线污染和其他环境问题。这是在该地区的人口持续增长和变化的条件下实现的。

洛杉矶的卫生部门是如何做到的呢？

首先，他们意识到，如果在地下建立静态管道网络，生态系统将无法生存。一场风暴或一家非法向该系统倾倒有害物质的流氓工厂可能会摧毁大部分地区。他们需要积极了解生态系统及其内部正在发生的变化，同时不断寻找新的改进方法。

该部门一直专注于目标成果：将废水排除在人们的家中和街道之外，并将健康危害和污染降至最低，同时寻找机会回收和再利用沿途的水。他们一开始就试图更多地了解他们所处的环境。他们在整个网络和整个地区部署传感器并进行测试。这些传感器帮助他们了解水是如何在地表、地下以及通过排水和排污网络流动的。这些传感器不仅检查容量和流速，还监测爆炸性和有毒气体以及流经系统的有毒物质的危险浓度。

其次，他们还会观察整个系统的运行情况，从下水道、泵站、处理厂到使用和操作它们的人的行为。

这种监控和跟踪与传统的 IT 监控和服务工作流管理有着本质的不同。与 IT 部门不同的是，他们主要关注的不是发现异常并做出反应。增加下水道容量可能需要数月甚至数年的时间，这使得即使是最落后的 IT 采购过程也显得像闪电一样快。相反，他们超越了 IT 领域，寻求积极地理解和塑造生态系统本身。信息被不断地分析和使用，不断地提高每个人对网络的理解的有效性。

这种方法和思维模式不仅提高了人们对潜在故障场景的响应能力，还使人们能注意并理解摩擦点和风险区域。他们还观察当地和区域的水文和地表排水模式，以了解和预测潜在的径流危害。对于操作环境及其可能包含的任何相关模式而言，主动获取信息有助于更准确地对其进行理解。他们甚至参与规划和审批，以了解拟议的变化可能如何影响生态系统，提出有助于保持生态系统健康的解决方案。

随着复杂程度的提高，公众对该服务的要求也随之提高。如果水资源如此稀缺，径流和废水能被收集并再利用，甚至成为饮用水吗？废物能否回收利用，并用于减少其对环境的负面影响的有益事业？

最后，他们试图保持对这些需求的适应。他们不断改进雨水排放、污水处理和供水方法，以最大限度地实现水的再利用。他们还利用洛杉矶盆地的一些独特特征，改善水的再利用。洛杉矶的大部分地区位于交替的含水层和石油之上，可以在土壤成分中进一步处理水，将回收的废水注入地下，同时为已经用作饮用水源的地下含水层补充水。这既保持了当地的水源，又稳定了地面，降低了水资源短缺以及盐水入侵的风险，同时也减少了可能引发地震断层的地下活动。这些努力非常成功，不仅降低了污染水平，而且随着人口的增长，实际用水反而减少了。

再利用的不仅仅是水。网络中的甲烷被捕获并用于发电，同时努力回收尽可能多的剩余废物。这是一项极具挑战性的任务，因为无法迫使整个生态系统的用户报告他们从下水道中流出的内容，更不用说他们如何以及何时使用网络了。

所有这些努力的结果是，运营生态系统的人感觉好像他们了解了城市的心跳。他们可以看到每天水资源的使用模式，人们早上起床时住宅区的水流量稳步增加，人们上班时水流量转移到商业和零售园区以及工业区，再到晚上返回住宅区。同样，工厂和企业的市场趋势和季节模式也变得明显。甚至公共事件和天气模式的影响也可以在整个网络中发生的其他事件的信号噪声中得以识别和理解。

所有这些观察结果都有助于更好地确定目标，更积极地应对变化，从而使意外变得越来越罕见。然后，这些知识可以反馈到城市规划、分区和许可中，帮助人们提前发现潜在问题。

10.3.2　用工具观测一个 IT 生态系统

你可以使用上一节中描述的思路来构建对 IT 生态系统的强大理解。

在我职业生涯的后期，我在一家提供各种各样的网络和互联网服务的公司工作。性能和可用性预期相差很大，例如，用户对流媒体的响应和质量问题要比 RSS 摘要敏感得多。市场之间也存在着重要的差异。没有达到这些预期，对市场声誉和利润都有着重大的不利影响。

由于面向大量的消费者，我们的许多服务也容易受到极端的"斜杠点效应"式流量峰值的影响，有时的业务流量会突然增长 1000～100000 倍。没有足够的可用基础设施和快速的反应，一切都可能迅速崩溃。然而，定购额外产能的商业理由并不充分。让这么多的过剩产能大部分时间处于闲置状态是非常昂贵的，而且由于服务性能特征会随着时间的推移而变化，甚至不清楚现在获得的产能在未来是否会有效工作。

面对这么多的变量，我们需要找到方法来更好地理解生态系统的动态。

在服务端，我们开始构建钩子，使我们能够窥探服务本身的运行状况和性能特征。我们将这些数据与其他操作工具（如日志和监控信息）相匹配，以提供各种事件将如何影响操作生态系统动态的额外线索。

我们还在开发和测试环境中放置了相同类型的工具，在这些工具中，我们查找可能导致性能问题的事件和负载配置文件。这让我们能够想出各种应对这些挑战的方法，例如传统的容量扩展、禁用各种功能，以及将某些元素设置为静态或缓存。

然后，我们开始用工具计算应对变化事件所需的时间和可变性。这包括响应事件的周转时间和准确性、更改各种服务元素的容量所涉及的时间和潜在风险、禁用或更改功能所涉及的时间和复杂性、移动和恢复数据所涉及的时间和潜在问题，等等。这给了我们一些可以用来指导投资的延迟成本的指标。

对所有这些工具来说，很重要的一点是要了解客户的期望和使用模式。虽然发现即将到来的负载峰值或衡量客户对服务的满意度从来都不容易，但我们确实找到了一些有用的线索。例如，当一些服务比其他服务使用得更频繁时，我们注意到白天有明确的时间窗口。我们还可以看到许多客户对服务表现感到失望的线索。我们还定期审查数据的质量和及时性。这使我们能够不断调整现有的资源，找到新的工具，并为此类工作设定合理准确的投资回报率（ROI）指标。

最终，对于生态系统中的动态，我们的反应变得更敏捷，我们还设法提高了总体利用率，以最大限度地提高基础设施和开发投资的价值，这种积极主动的应对方式鼓舞了我们的队伍，大大提高了团队士气和创造力。

使用工具检测交付生态系统，使其动态可观察，对于建立决策所需的态势感知至关重要。但要有效地做到这一点，需要了解哪些数据适合使用这些数据的受众，以及他们使用这些数据是为了什么。有不少数据会干扰我们的判断，例如囤积错误的数据和因准确性、及时性不足而失真的数据。通过在生态系统中构建正确的工具和审查机制，可以发现并最小化这些失真，从而使我们步入正轨。

参考文献

[1] "Health care-associated infections – an overview," US National Library of Medicine, US National Institutes of Health, 2018; https://www.ncbi.nlm.nih.gov/pmc/articles/PMC6245375/

第 11 章

工 作 流 程

学习如何观察，要认识事物是普遍联系的。

莱昂纳多·达·芬奇（Leonardo da Vinci）

工作量的不可预测性是服务团队面临的最令人沮丧的事情之一。服务中断常常会突然出现，迫使团队成员放弃一切来应对。这些可能会引发新问题，这些问题不可避免地会导致更多的计划外工作，而且所有这些工作的优先级都高于当前的任务。任何因此而延误的工作都会导致客户的失望和交付团队的沮丧。面对这种情况，谁不会感到羞耻呢？

在这种情况下，具有反应式服务承诺的 IT 团队会这么做：尽可能少地做出硬性承诺，留出足够的时间来应对不可预见的情况，并尽可能减少请求变更。通常通过填充项目承诺和使用治理流程来最小化任何变更的频率和范围，特别是那些可能导致服务中断的变更，这些变更会成倍地扩大计划外的工作量。

不幸的是，随着客户的需求不断增加，开发人员需要以更快的速度发布服务更改，这些策略不再适用。相反，团队需要找到更好的方法来了解导致变更请求和计划外工作的根本原因。他们还需要了解哪里存在潜在的危险和摩擦点，这些危险和摩擦点可能会导致工作和进度变化乃至返工。要做到这一点，最好的方法之一就是观察工作本身的流程。

在本章中，我们将探讨构建团队工作流程的最佳方法，以更好地了解工作流程在生态系统中的运行情况，工作流程的方式和位置，以及如何更好地构建这些流程，以便我们的团队能够更好地提供满足客户需求的生产服务。

11.1 工作流程与态势感知

工作不仅仅是某人必须执行的事情，还是为了满足顾客的一个或多个目标结果，必须满足的一种可信的需求。工作的创建和定义方式，以及工作在组织中流动的路线（见

图 11.1)，可以告诉我们很多关于组织团队的交付能力及其整体健康状况的信息，例如：

❑ 对目标结果的理解程度如何？

❑ 态势感知水平如何？当前条件与目标结果之间的差距有多大？可能消除差距的任何拟议行动中的风险及其来源有哪些？

❑ 交付摩擦在何处发生？会遇到多少摩擦？对其原因的了解程度如何？

❑ 如何以及如何更好地充分利用学习机会？

图 11.1　工作流程看板只是态势感知旅程的一部分

有许多有用的模式可以揭示更多关于每个主题的深层状态，以及它们如何影响团队的整体状态。衡量指标包括主动工作与被动工作的比例、完成工作项目所需的人员和团队数量，以及谁可以宣布某个项目"已完成"。有些人甚至可以探讨团队面临的常见功能障碍形式，如工作项目所经历的返工周期数、团队在给定周期内遇到的计划外工作的数量和类型，以及工作量估算的不准确性。

然而，尽管许多 IT 组织可能意识到其生态系统中的这些问题，但很少有人愿意深入调查，以揭示其根本原因，充其量都会做出一些表面的改变，以解决一些症状。

问题的根源在于大多数 IT 组织对管理工作量问题的思考方式和处理方式。让我们快速看看两种最常见的模式，看看发生了什么以及原因是什么。

11.2　通过流程来管理工作

可以说，组织管理流程团队的工作最常见的方法是采用正式的流程。这些方法通常与一些官方项目或 IT 服务管理（ITSM）方法相一致，该方法为广泛的流程提供了大量的支持材料，同时还提供了专业团队，可帮助细节上的实施。

虽然这些方法的现有流程和支持材料都很好，也很方便，但它们也有一些局限性。首先，他们倾向于让人们更多地关注流程以及如何遵循流程，而不是通过流程进行的工作帮助客户实现目标结果。我经常遇到一些团队，他们有着非常详细的变更管理流程，但在有效地管理和跟踪变更方面做得很少；结构化的事件管理过程似乎在防止未来的事故发生，但在改进它们的处理方式方面投入不多。我看到由复杂的工单支持的工具有着详细的工作流程，在构建广泛的管理报告的同时，在团队中捕获和移动工作。然而，每次我都发现，要想深入了解任何有用的工作流程模式及其原因，几乎是不可能的。

传统的流程管理带来的问题不仅如此。越来越多地，我看到敏捷团队的例会不能协调工作，也不进行任何学习或改进的回顾。

更糟糕的是，当真正的问题发生时，以流程为中心的方法的解决方案只会要求人们更加严格地遵循流程。因此，由变更引起的事件结果通常是人们将更多地关注于加强对变更过程的审查和遵守，而较少关注事件根本原因背后的动态。

这种思维方式符合传统的假设，即所有生态系统都是有序的系统，因果关系总是清晰可见的。在这样的世界中，任何失败都不是由态势感知的崩溃造成的，而是源于对流程的不充分遵守而导致的执行不力。不幸的是，并非所有生态系统都是有序系统，其原因在第 5 章中已经进行了深入的讨论。

11.3　有组织地管理工作

另一种越来越普遍的模式走向了另一种极端：避免强加任何流程。在这个模式中，团队因为拥有第一手的经验，所以被视为最适合组织工作的人。如果让他们以任何方式自我组织，并完成工作，他们一定能找到适合工作的最佳组织结构。

对于那些习惯了流程驱动管理的人来说，这种模式听起来像是一个可怕的失败配方。这种模式的主要问题不是缺少过程，而是团队很容易忘记有一个明确的反馈机制来确保信息流和跨职能的一致性。

通常沿着这条路走下去的人都是从一个小环境开始的，流程往往会阻碍工作的完成。由于每个人都很容易获得上下文和进行态势感知，只要有合适的人际关系，这种模式可以很好地运转。

然而，随着环境变得更大，保持在整个生态系统中每个活动的每个方面的领先地位将变得更加困难。因此，获取上下文和进行情境感知的能力会下降。

如果没有一些积极的机制来确保跨职能团队的一致性，团队成员往往开始在内部形成一种关注他们最熟悉的生态系统部分的观点。这种"近视"破坏了环境，降低了决策的效力。随着共享知识的机会明显减少，知识孤岛开始形成，整个团队的工作量开始变得不均衡。

11.4　黑洞任务

在管理工作量时，关注错误的焦点并不是态势感知崩溃的唯一原因。事实上，决策和交付效率降低往往是由那些经常被忽视的看似无害的模式导致的，这些模式产生了黑洞任务。

黑洞任务分为两种。第一种是只有少数人有足够的上下文信息和经验知道如何执行的任务。这些任务可能相对简单，甚至不需要太多技能。然而，如果没有足够的正确上下文信息，可能无法执行。

第二种是没有人费心去捕捉和跟踪的各种任务。这些任务可能是一次性的单独事件，或者在执行另一项更大的活动时意外出现的事件。然而，最常见的是那些看起来很小、机械的活动，它们似乎不值得记录，更不用说跟踪了。它们包括服务重启、密码重置、日志轮换、小型配置调整，以及各种代码和环境构建和清理活动，这些都是保持正常运行所必需的。如果填写工单的时间比实际工作的时间长，那么填写工单就毫无意义，特别是在团队忙碌的时候。

然而，这些鲜为人知或很少被捕获的任务会侵蚀态势感知。某个小的或者无趣的任务可能是一个重要问题的线索，或者是一项还没有被完全理解的改进需要的线索。由于黑洞任务的存在，没有机会确定是什么触发了活动的需求，更不用说执行它的好处了。黑洞任务可以隐藏危险的问题和瓶颈。由于没有这些任务的来源或数量的记录，手头可调查的信息质量和可用性会随着时间的推移而下降。

黑洞任务会夺走团队的产能。即使这些任务很小，它们也需要时间，并且可能会破坏其他更具挑战性的工作。团队成员不得不在日常工作与黑洞任务之间做出抉择，这样分心往往会增加任务切换，从而导致错误和上下文的意外丢失，使整个团队疲于奔命。

黑洞任务不可避免地潜伏在大多数服务环境中，特别是那些存在大量摩擦的环境，例如具有严格流程或难以使用的工单系统的组织。一个系统越难处理，人们就越有可能绕开它。这助长了一个恶性循环，鼓励创造更多的黑洞任务，同时创造了一个一切尽在掌控之中的假象。

对于包含多个角色的团队，如开发和运营，也是如此。在处理工作时，很容易忽略任务及其上下文的重要性，特别是当它是一个大任务中的一个子任务时，由于上下文的改变或个人观点的影响，它们的重要性可能不明显。

黑洞任务的另一个潜在来源与我们使用的工具有关。随着越来越多的交付和操作任务被埋没在工具堆中，重要的信息可能会被错过。工具系统被胡乱拼凑在一起，团队也没有投入多少时间来制定一种有效的方法，没有搭配有意义的上下文捕获和报告工具正在做什么，这个问题尤为严重。

11.4.1 学会看到行动中的脱节

即使确信自己和团队中的黑洞任务都得到了很好的控制，你在环境中检查共享情境意识的水平有多容易呢？如果你突然有能力看到所有事情的发展，会有什么改变吗？

让我们花点时间来想象一下典型的 IT 团队通常会发生什么。即使你有复杂的流程和多层的支持，最终工作也会影响团队，如图 11.2 所示。

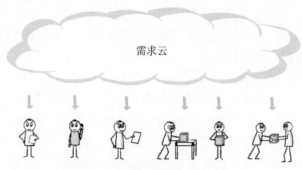

图 11.2　行动中的快乐交付团队

当一切顺利时，工作会从需求云中源源不断地降落。任务可能会以分配的工单、突然注意到的问题、运行请求或系统警报的形式出现。大多数交付团队穿透需求云的能力有限，只有在他们有足够的时间和管理层支持的情况下才能完成任务。请求的紧迫性和被另一个更紧急的项目被打断的现实可能性鼓励他们尽快完成任务，有时单独完成，有时与其他人合作完成。

不可避免的是，有时会发生一些事情，会带走一个团队成员离开当前的工作，如图11.3 所示。我曾有过类似的经历，有时这是一项特别困难或不明确的任务，有时它可能是团队成员和其他人之间来回往复的"回旋镖"，或者是一个比最初预期的大得多的任务。不管原因是什么，现在有一个工作项正在消耗至少一个人的时间和精力，而且不会消失。这就好像一个板条箱突然压在了你身上，阻止了你的移动。

图 11.3　意外的中断

在仓库里，人们通常会冲过去帮助你。不幸的是，在 IT 行业，这类事情很少如此明显。即使有人碰巧注意到了，很多时候被困的队员也会发出信号表示他们没事。作为 IT 专业人士，我们倾向于指出这只是糟糕的一天，会像其他所有的一天一样努力度过这一天。我们甚至欺骗自己，经常在板条箱下面蠕动，想"我能做到！"图 11.4 说明了问题是如何开始失控的。

我们都知道，这种方法的问题是工作一直在进行。如果我们特别不幸，它会开始堆积在被压住的团队成员身上。只要这个人被困住，情况就会继续悄悄地恶化。

图 11.4 开始失控

从管理的角度来看，似乎没有任何问题。团队的其他成员可能会继续快速完成工作，即使他们中有相当大比例的人碰巧陷入同样的困境。当一个明显的约束出现时，就会出现问题，例如一个大事件或一个版本完全占用了一个或多个团队成员的资源。如果团队特别不幸（比如事故、疾病、休假，甚至有人离开了公司），那么问题就会更严重，如图 11.5 所示。

图 11.5 局面完全失控

由于产能已经有限，团队不得不努力维持局面。如果团队成员真的离开了，任何未共享的知识都可能永久丢失。如果他们正在悄无声息地执行黑洞任务，而其他人恰好没有捕捉到或理解它们，那么这种情况就特别危险。这可能会在团队中留下一个巨大的漏洞，导致工作丢失或被忽视。许多人经常把这称为"卡车计数为零"。

工作量仍在源源不断地涌入。现在被困工人的工作本应该早就完成了。一旦错过了最后期限，依赖于这些期限的活动就会产生连锁反应，可能会让客户心烦意乱地抱怨。随着这些问题在管理链中逐步升级，管理者可能会决定让其他人停下他们手中的工作，去推动停滞的工作。当然，这将进一步降低产能，对剩下的员工造成进一步的干扰，他们将不得不奔波于各种任务之间，只是为了跟上进度。

过去由离职员工默默处理的工作将开始堆积起来。任何经历过这种情况的人都知道，这些工作项最终将朝着两个方向之一发展。如果团队足够幸运，这项工作将由某个有能力处理的人悄悄完成。另一条路则通往黑洞。

由于实际上是不可见的，进入黑洞的工作项将溃烂，悄悄"侵蚀"服务的运营。不可避免的是，失败或升级将导致它们被发现，从而增加了工作量。有人设法防止落入深渊的那些工作项被抛给剩下的团队成员。如果对工作量及其价值没有充分理解，那么改变的可能性就很少。增加的工作量导致更大的压力。除非需求减少或能力显著增加，否则当团队被问题压倒时，士气将会恶化。

即使在最普通的情况下，脱节也经常发生。不幸的是，IT 工作量在本质上是难以可视化的。管理者和团队成员一样，很少能有效地看到实际的动态，更不用说利用这种洞察力来更好地管理工作，提高优先级，或有效地投资。

11.4.2　通过构建上下文解决脱节

如果态势感知如此重要，我们如何才能找到更好的方法来捕获、可视化和理解我们的工作流程中正在发生的事情呢？

第一步是了解上下文信息如何在组织中流动。有效的信息流是必要的，以确保有正确的上下文信息，让我们保持必要的态势感知，从而做出有效执行工作所需的准确决策。

一个有用的起点是查看信息在整个交付生命周期中如何快速、准确地在工作人员和相互依赖的团队之间传播。信息传播缓慢或失去上下文常常出现在需要让管理者或个人参与沟通，协调团队和工作的时候。另一种情况是团队依赖不同的沟通媒介。例如，使用不同的工单系统将相关活动拆分为不同的部分，这些部分在整个生命周期中不明确相互关联或暴露给其他团队，这可能特别危险。

人与人之间的沟通不畅，或团队之间的糟糕沟通流程，会使上下文共享变得特别棘手。很多偶然的交流，无论是在走廊上还是在午餐时，不仅可以帮助个人分享信息，还可以通过观察对方对各种情况的反应，偷偷地了解重要的情况。

沟通方法也很重要。员工可以采取多种形式，从电子邮件和口头对话到问题跟踪工单、幻灯片、文档和视频。每种沟通方法的目的都是捕获并传递信息和上下文。每种方法都有自己的优点和缺点。诀窍在于不仅要了解每一种方法的优缺点，还要找到一种方法，使那些缺点可以在某种程度上最小化，来支持信息流动的方式。

例如，为了避免电话会议的短暂性和不可追踪的特性，团队经常将口头交流转移到像 IRC、Slack 或 Teams 这样的聊天室，在那里，不仅每个人都能了解正在进行的事情，而且交流内容可以很容易地捕获和保存。电子邮件也容易丢失、被误解或无意中漏掉收件人，这种上下文丢失可能导致混淆或错位。更有效的团队倾向于将相互链接的聊天、wiki 和工单结合起来。甚至像演示和会议这样的事情都可以被记录下来，并在内网上发布，以供将来参考。

为了维护上下文，还有许多跨通信媒介链接和交叉引用信息的方法。例如，聊天机器人可以捕获和传递构建、测试和生产运行状况信息，也可以捕获聊天对话并将其发布到wiki。将问题跟踪的 ID 链接到代码存储库签入、构建、测试运行和部署中，可以方便地交叉引用整个活动生命周期中的相关工件和事件。

花时间将正确的方法落实到位，以确保信息流动并共享上下文，不仅可以防止团队之间脱节，而且可以防止新成员、远程成员和度假成员与其同事之间脱节。

11.5　可视化流程

如前所述，在动态变化的环境中，如何成功地协调一群人之间的活动，并不是只有 IT行业面临的问题。几十年来，制造商一直在努力调整人员、原材料、供应商和机器。他们受到各种各样的困扰，从机器故障、设计缺陷、资源瓶颈、供应商问题，到客户对定制解决方案的需求。对于当今的制造业而言，自上而下的指挥和控制流程管理，可能会导致大量有缺陷的产品产生而破坏企业。

为了克服这些挑战，精益制造商提出了一个视觉信号系统，使现场人员能够快速、无损地分享态势感知。工具和零件的设计旨在确保当它们没有正确组装在一起时显而易见，而工位、工具板、机器和手推车的组织方式不仅是为了方便工人完成工作，还可以提醒工人以正确的方式使用它们。精益制造商还提出了一种非常有用的物流控制技术——看板，以确保在正确的时间、正确的地点放置正确数量的零件。

就像你可能在超市显示器后面看到的"提醒我"卡片一样，当额外的材料准备好被带到或"拉"到工作站时，看板会通知上游供应商。通知的方式有很多，例如提供给工作站的材料中的物理卡片和特殊颜色的容器，它们被用来提醒上游供应商分配出足够的时间在所有剩余材料耗尽之前重新进行补给。

看待看板的最佳方式是将其视为从工作流程的末端拉出的箭头，如图 11.6 所示。在制造业中，工作流程的末端通常是客户所在的地方，因为是客户创造了需求。

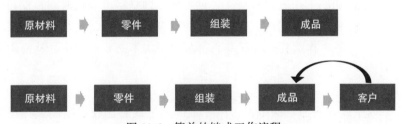

图 11.6　简单的链式工作流程

当上游工作站耗尽其部件供应时，会出现一张提示"需要补充"的卡片，并被发送到上游的供应商，提醒他生成和发送下一批部件，以此类推，如图 11.7 所示。

每个工作站都需要保留足够的资源，既要满足需求，又要给它所依赖的站点留出足够的时间来应对供应。

图 11.7　卡片往链式工作流程的上游走

虽然这听起来很简单，但当与 Andon（一种用于警告工作站有问题的信号）结合使用时，这种技术提供了一种相当复杂的遥测形式。这极大地改善了沟通流程，以确保有足够有效的共享态势感知，从而在整个制造过程中保持可持续的流程。使用这种技术，在其直接下游客户提出需求之前，工作站不会开工。卡片会准确地告诉上游供应商下游客户需要什么，并在客户需要的时刻准时到达。这意味着卡片在工作流程中的位置能够告诉我们每一步的周期时间、吞吐量，以及整个供应链中的潜在瓶颈。

大卫·安德森（David Anderson）将这种技术的一种变体用于软件开发。安德森使用卡片来表示工作项目，并使用一个简单的卡片来表示每个工作项目的状态。这种方法的简单性和视觉特性有助于人们在工作过程中看到工作的状态和流程，方便工人和利益相关方亲自了解实际情况。由于人们的工作方式没有什么重大的改变，阻碍实施的潜在障碍很少。

因此，中断驱动支持和以运营为中心的组织越来越多地采用看板的方式来改进任务和交付工作流程的管理。这一技术已广泛地应用于多个行业。

然而，由于技术如此简单，许多人试图创建不必要的复杂流程和规则，并在这个过程中失去了对其实际目的的跟踪。为了帮助你避免陷入同样的境地，下一节将提供一些使用工作流程看板时需要掌握的重要基础知识。

11.5.1　工作流程看板的基础

要想创建一个成功的工作流程看板，最重要的原则是尽可能长时间地保持流程看板上的一切都是简单的。复杂性，无论是构建复杂的状态栏和泳道，还是在真正了解工作流程之前投资你认为的最终工作流程软件工具，都只会增加不必要的噪声，从而阻碍我们进行态势感知。

从以下内容开始：

❑ 白板、墙壁或大块白色的纸，可以在上面用笔或彩色胶带绘制或标记线条，用作看板。

❑ 卡片或便利贴 / 便笺，可以贴在看板上。

看板的尺寸需要足够大，以适合所有的卡片，所有卡片都是可见的。除非团队规模很大，或者在任何给定的时间内都有数百个任务在进行，否则大约几米长、一米宽的看板应该足够了。你可以根据需要调整看板大小。图 11.8 说明了简单的看板。

图 11.8　简单的看板

11.5.2　状态列

工作流程看板通常有许多列，如图 11.9 所示。每一列表示任务的当前状态。

就绪	进行中	完成

图 11.9　状态列

列的数量应该尽可能少。人们倾向于去考虑各种极端的情况，在这些情况下，额外的列可能是有用的。但是请记住，一开始，复杂性是你的敌人。它会使模式变得模糊，从而使你无法看清真正发生的事情。只有当你能够证明大多数（如果不是所有）使用该看板的人都会经常使用这些列，并且这些列体现出显著的有形价值，而不是增加看板复杂性成本的时候，才应该添加额外的列。

大多数看板从"就绪""进行中"和"完成"这三个列开始，从左到右依次排列。这种简单的布局适用于绝大多数情况，几乎没有变化。"就绪"列包含等待处理的项目，"进行中"列包含当前正在进行的工作，"完成"列包含了已完成的项目。

包含整个交付周期的看板以简单的看板为基础，它有包含每个阶段的"进行中"和"就绪"的列。结尾只有一个"完成"列。在流程中完成的工作只是从上一个阶段的"进行中"列移动到下一个阶段的"就绪"列，例如，从"开发进行中"列移动到"测试就绪"列。图 11.10 展示了包含整个交付周期的工作流程看板（开发、测试和部署栏）。

开发就绪	开发进行中	测试就绪	测试进行中	部署就绪	部署进行中	完成

图 11.10　包含整个交付周期的工作流程看板

11.5.3 运营的状态列

运营工作有其特有的阶段，这些阶段与典型的软件交付工作有着根本的不同，因此会影响看板的布局。运营专用看板有时需要添加一些列。第一个是"预认证"列，位于"就绪"之前的最左侧。

"预认证"列旨在处理与任务相关的许多常见质量问题。例如，像"迁移数据中心"这样的任务太大，太不透明，没有帮助。这些任务需要被分解成更小的，更易于管理的模块，然后才能进入"就绪"列。类似地，一个显示为"给服务器打补丁"的任务不会告诉你哪里出错了，它是否紧急，甚至它是否是一个生产问题。"预认证"列不仅有助于将可能破坏流程的垃圾排除在"就绪"列之外，而且还提供了一个位置，让我们可以将工作分成合理大小的部分，同时收集足够的信息来了解其优先级和需要做什么。

"预认证"列还可以有用地指示任务质量问题的严重程度。大量被拒绝的任务，或者似乎需要数周时间来整理的项目，可能意味着上游存在脱节，需要进行调查。当你设法解决问题的根源时，你可能会发现该工作流程需要中止。图 11.11 演示了一个带有"预认证"列的工作流程看板。

预认证	就绪	已排期	进行中	完成

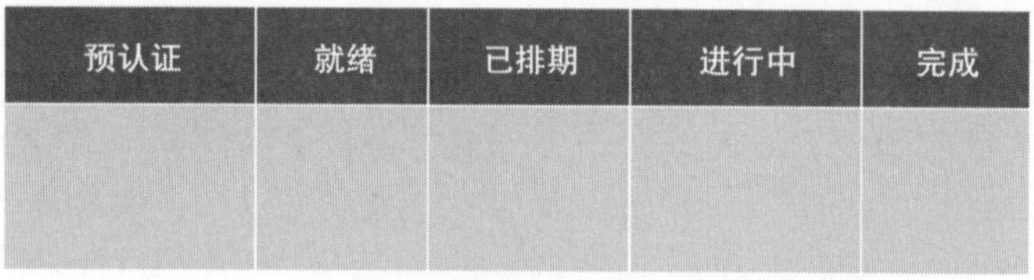

图 11.11 带有"预认证"列的工作流程看板

在图 11.11 中，"已排期"列用于需要预定开始日期的工作，例如维护事件，以协调资源并与业务和变更需求保持一致。"已排期"列通常包含一个带有日期和/或时间标志的主项目，以及所有需要在该时间内完成的相关子任务。"已排期"列的规则是，所有的工作都已经检查过了，并且已经具备了执行的条件。

"已排期"列对于资源调度非常有用。我们可以根据它方便地主动发现大量的工作高峰，让团队有机会对工作重新进行安排以减少工作量。

如果计划的事件很少，或者只包括少量的任务，所需资源很少，协调也很少，则可以取消"已排期"列，改用颜色编码的任务卡片来指示事件的特殊性质。自动化、隐式启动和功能切换等实践也有助于消除对"已排期"列的大量需求。

11.5.4 泳道

工作流程看板的另一个配置选项是引入水平行，有时称为"泳道"，如图 11.12 所示。

泳道通常用于将工作划分为不同的服务类别。这样做是为了使非常特殊的工作类型可以通过专用通道从视觉上与其他工作分离。将泳道视为团队瓶颈的视觉表现是最好的方式。

每条泳道都会降低团队内部的能力和灵活性，从而造成资源孤岛，不仅会导致团队内部的错位，而且会使团队的整体工作变得模糊不清。泳道越多，瓶颈越多，重要的工作越有可能陷入瓶颈。

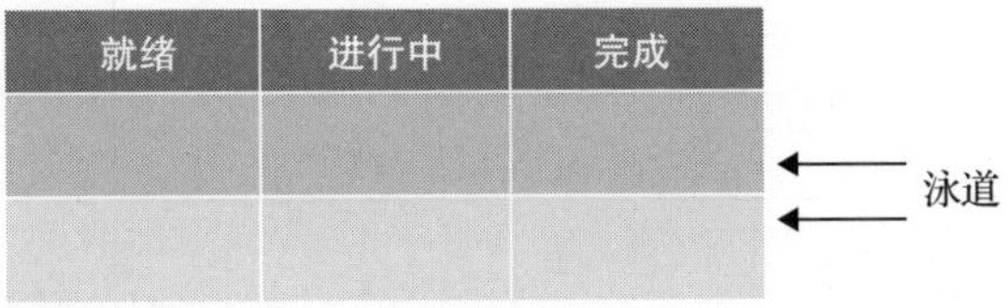

图 11.12　泳道

因此，将泳道数量保持在绝对最小值是有益的。大多数团队发现，他们可以使用不超过两条泳道，一条用于正常工作，另一条用于需要加速的项目。快速泳道用于非常重要的工作，需要放弃所有其他工作来处理它。这些重要的工作项目在没有通知的情况下突然出现，如果不立即采取行动并解决，可能会严重损害业务。很少有项目应该放在快速泳道中，而且当有事情发生时，不应该放很长时间。快速泳道在组织上成本高昂且具有破坏性，因此只能谨慎使用。

一个加急项目应该在项目处理后立即包含一个用于改进的回顾评审。这是一个很好的方法来找出为什么该项目被加急，并弄清楚是否有任何方法来防止它在未来再次发生。如果同一事件发生不止一次，则需要升级问题。将一个发生多次的任务升级，不仅可以阻止其他人滥用该列，将自己的工作排在其他人的工作之前，还可以确保高级管理人员意识到问题，从而帮助支持需要采取的任何补救措施。这种严谨性不仅有助于找到解决方案，消除不必要的加速项目，而且还有助于每个人认识到一个项目对中断流程的影响。

避免建造泳道高速公路

团队的一个常见的问题是建造大量的泳道。最常见的原因是将工作类型分成了不同的类别——例如，将 web 服务器和后端工作分开，或将数据库和网络任务分开。这对缺乏灵活性的专家角色尤其有吸引力，有时，团队会为团队中的每个人创建一条泳道。应该强烈反对修建大量的泳道，因为这很容易造成内部瓶颈和功能障碍，而收益甚微。

考虑下面的实际示例，以便更好地理解这个问题。假设你需要向客户交付一个新的应用程序或服务，该应用程序或服务需要设置网络、存储和数据库等基础设施服务，以便在其上运行。许多人会倾向于将这些任务分解成如图 11.13 所示的看板。

这种布局似乎很合理，但有两个非常明显的问题：

❑ 不同部门之间的工作不平衡：如果每个部门都有不同的人，被困在处理应用程序工作的人可能会发现自己不堪重负，而存储团队则无所事事。即使存储团队去帮助应用程序团队，当他们的泳道中出现一些任务时，他们是否应该放弃自己的应用程序工作？

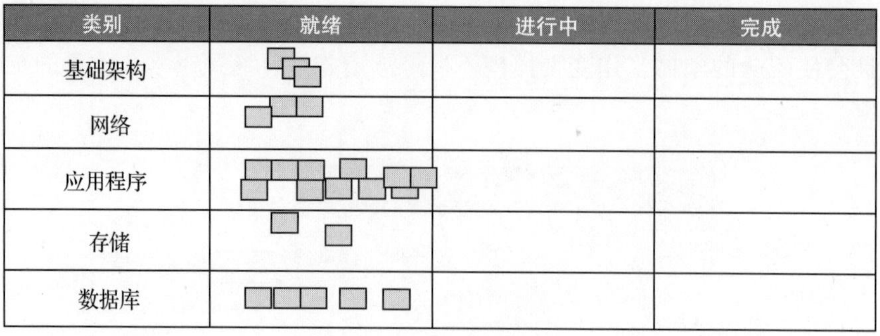

类别	就绪	进行中	完成
基础架构			
网络			
应用程序			
存储			
数据库			

图 11.13　实际示例

❑ 如何处理跨泳道的依赖关系？这个问题更具挑战性。例如，每个人都可能依赖于在他们开始工作之前完成的基础架构卡片。应用程序、数据库和存储之间可能存在更复杂的流，其中的相互依赖关系错综复杂。这导致泳道的优先权和卡片顺序不再清晰。管理这一局面不仅变成了一场噩梦，而且看板本身的价值也受到了严重限制。

如果工作类别对你来说很重要，你最好从一个有两条泳道的简单传统看板开始，并使用彩色卡片。这样，排序和依赖关系可以放在同一条泳道中，减少了混乱。此外，将每个人都放在一条泳道上，会减少团队内部出现"我们 vs 他们"心态的可能性。

这并不是说你永远不应该增加泳道。尽管这样做很少有意义，但如果确实引入了额外的泳道，必须警惕地监控整个工作流程，以查看泳道是否在不引入功能障碍的情况下实现了你的目标。如果确实增加了另一条泳道，你应该在增加泳道的同时附上一份行动计划，用于改变需要增加泳道的条件。这可能包括交叉培训、自动化或简单地削减工作量，可以让你在未来灵活地移除泳道，以防泳道引发问题。

11.6　任务卡片

任务卡片通常是一张 3 in × 5 in 的卡片或用来写任务的便利贴。任务卡片应该包含某种识别信息、帮助跟踪周期时间的创建日期，以及可能的任务简短描述。根据卡片所代表的任务类型对卡片进行颜色编码是非常有用的。从特定的产品或项目流程到工作或技能类型，可以通过多种方式对任务卡片进行分类。常见的配置是按"项目""维护""生产更改"和"请求"等类型进行颜色编码。

如前所述，任务应该被分解成大小合理、逻辑合理的块。最理想的情况是，大任务应该被分解为一天之内就能完成的小任务。为什么是一天？在运营的世界中，活动的节奏相当快且不断变化。那些不能在一天内完成的工作往往会被打断，然后被放到更紧急的任务中去做，造成任务的延迟，而让部分已经完成的工作闲置。此外，更大的任务往往会卡在看板上，这降低了进展的感觉，让人沮丧，导致人们要求更新卡住的项目状态，这是一种非常常见和讨厌的中断形式。

你可能会发现，大多数运营任务都非常小，任何人都可以在一天内处理好几个。然而，如果发现事实并非如此，就应该深入了解原因。有时可能会发现自己的环境变得如此复杂并难以在其中工作，以至于你有可能对业务完全失去了响应。在这种情况下，寻找降低环境和任务复杂性的方法势在必行。这可能包括精简或消除的技术和组织上的摩擦。

在创建任务时要考虑的另一件重要的事情是，通过回答以下问题，确保有从活动中学习的能力：

- ❑ 我们为什么要这么做？
- ❑ 有什么方法可以改善它或让它消失吗？
- ❑ 是否清楚背后的目标条件是什么？
- ❑ 它是否揭示了一些我们需要进一步调查的问题？

除非是特别有价值的信息，否则不应该把任何这类信息放在卡片上。卡片的目的更多是为了以后的评审和改进活动。

11.7　计数看板

对于工作流程看板来说，必须为微小的任务创建一张卡片仍然是一个问题。即使人们以某种方式认可了微小任务的价值，大多数团队还是会发现摩擦太大。

为了减少这种摩擦，应该考虑创建简单的计数看板，每个完成的任务都会成为该看板上的一个简单标记，如图 11.14 所示。你可能有一个看板用于应用重启，另一个用于密码重置，等等。该看板可以像任何人都可以添加到工作流程看板旁边墙上的一张纸一样简单。如果使用软件工具，你可以创建一个简单的网页，其中包含一个按钮，该按钮可以立即创建和关闭特定任务类型的卡片。

图 11.14　计数看板示例

在周末的时候，可以将计数看板收集并累加数字。数字可以帮助进一步的调查或评估事件。增长趋势可以提供即将到来的麻烦的早期迹象。最常见的结果是，团队和管理层都对他们必须处理小任务的频繁程度感到惊讶。

拓展：存在各种问题的看板

我经常遇到这样的团队，他们在尝试推出工作流程看板时，把自己弄得一团糟。这通常是由相同的问题造成的，无论是太多的列、太多的泳道、低质量的任务、较差的看板可视性，还是较差的进行中工作管理。然而，有一个团队让我印象深刻——他们拥有了所有这些问题。

这个团队开发、测试并运营内部构建的软件。他们决定创建一个看板来捕获团队执行的所有工作，从设计、开发、测试和发布，以及运营支持活动。尽管团队成员都在同一间办公室里，他们还是买了一个电子化的工具，原因是它能方便人们居家办公。当管理层开始担心这种"看板上的东西"已经进行了一段时间，但似乎没有什么作用时，我们就加入了进来。

我的发现令人吃惊。虽然有些团队成员身兼数职，但每个人倾向于专注于一种特定类型的任务。他们决定创建一个看板，每个队员都有自己的泳道。然后他们创建了很多很多的列，包括了几个用于设计任务的列，一个用于开发的列，一个用于构建的列，一个用于每种类型测试的列，还有几个用于各种运营任务的列。任务会被项目经理推到看板上的某个随机列中，然后在不同列之间向不同方向移动。一个任务多次重新进入同一列，或者卡在一个地方，连续几周没有明显进展，这是很常见的。当需要把任务交给另一个人时，工作就会在泳道之间来回跳跃。虽然该团队试图在每个泳道的每个栏中设置在制品数量的限制，但大多数泳道都有大量在制品分散在几个列中。最糟糕的是，这一切都发生在电子工具允许的黑暗空间中。

尽管我想将整个看板推倒重来，但我需要确保团队明白自己陷入了多么糟糕的境地。我首先找到了一种方法，向他们展示当前的看板——由 19 个列和 15 条泳道构成的看板。这比听起来要难得多，软件只是我们面临的众多问题之一。

图 11.15 说明了简化前的工作流程看板，图 11.16 为简化后的工作流程看板。

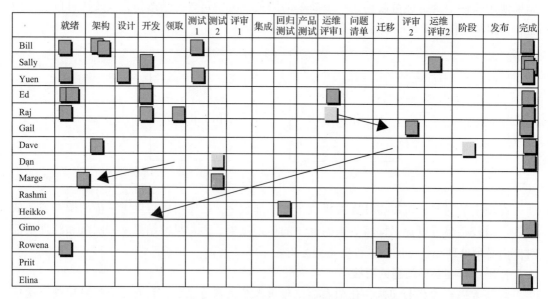

图 11.15　简化前的工作流程看板

一旦实现了这个目标，团队就转向了一个非常简单的物理看板，有三个列和两条泳道。任何时候，任何人想要增加一个列或泳道，他们都必须写一份提案，详细说明增加这个列或泳道将给整个团队带来的好处。这些好处必须是明确和可衡量的。任何时候，在额外的列或泳道之间来回循环的工作，都会受到惩罚。

在创建任务方面，我们商定了一个最大的工作量大小，允许工作更容易地在看板上流动，而不引入太多的开销。我们还制定了一条规则：所有的工作都必须从看板的左边开始，任何任务都不能由分配任务的人移动到任何一列。

就绪	进行中	完成

图 11.16　简化后的工作流程看板

这些改变产生了立竿见影的效果。整个团队的工作量和工作类型突然变得更加明显。团队开始对分配给他们的任务有更多的自主权，能感到工作在流动。虽然团队偶尔会在这里或那里添加一列，但他们仍然保持看板非常简单，最终帮助团队中的每个人。

11.8　看板的使用方式

看板本身的使用方式很简单。每个团队成员抓取"就绪"列中的一个他们准备处理的工作项，并将其移动到"进行中"列。然后，他们执行任务。当任务完成时，他们将工作项移动到"完成"列，在任务卡片上标记工作完成的日期。然后，他们在"就绪"列中抓取下一个项目，重新开始整个过程。

在某些情况下，任务可能会直接进入"进行中"列。这些通常是重要的加急任务，或者更有可能是处理任务的人注意到并希望快速记录和处理的不可预见的项目。虽然重要的任务不应该在"就绪"列中等待很长时间，但更重要的是，任务不要被承担任务的人以外的人推到"进行中"列。推送任务可能会导致不必要的中断和构建工作。

看着任务在看板上移动令人满意而惊讶。在"完成"列中看到已完成的工作，既能让团队感觉到工作正在完成，也能让团队直观地了解他们正在做的工作。由于许多任务最终都很小，因此预计合计起来的工作量不少。看板也是一个很好的公共关系工具，可以帮助其他人了解正在发生的事情和已经发生的事情。它使团队能够提高他们对客户的感知反应能力，发现团队不堪重负的时刻并加以化解。由于大多数 IT 工作通常是看不见的，所以看板可以很好地直观反映真实发生的事情。

11.9　两个问题

工作不可避免地会被困在"进行中"列中。这可能有各种各样的原因。有时工作会受到外部依赖的阻碍，有时项目比最初出现时复杂得多，花费的时间远远超出预期。人们也可能被其他工作或生活问题打断，导致任务受阻。然后，偶尔会有一个加急项目，它会迫使工作暂时停止。看板的力量在于，所有这些事件都应该产生一种让大家都能看到的明显效果。

我采用了一些技巧来应对这些突发事件，以保持看板的运转。首先是跟踪任务周期时间。通常这是显而易见的，一张卡片或多张卡片在一个地方。但是，如果有大量的工作要处理，你可能需要考虑在工作项进入"进行中"列时进行标记。在任务移动到"进行中"列和再次移动到"完成"列的时候，通过时间戳，即使只是在日期粒度上，你也可以发现那些在工作流程中花费的时间比正常情况下要长的任务。这可以为诊断和解决环境中存在的问题提供线索。如果怀疑某些任务长时间停滞，那么你可能还会发现，注意项目首次到达"就绪"列的时间是有价值的。

另一个常见的挑战来自阻塞的任务。阻塞的任务一直发生在运营活动中。经常会有具有外部依赖性的任务，包括等待新的软件构建、加载数据或供应商交付硬件等。阻塞的任务在核心流程中造成了微妙而严重的破坏。了解阻塞的任务何时发生及其发生原因是非常重要的。阻塞的任务可以用鲜艳的颜色标记，比如在物理板的顶部贴一个霓虹色的便利贴，或者在电子看板上做一个可见的高光标记。这些会使阻塞的任务突出，引起注意，有助于消除障碍。

有些人可能会想把任务移到"阻塞"列进行保持，以便清理"进行中"列。他们经常觉得这样可以使阻塞的任务更加明显并便于搜索。这甚至可能是不可避免的。

这个额外的列的问题是增加了可视化的复杂性。虽然这样可以很容易地看到阻塞任务的数量，但是你可能会错过关于它们状态的重要细节。它们是已经完成了一部分还是还没有开始？阻塞任务很容易在其中一种或两种情况下发生。更糟糕的是，你将不可避免地看到阻塞的任务在列之间来回移动。这打破了一个常见的看板规则，即任务应该很少在看板上前后移动。在看板上循环上下移动的任务会给人一种错误的印象，即正在完成的工作比实际情况更多。它还打破了任务的连续性，这可能会使人们更难发现工作之间的依赖关系和顺序。图 11.17 说明了这个场景。

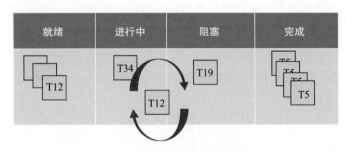

图 11.17　阻塞列的状态混乱

如果你使用的工具无法向任务添加阻塞状态标记，则需要高度关注并仔细监视"阻塞"列。这是为了确保每个人都了解情况，以防止任务闲置，并获得帮助以快速清除任何障碍。

11.10　限制进行中的工作

忙碌的团队经常面临大量未完成的工作。工作流程看板将捕捉这些工作，使每个人都能看到。在精益的周期中，这被称为在制品（WIP）。

导致 WIP 出现的原因有很多。最常见的原因是响应性工作或具体工作不到位而导致的任务切换。通常，团队在活动的中途中断，会导致一个团队被另一个团队放弃。有时，当工作项目在团队之间来回传递时，或者在等待工作完成时，团队成员会尝试多任务处理。如果工作的具体情况特别糟糕，有些人甚至可能会发现，他们已经开始了一项任务，但却不得不把它"踢"回去，以便在重新开始之前明确任务或清除大量依赖关系。

少量 WIP 是不可避免的。当 WIP 失控时，它会破坏团队的工作流程。不仅工作被搁置的时间远远超过了应有的时间，WIP 的完成日期也开始变得越来越不可预测。随着 WIP 堆得越来越多，看到和理解正在发生的事情变得越来越困难。所有这些都会让客户紧张，最终导致更多的工作中断，同时给团队带来不必要的额外压力。

为了解决这个问题，许多团队使用的一种策略是在任何给定的时间对"进行中"列中的工作量进行限制。这些 WIP 限制用于减少任务切换和部分完成的工作项。有些团队甚至限制每人只能处理一项工作，从而完全消除了多任务处理的可能性。

监控 WIP 的数量非常重要。合理的 WIP 限制既有助于保护工作流程，也有助于防止团队成员在多项任务之间切换。这可以帮助团队避免承担比他们能够合理完成的更多的工作。

然而，过于严格的 WIP 限制确实会带来一些重大风险，尤其是在非常动态的运营环境中。许多运营任务本质上都很小。当一个人同时监视一个长时间运行的任务而没有遇到任何问题时，处理几十个 5 ～ 10 min 的任务并不罕见。在不了解生态系统动态的情况下，强制执行严格的 WIP 限制可能会导致更多的功能障碍，无论是不记录正在完成的工作，还是创建另一个团队部门来完成日常任务。如此严格的 WIP 限制可能产生的其他问题包括让工作重复改变状态或被分解成不必要的小块，所有这些都是为了绕过限制。

在运营环境中保持态势感知远比限制 WIP 更有价值。我倾向于在注意到有问题的模式之后才设定 WIP 限制。我经常发现，很多时候只是为了限制而限制，而不是为了帮助整个团队。

11.11　工作流程看板的局限

工作流程看板是一个非常重要的工具，但在快节奏、动态的环境中，单靠工作流程看板是不够的。如果没有更多的帮助、结构和机制来共同更好地理解正在发生的事情，工作将继续在各地流动，混乱将继续。你还需要考虑其他问题，包括如何使整个交付生命周期中的每个人都保持一致并同步改进，以及如何最好地处理交付和运营工作之间的差异。忽视这些因素的改善往往微不足道。

11.11.1　管理看板

　　要克服的第一个重要挑战是找到保持看板和工作流程的方法。虽然看板看起来很简单，但仍需要某种监督，以确保任务正确进入工作流程，并且不会在此过程中停留太长时间。这不仅包括防止优先级错误的工作插队，还包括确保任务的大小和清晰度。没有这一点，看板可能会变得混乱或无法准确地反映正在发生的事情。

　　也应该有人定期端到端地查看工作流程看板，以确保整个团队都能捕获和理解上下文信息和微妙但重要的活动模式。虽然管理者可以提供帮助，但最好将此活动作为队列大师的轮换职责推到团队中。队列大师这不仅可以比团队经理更有效地完成这些任务，而且可以帮助防止工作流程恢复到推送模式，同时加强问题的管理升级路径。第 12 章详细地解释了队列大师这一角色。

11.11.2　管理流程并改进

　　团队需要同步机制的自然节奏来修复任何对齐问题，互相学习，并进行改进。工作流程看板本身并不能单独完成这项工作。必须通过建立专门用于此目的的定期同步机制来支持。没有同步点，团队成员不可避免地相互脱节，产生冲突、困惑和返工。

　　另一个相关的问题是工作流程看板仅仅关注流程，使得项目相关的活动如何适应日常流程变得不清楚。虽然这些项目可以像任何其他任务一样放入看板中，但调度和依赖管理并不是完全直接的，对于同时处理多个项目和版本的大型团队来说尤其如此。

　　通过交付团队管理工作流程的最佳方式是优化共享态势感知和团队学习。最好的方法是使用可视化的工作流程看板，以显示系统中的工作流程。这使团队能够看到可能造成的瓶颈或使团队超负荷工作的趋势。注意关注通用流程和"最佳实践"的工作管理方法，因为它们倾向于制造失真，从而隐藏信息，减少学习，并导致流程冲突，从而鼓励人们在流程之外工作以实现目标。虽然黑洞任务也很危险，但它们需要的工作量比创建一张跟踪工单所需的工作量要少。如果不主动关注并捕获这些任务，可能会隐藏问题和需求，这些问题和需求会以难以解决的方式消耗团队资源。

　　看板等工作流程的技术有助于提高工作的可见性和态势感知。这也是发现并消除瓶颈和单一故障点，以及学习和改进的一个好方法。

队列大师

只有跳出条条框框，才能看清全局。

萨尔曼·拉什迪（Salman Rushdie）

在多变的技术环境中，很难掌握正在发生的所有情况。任务琐碎且无序，目标也不清晰。和周围环境的互动，加剧了这些混乱，让人无法看清系统中正在发生的事情。

把工作流程可视化能减轻这种混乱。不过，仅利用看板或其他工作流程工具，是远远不够的，团队处理任务需要了解丰富的上下文信息，才能避免错误、冲突和返工。

有些观点认为，管理者就能解决这些问题。但是，管理者不是基层工作人员，不能完全了解实际工作，从而不能掌握足够的背景情况。如果管理者处理所有具体工作，将严重挤占他们处理其他重要工作的时间，比如与宣传团队和与其他部门沟通。另外，这样做还会引入更多的管理层级，进一步增加沟通成本，影响信息传递的有效性。

由此，只能是基层工作人员处理这些问题。不过他们需要对计划外的工作确定优先级，并解决阻碍任务进展的问题，以保证工作顺畅。但是，他们并不具备这样的能力。这就需要一种能帮助团队每个人了解实际情况的策略。通过创建队列大师可实现这个策略。

队列大师在服务交付团队中以不同形式出现，使团队能在高速运转和快速响应需求之间取得平衡。计划外的项目或工作内容越来越多，团队对这些工作进行适当的分类和优先级排序的挑战也越来越大。

比如，团队成员经常感到工作超负荷，这对吸引和留住人才产生不利影响，会导致服务质量下降。再比如，建立总服务台、分层支持、聘请协调经理或项目经理等，但这些方法的效果也不尽人意。通过采用队列大师可有效解决上述问题。

12.1 角色机制

1. 轮换

队列大师的重要职责是在团队成员之间轮换，最好每周轮换一次。

这种轮换，让每个人都有机会暂时放下日常工作，了解整个服务交付生态系统的方方面面。角色轮换还可以帮助团队中的每个人真正看到并欣赏其他团队成员贡献的知识和努力，也可为他们提供需要的帮助。这有助于建立团队的纽带，促进进一步的合作。

通过队列大师角色轮换，每个人给这个角色带来了不同视角，以便更及时地发现隐藏的问题并找到解决方案，轮换还可提升团队效率和增强团队灵活性。人们对生态系统看法的转变会促使人们质疑现状并改进。

2. 入口管理

考虑到效率，队列大师需要对来自其他团队的请求到团队内部工作进行入口管理。这种入口管理有双重意图，一是确保工作的清晰度和优先级，二是捕捉可能被遗漏的跨组织的细微差别。

通过入口管理可跟踪所有工作，并消除了任何可能会错过某些假设的可能性。它还可以确保将任务分配给适合的团队成员，防止团队工作受到干扰和设置错误的优先级，并充当了快速过滤器，防止无用错误进入工作流程。

通过队列大师进行任务分配应该尽可能简洁明了，且尽可能地让需求方撰写并提交任务。如有必要，队列大师可以跟进并补充缺少的信息。这样减少了信息的丢失。

入口管理有助于预防工作流堵塞，至关重要的紧急的任务会始终在"加速"队列中，但需要为其他优先级低的重要任务提供背景信息，并整体上重新排序。

防止团队在拒绝任务时做无用功的最佳方法是主动创建、积极调整模板和示例，告诉需求方至少要提交哪些内容，请求才会被接受。这将有助于减少挫败感和返工。团队还需要为其他团队提供培训和宣讲，以减少如"服务不可用，请修复""需要安装软件"等无用请求。

3. 发现依赖关系和排序冲突

在服务交付过程中计划外的工作常常会出现，项目经理、团队负责人、架构师等可能并不知晓，而他们却可以发现隐藏的依赖关系和排序冲突。为了解决这个问题，队列大师会定期排查此类问题，主动帮助团队避免不必要的流程阻塞或返工。另外，队列大师还可以捕捉到经理和架构师可能不清楚或没发现的潜在冲突。冲突不严重时，可简单地将冲突标记给团队的其他成员，让他们加以注意。在冲突严重的情况下，队列大师可以将任务发送回需求方进行澄清或上报管理层寻求帮助。

为了给任务排序，大多数情况下，队列大师将确认任务是否合适，是否需要将其移动到任务看板的"就绪"队列中。如果一个任务写错了或者方向错误，那么队列大师可以拒绝它，将其退回需求方，并附上说明。

同样，如果任务不明确、太大了或没边界，队列大师也可以将其退回需求方，要求澄清和改进，这样可以避免后续给团队造成问题。

以上做法，可以帮助团队了解正在发生的事，也能帮他们了解和发现导致问题的根源，进而彻底解决问题。由此，缩短了处理周期，也减少了需求方和队列大师的挫败感和工作量，还有助于减少归咎于执行者的问题和误解，并且这样做避免了引入太多不必要的流程。

确保通过队列大师分配任务避免了工作量不均衡，减轻了团队的压力。

4. 管理黑洞任务

队列大师分配所有的非关键性任务有一个巨大的优势：只有队列大师接收和处理黑洞任务，可确保捕获和跟踪黑洞任务，从而了解它的来源和成因。

记录黑洞任务不仅对了解各种需求的来源和评估很重要，而且将琐碎的任务集中放到其他地方可以减少干扰团队的次数，避免团队疲于奔命。这么做一方面减少了错误，另一方面提高了响应能力和流程效率。

5. 流程维护

队列大师的职责之一是维护工作流程。例如，并非所有到达流程看板"就绪"队列的任务都会得到相同的处理。虽然通常情况下，管理层、产品经理以及工程师都会执行大部分的高优先级任务，但当优先级突然变化，或者为了确保达成某些关键的先决条件避免工作流阻塞时，队列大师需要重新安排一些任务的优先级，并在日常例会提醒团队这种情况，以确保优先级或依赖关系都清晰明了。

如果某个任务因为涉及特殊的技术与上下文信息而需要特殊处理，那么队列大师可以清楚地进行标记。这将有助于在任务就绪时通知团队，并跟踪整个工作流程。随着团队变得成熟，并确定了服务工程负责人，团队本身就是此类任务的最大来源。它们通常与服务工程负责人所创建和标记的交付任务相关，以便于跟踪。

虽然每个人都要对任务看板负责，但有时有些项目会在队列中被搁置。队列大师需要积极地监控任务看板，发现阻碍项目推进的因素和潜在问题，并消除它们。队列大师还要查看运行中的任务堆积，特别是由意外问题引起的任务堆积。

队列大师会在每日例会和总结会，提出团队成员遇到的问题，询问详细信息，并解决问题和恢复流程。他还与团队成员一起了解问题的根本原因，并找到防止问题再次发生的方法。

6. 模式识别

队列大师需要主动调研从开始到完成的整个工作流程，识别其中的模式，这些模式后续将大大有助于团队的进步。

这些模式源于需求本身。外部进入的任务类型、需要执行的任务类型和整个系统中正在进行的大规模开发任务，总是存在着微妙而重要的相互作用。这些背景知识很有价值，尤其是在不易实现提前计划大部分需求的环境中。如果了解需求的来源、发生频率以及驱动因素，就能预测需求何时会再次出现。它还提供了对需求和需求方的洞见，从而帮助你建立更大的需求预测模型。这有助于资源规划，并通过标准化、自动化任务来确定投资回报。

同样，你也可以开始了解和跟踪任务之间的依赖模式。如果某个特定任务进入流程，你会意识到很有可能会出现有相同依赖模式的任务。了解这些依赖模式可以帮助预留资源给类似的需求，提高团队的响应能力和理解能力。这么做减少了对工作流程的干扰，提供了有用的自动化目标，有助于协调资源。

发掘需求模式可以提供有用的线索，了解需求方提出这些需求到底想完成什么目标，这一点很重要，因为不是每个人都会分享或说清楚他们试图达到的结果。由于解决方案跑偏或出现其他误解，有时候人们提出的需求无法实现他们所追求的目标，这并不罕见。队列大师所处的位置比较特殊，他可以注意到两者间的差距，标注出来供进一步调查。

工作流程本身也存在着模式。有些任务可能需要花费远远超过预计的时间，例如需要返工或大量的交接工作。有时，队列大师会注意到某些任务只能由一个人或团队的一小部分人完成，从而产生危险的瓶颈，这说明团队中的每个人并非拥有相同的知识和理解能力。

队列大师应该注意到每一种模式，并通过第 13 章中讨论的同步和改进机制，与团队其他成员进行讨论。擅长模式匹配的队列大师可以让团队大变样。随着越来越多的人担任这一角色，人们开始根据自己的经验分享和寻找更多的模式。这样可以加强集体思维，为解决棘手问题的创新性方案提供肥沃的土壤。

7. 工作时间

需要指出的是，与典型的轮流值班不同，队列大师通常不是一个必须 24 h 待命的角色。这个角色干的事情通常并不紧急，不用一直盯着。

我们有必要设置一个期望的时间段，即队列大师只在工作日的指定时间段内响应请求。通常，队列大师在每天例会后开始提供服务，并在合适的设定时间后结束，工作日结束时，请求也归于消失。

除了防止工作倦怠，规定服务时间还可以避免在不合理的时间干扰团队的工作，这是显而易见的。这并不意味着，不应该有一个在下班时间处理生死攸关任务的机制。事实上，如果出现紧急的事情，它就应该被视为生产事故。应该做以下几件事：立即关注它；马上审核请求，查看是否遗漏真正的需求；立刻做变更或使用新工具来解决它。

最后也是最重要的一点，将下班时间的请求作为一个线上事故提出来，可以让需求方反思一下，是不是真的这么紧急。这让我们可持续地去解决真正的问题。

12.2 "日不落"模式

如果你的跨国公司的技术团队相隔六个以上的时区，挑战不小。最理想的情况下，你应该将服务责任划分为每个团队可以在本地处理的独立部分。但是在某些情况下这是不现实的，比如跨团队协调和了解进度很重要，需要每天都保持一致性。

在这种情况下，你需要考虑设置类似"日不落"模式的队列大师。在这个模式中，最好设置两个，最多不超过三个队列大师，两两至少隔开六个时区，在地理位置较远的办公时间内处理工作。

虽然我已经在几个组织中成功地使用了"日不落"的模式，但这远非易事。每个区域的队列大师之间需要共享大量信息以保持一致。我发现可以让较大的团队通过执行以下操作来完成：

- ❑ 仔细思考整个交付团队的工作组织方式。通常，你可以在某个周期内将紧密耦合的工作聚合起来。这减少了维护同步和最小化重复工作所需的交接次数和上下文开销。我建议不时地轮换这些耦合的工作，以避免产生瓶颈，可以在自然循环结束时这样做。
- ❑ 尽可能多地通过全球共享的聊天频道进行交流。聊天时的上下文会提供更多的背景知识，这比把内容贴到工单里更好。
- ❑ 让轮换周期内的队列大师担任领导职位，以帮助协调。队列大师的角色不断轮岗，大家都有当领导的感觉。
- ❑ 每天队列大师们都需要通过语音 / 视频聊天相互同步。他们需要共享文档和注释。如果必须设置三个队列大师，上述动作很重要。即使时区相隔很远，你也需要将他们聚在一起碰头至少两次（通常在轮换周期开始和结束时），同步信息，避免每个区域的队列大师的信息都不一致。

团队需要有一定的一致性，才能保持对环境的感知，持续学习和改进。你有很多方法来做到这一点，例如 wiki 文档库、聊天室、例会、结对编程、演示等。这些方法各有优缺点，它们的共同点是为同步找个负责人，最佳人选无疑就是队列大师。

队列大师从高处俯视着繁杂的一切，他们能更好地看清别人遇到的问题。队列大师可以帮助团队成员感知深层次的细节。这有助于大家更好地看待和理解正在发生的事情，有助于建立态势感知，并改善团队协作，帮助那些处于困境的人退后一步，更客观地看待问题。

当担任队列大师的人可能没有足够的时间去处理他们本来的工作。就像随时待命的生产环境支持人员一样，队列大师的职责优先于其他所有任务。这意味着，队列大师的其他工作都需要移交给别人，或者等他有空了再做。

这种方法乍一看似乎极具破坏性。但是，随着队列大师让工作变得透明化，得到处理和改进，大部分人都可以在他们任期内平衡队列大师的工作和本职工作。

大家要记住，队列大师能减少外部噪声对团队的干扰，这很有价值。这意味着团队成员可以不被打断地完成工作，提高了整个团队的产出。团队成员需要其他人帮忙善后的时候，更有可能分享他们正在做的工作细节。这进一步增强了团队态势感知和灵活性。

队列大师角色的轮值意味着这段时间是临时性的，可以围绕这段时间来安排工作计划。

随着时间的推移，工作流程开始稳定，中断也会大大减少。

拓展：日常工作中队列大师典型的一天

让我们看一看队列大师工作中典型的一天，以更好地了解他们如何工作，如何与团队互动。

这是艾德担任队列大师的一周。他很高兴上一次是西蒙轮值。西蒙能够让每个人都清楚工作看板上的任务，并且没有上个周期拖延下来的任务需要解决。西蒙还擅长处理含糊不清的复杂任务，例如来自产品团队的"扩展更多的服务实例"这种任务。西蒙善于找出潜在的问题，以便团队能够有效地处理它们。

艾德的一天从检查工作看板开始，看看晚上是否出了什么问题。他看得出来，戴夫还在为项目里的一些工作头疼。这值得在每日例会里问一下。商业智能（Business Intelligence）团队还提到他们很快就需要开展一项任务，优先级高，而且时间紧迫，团队应该意识到这一点。

在浏览了工作看板之后，艾德查看了团队的聊天记录，看看在例会之前是否有什么有趣的内容。例会一般在上午 9∶45 开始，帮助团队进入状态、理顺关系、打好鸡血，开始充实的一天。除了正常的聊天之外，还有个情况，某个订阅服务在夜里出了问题。萨莉在夜里给艾德留言，说她和西蒙会处理一下，她保证在例会前让服务恢复如初。

戴夫过来快速聊了聊他的项目。他将在工作看板上增加一些任务，其中一些由他来做，其他团队成员可以做另外一些任务，当然大家需要先和他协调一下，确保不会干重复了。大家同意戴夫用一个大大的橙色 D（戴夫的名字 Dave 的首字母）来标记新加入的任务。

9 点 45 分左右，大家都挤在工作看板周围。因为萨莉前一天晚上熬夜了，所以她录了视频，以便在天亮之前多睡一会儿。然后艾德开始了例会。

"大家好，为了不浪费时间，我们只聊昨天发生了什么，马上要做的事情，你需要别人知道的事情，和工作中碰到的问题。一个接一个说，我最后说。"

当大家都说完后，艾德快速浏览了工作看板，标注了"就绪"队列里的哪些新任务具有高优先级。尽管戴夫和莎莉碰到点麻烦，但是不太会影响整体进度，所以大家结束了例会。

当艾德回到办公桌时，已经有一些黑洞任务和几个新的工作项目在等着他。工作项目并不紧急，所以艾德很快处理了黑洞任务，并将其添加到统计数据中。团队为自助服务的重建和重启提供的自动化帮了大忙。从统计数据来看，似乎有一些访问管理的边缘场景需要仔细研究一下。他知道爱丽莎已经将更广泛的问题视为其工具和自动化要解决的内容，但团队需要确保解决方案不会引入更大的问题，比如让大家无法感知正在发生的事情。

艾德注意到，有个新计划需要服务工程负责人参加。他需要和计划的发起人联系，才能更好地了解到底需要什么，新的交付团队是否正在建立中，新的运营功能是否需要建设，是否需要有人担任多边沟通的角色，以及其他的需求。大部分团队已经有了服务工程负责人，还没有人提出要在不同团队轮换。艾德拨通了电话，服务工程负责人同意下午晚些时候和他聊聊。

到目前为止，这一天相对平静，所以艾德从"就绪"队列中抽出一个任务并开始处理它。然而，就在他快完成任务的时候，又发生了一次重大的生产事故。看到萨莉需要帮助，艾德联系了一些相关的开发团队，以确保他们了解背景并能够快速参与。西蒙也被卷入了这起线上事故中，艾德向与他合作的团队通报了正在发生的事情。艾德看着工作看板，注意到戴夫马上要做的一些工作会受影响。他知道戴夫已经意识到了这个问题，于是记下一个任务来提醒他。然后艾德继续跟踪事故的进展，并在需要时伸出援手。

快到下班时间了，艾德又处理了一些黑洞任务，并检查了一些额外的任务。其中一项来自产品团队，就是前面提到的"扩展更多的服务实例"，艾德拒绝了这一请求，并告知他会与需求方联系，以确保正确理解该需求的原因，使一切步入正轨。

艾德又检查了一下工作看板，对他看到的一些情况做了笔记。戴夫已经解决了他遇到的问题，但很明显，萨莉遇到的线上事故很可能会演变成更大的问题。工作看板上已经为线上事故添加了一堆任务，包括一些重要的配置变更，这会影响到正在进行的其他计划。看到这里，艾德联系了萨莉，他们都觉得这些改动太大了，来不及在明天的例会讨论清楚，需要在每周的回顾会之前进行更长时间的讨论。萨莉同意安排更深入的讨论，找合适的人聊清楚。她希望艾德参与其中，这样他可以了解到细节，万一再发生其他事故，他可以为她提供帮助。

时钟指向下午 4：45，艾德提醒所有人，他们还有 15 min 提交需求。当大家都抢先提交需求的时候，就会出现一堆杂乱的请求，大部分放到明天处理也行。要是生产事故没解决的话，明天会更忙碌。服务工程负责人希望对即将到来的任务进一步的协调，希望萨莉可以让他们多了解一些东西，让他们知道事情可能会变化。

12.3　挑战

随着时间的推移，队列大师的价值越来越显著，但要建立这个制度，常常比较困难。遇到的挑战都差不多，本节介绍一些主要的挑战，以及解决这些的挑战的策略。

1. 团队成员看不到队列大师的价值

大多数团队遇到的第一个挑战是，团队大部分成员看不到队列大师的价值。每个人都已经忙得不可开交了，打乱工作处理方式的想法听起来像是另一套无用且烦琐的步骤，会进一步加大团队的压力。

设置队列大师角色的主要目的是更好地了解团队的工作模式，以便团队能够更快速、更容易、更有效地交付重要成果。团队成员通常认为他们知道正在发生什么，只是需要更多的资源来处理。然而，他们的眼界只会局限于自己的工作和周边环境中直接影响工作那部分。

伴随着时间紧缺，这种局限性让大家无法找到有力的论据来说服其他人投资新的技术，会降低改善效能的速度。这种情况令人沮丧，让团队士气低落。

如果团队成员能够作为队列大师，使用出更快速、更有效的方法来捕捉和阐明团队面临的问题，从而帮助他们获得改进所需的支持，那么他们会转头拥护这一制度。幸运的是，通常不需要太多的周期就可以让每个人都看到，队列大师有很多方式可以带来惊人的改善。

2. 保守派经理的人为阻碍

有时候，团队非常乐意尝试新东西，但保守派经理会反感这种做法，这让他们感觉到失控。把本属于自己职权范围内的权力放给别人，让他们感到不舒服。这些经理尤为关注团队中菜鸟会如何使用这些权力。

这些经理需要转变思路，队列大师和工作流程会让他们的工作更轻松。除非整个工作流程显而易见（如第 5 章中详细讨论的那样），否则他们很可能会觉得自己的世界失控了。队列大师会将任务交给了解背景的人，他们知道正在发生的事情。由于工作流程适用于整个团队，队列大师能通过它帮助经理发现急需解决的问题，并帮助他们调整业务方向和获取更多资源。

克服这个障碍的方法是，不要试图让每个人都轮换着担当队列大师的角色。相反，应该从资深成员开始，由一些经验丰富的教练提供帮助，缓解初次任职的不安。这不仅可以帮助每个人（包括经理）充分利用工作流程和它的学习反馈机制，还可以让他们更好地了解角色、为什么要这么做以及每个人都可以做些什么来改进它。

项目经理的情况也差不多。他们是保障跨团队协调的关键环节，他们的工作将使组织朝着正在运行的项目或计划的目标结果迈进。队列大师会帮助他们发现潜在的冲突、模棱两可的问题、资源的限制等问题，避免项目失败。

3. 队列大师将自己定位为管理者

我见过有些队列大师把自己当成"本周的老板"。这种情况发生时，他们试图直接指派工作给团队成员。这显然违背了队列大师和工作流程机制的本意。任务是团队成员主动从工作流程中拉取的，而不是人为指派。队列大师的作用是保证任务的优先级、顺序和需求清晰。队列大师可以指出问题并帮助消除阻碍，但除了督促大家遵守工作流程规则外，他们无权命令其他成员做什么或怎么做。

4. 队列大师是个新人

大部分人一开始对队列大师这个角色多少会感到不舒服。这对他们来说是一个新角色，需要熟悉它的来龙去脉。新人的感觉会更加强烈。他们需要检查新添加的工作是否合规，同步进度，并向更资深的员工寻求帮助。新人担任队列大师时可能会更难，更容易出错。有时，新人会觉得他们面临着难以克服的工作压力。

因此，团队中的老员工应该首先担任队列大师的角色。随着每个人对该角色越来越熟悉，老员工担当队列大师时让新人旁听，然后反过来，新人担当队列大师时让老员工旁听。这样一来，新人们就可以被扶上马送一程。师徒系统（无论资历如何）有助于帮助解决问题。最终，每个人都应该加入并帮助其他人。

拓展：腼腆的队列大师

团队一开始对队列大师这个角色很纠结。他们一直在处理不断涌入的工作。开发和业务人员会抱怨总是要去找队列大师。随着时间推移，习惯成自然。团队被打扰的次数稳步下降，可以完成更多工作。这也减少了团队所犯的错误。

一些团队成员最初持怀疑态度，为啥要拦截所有新加入的工作？很多人认为小问题只会带来很小的工作量。但是，在很多潜在问题在变得严重和不可收拾前，人们几乎没机会发现它们。队列大师可以捕捉这些潜在问题。比如有个新的服务重启频率明显升高。队列大师研究后发现服务在大流量时会出错宕机。要是没发现这个故障，当新的营销活动上线时，就会引起生产环境的崩溃。

这对担当队列大师的人来说有难度。大家开始默契地将角色始终轮换给团队中的老员工。伊丽莎已经在公司工作了多年，一开始被大量的任务压得喘不过气来。她花了几天时间才意识到，她不应该自己处理这些任务。在进入工作流程之前，她只需要确保它们清晰、大小合理、优先级正确，并且不会与任务看板上的其他内容发生冲突。这几乎不需要花时间，因为每个人都知道如何使用新的任务模板。任何问题要么被踢回给需求方，要么由团队和经理莎莉解决。这使得伊丽莎能够将大部分时间用于处理黑洞任务并寻找有趣的模式。

最终，团队适应了节奏，并开始将轮换范围扩大到更多年轻的团队成员。其中一位是马特，他最初是因为精通 Unix 而被招进来的。尽管他足够放松，开得起玩笑，成为聊天室里的主角，但他本人却非常害羞和安静。他不敢直视别人的眼睛，而且他总是躲在走廊的箱子后面，以避免与其他人面对面交谈。

当轮到马特当队列大师时，每个人都很担心。他能应付源源不断的任务吗？他会躲在办公桌下面，避免和要求重新启动服务的人打交道吗？他对 web 前端不太熟会导致工作流程出现问题吗？

团队有着不抛弃不放弃的传统。他们深知，一个人的失败会压垮团队的其他人。拉希米是马特的游戏开黑好友，也是团队里的老员工，她主动提出帮助马特。她一开始在旁边辅助，这让马特知道，一旦他遇到困难，她就会出手帮忙。莎莉提醒马特，她的工位就一步之遥，他随时可以请求帮助，来推迟一个优先级错误或不明确的任务。

轮换开始了，马特接手了队列大师这个角色。起初他很害怕，但拉希米和团队帮助他度过了艰难的开局。他发现了一个有趣的方法，通过请求更改特定的服务器配置，他能够将其合并到新的操作系统版本中。他还学到了很多关于 web 前端的知识。最后，虽然他不太喜欢自己担当队列大师的这几周，但他知道这对团队有帮助。这也让他对周围事物的运作方式有了新的认识。他甚至还学会了一些巧妙的方法。

5. 激励队列大师

有些人害羞内向，被别人注意到就会感到不舒服。有些人根本不想对团队成功负责。这些都可以理解。然而，对于每个人来说，轮流担任队列大师是很重要的，既要参与帮助团队，又有机会放眼全局，了解整个生态系统的动态。同样重要的是，队列大师要帮助团队的其他成员聚集在一起，处理本周期中各种同步问题。

与帮助新人类似，团队有必要帮助那些做得不够好的队列大师建立信心。资深的老员工可以辅助他们，就像拉希米在上面的故事中帮助马特那样。团队可以构建一些简单的模板来召开各种会议。团队还可以提供一些建设性的反馈和鼓励。由于团队会参与所有同步工作，所以这应该很容易做到。

最重要的是，永远不要忘记：只有每个人都能投入并发挥自己的能力，团队才能成功。

与服务工程负责人类似，队列大师是帮助提高整个交付团队了解进度的关键角色，团队中的每个人都应该轮流担任该角色。队列大师能保障工作流程运行良好，并帮助团队学习和改进。

沟通机制

如果我们不齐心协力，就会被各个击破。

托马斯·潘恩（Thomas Paine）

在日益复杂的服务交付生态系统中，各种情境和条件会随时发生变化，服务交付方案需要及时调整。

可视化工作流程、队列大师和服务工程负责人确实有助于应对这种情况，但还需要建立相应的沟通机制，使每个人都能意识到变化，以便他们能够调整、反思和改进。

为了尽量减少干扰，这些机制应该与日常工作节奏保持一致，减少传统机制造成的中断和错位。

本章将介绍在服务交付领域的良好沟通机制。

13.1 达成共识

为了达到期望的目标结果，需要有足够的上下文知识掌握当前的情况（如对态势要有充分的感知），然后才能利用可获取的知识资源和经验来做出有效决策。做出有效的决策可能很困难，团队需要达成以下共识：

❑ 是否做出了正确的决定来实现目标？

❑ 如何改进，从而使决策和行动更加有效？

缺乏共识或缺乏一致性会导致团队对决策的实际效果和准确性的理解，这就需要采取进一步的措施，包括对所做决定的最终结果进行评估，并将其与预期结果进行比较。如果不一致，必须找出（或反思）原因。

下列问题都可能导致不一致，从而影响决策。

- ❑ 对经验的理解存在重大缺陷。
- ❑ 在做决策时对态势感知的认识已经过时或不正确。
- ❑ 无法及时获得所需的知识资源。
- ❑ 缺乏足够所需的执行资源。
- ❑ 执行过程或机制包含了太多的阻力（如在速度、易变性或可靠性等方面）。

为了应对以上问题并保持一致性，可采用通过自上而下的控制方法和让团队自行组织并解决问题的迭代方法。

13.1.1 自上而下的控制方法

自上而下的控制方法是使用各种调度方法直接编排要执行的工作。这种方法简单易掌控，并与传统的管理思想保持一致。然而，自上而下的控制在很大程度上取决于行动的因果关系之间的可靠预测，以及管理人员在整个生态系统中保持清晰准确的态势感知水平，任何一个失误都可能导致连环故障。这还不是最糟的，这种方法还依靠管理者来发现和纠正错误，并通过团队加以改进。当管理者的敏感度下降时，发现错误和改进都会很难。这种失败也往往会降低管理层和团队之间的信任。

13.1.2 迭代方法

敏捷迭代方法是一种跨领域的方法，无论是 Scrum 这样的周期性方法，还是看板这样基于流程的方法都属于敏捷迭代方法。迭代方法不会试图控制一切，而是会优化上下文信息在整个团队中的流动，使团队能够自行组织，做出明智的决策，并自行改进以更有效地交付。

1. Scrum 方法

利用 Scrum 方法的频繁周期机制，团队在周期例会上通过从客户获得的反馈，对阶段性工作成果进行战术性地总结，以评估与客户期望的一致性，以及遇到的挑战、如何调整和吸取经验教训。由此，团队的每个人可更好地了解情况，使目标与利益相关者的优先事项保持一致，并促进团队反思和改进。

然而，为了从客户那里定期获得有用的反馈，建立稳定的迭代周期，这个方法需要预先制定工作计划并确定优先级才能处理计划外的运维工作，而这正是 DevOps 的核心工作。

2. 看板

与 Scrum 不同，看板适合用于处理不可预测的任务。这也是为什么它的许多元素构成了第 11 章中描述的工作流程的重要组成部分。通过关注任务的流程和进行中的工作，看板使得任务能够重新排序并随时插入，还允许加速完成紧急任务。

然而，使用看板的团队有个最大的问题，许多人往往忽略了跨团队同步、协调和改进的需要。这并不是因为在创建看板时忽略了这一需求。正如大卫·安德森（David Anderson）所描述的那样，和 Scrum 类似，看板每天都有例会，每个人都会与主持人"过一遍看板上的任务"。这些日常例会以及之后的讨论，让团队能够发现并消除障碍，并保持同步。还有补充任务队列的会议，这与 Scrum 的周期计划类似，让团队成员对任务优先级和目标、发布计划，甚至是评审和改进的流程的理解都能够保持一致。

问题的根源在于，大多数团队都忽略了这些机制背后的动机。大多数人不考虑目标结果，不考虑如何在团队中保持一致以及不断学习和改进，而是专注于任务看板以及他们正在完成的任务数量。除非事态升级，否则目标结果和优先事项往往被忽视或遗忘。评审和改进往往被完全忽视。

即使执行了循环机制，大多数例会也无法达到基本目的。每天的例会变成了互相掣肘，而不是每个人都通过整个看板来了解发生了什么。

部分或完全失去同步的情况太普遍了，经验丰富的员工扫一眼看板就能发现。它会留下明显的任务碎片，这些任务碎片会降低团队的一致性和交付效率。

13.2　同步和改进

我们在迭代方法的基础上。可以从第 11 章所述的看板工作流程开始，然后引入队列大师和服务工程负责人。正如你将在本章中看到的，这两者在克服众多挑战方面发挥着重要作用，能够使整个团队保持态势感知和一致性。

其次是引入战术周期。由于需要一直应对计划外的工作，团队开始变得越来越注重战术。这种倾向导致团队以更短期的方式思考、改进和学习。因此，将迭代周期一分为二更为明智。一个是周期相对短的战术周期，通常指敏捷周期。另一个是周期更长的战略周期，侧重于深入问题的解决和改进，以帮助团队更有效地实现目标。

13.2.1　战术周期

战术周期主要侧重于让团队在日常工作中了解情况并保持一致。它的许多方面类似于 Scrum 迭代周期。它以工作流程为中心，由队列大师领导。顾名思义，战术周期旨在帮助处理战术优先级、资源分配、事件调度和冲突解决等事项。反思和改进也是重要的要素，但往往严格针对当前需求或作为战略周期一部分的目标结果。

战术周期的长度通常为一周，以提升从工作反馈中得到成果的可能性。

如果开发是在一个单独的团队中进行的，那么尽量将战术周期与开发周期的开始时间保持一致。这让项目主管能够快速评估和协调团队之间的资源和活动安排。如果由于某种原因无法对齐，项目主管需要在周期开始前与交付团队密切合作，以确定需要些什么。即使是有点不准确的想法也好过什么都没有，它可以帮助队列大师和团队限制未知意外造成的破坏。

队列大师的角色通常按周期轮换。这很有用，有两个原因。首先，队列大师为整个生态系统正在发生的事情提供了一个新的视角。其次，新的队列大师为了跟上进度需要完成必要的工作，这让新、老队列大师有机会交接，并获得新视角，看清楚工作流程的当前状态、上一个周期中任何未完成的活动、已知的障碍和已知的工作。在新战术周期开始前的几个小时，这种交接可以帮助防止队列大师和整个团队陷入危险的自满。当人们一旦被扔进熊熊大火里，他们立马耳聪目明起来，对态势的感知能力直线上升。

一旦队列大师交接完毕，新周期就开始了。另外还有每日例会，周期结束有总结会。虽然战术周期和敏捷模式很相似，但还存在许多重要差异。

1. 队列大师的交接

虽然战术周期是一个连续的循环，但担任队列大师角色的人并不总是相同的。因此，队列大师需要经历一系列步骤来平稳交接。

交接过程在周期启动会前的几个小时内开始。首先，现任与新任队列大师一起评审工作流程。这一步通常很短，重点是为各种活动提供额外的背景信息，这些活动不适合在总结会或启动会上与团队的其他成员一起讨论，因为太费时。

新任队列大师一般从服务工程负责人那里获取即将发生的重大事项或工作计划。这么做有两个目的。一个是确保服务工程负责人发现所有未列入看板的工作。另一个是找到潜在的资源需求和依赖关系，这些资源需求和依赖关系无法由团队单独解决，需要由管理层来帮助解决。这么做有助于最大限度地减少资源冲突。

从这儿开始，新任队列大师应与管理层和关键业务方接触。这是为了了解不断变化的优先事项和即将进行的开发或业务活动，这些活动可能会在新周期中提供有用的背景信息。如有必要，新任队列大师可以在这里向上级反映资源和调度冲突。有时候，安排管理层的人在一开始时回答问题并给予指导是有意义的。

在新任队列大师完成这一切时，团队应该有一个像样的大纲，突出启动会的重点。

2. 新周期的启动会

新周期从启动会开始，启动会的目的是将团队聚集在一起，就新周期的优先事项和主题达成一致。这样做是为了让团队协调一致，并提供一个场合来讨论新周期潜在的资源和技能需求。由于队列大师必须确保新周期的工作流程正常运行，因此他们最适合主持召开启动会。

当启动会召开时，队列大师首先提出新周期的主题（要是有的话），然后提出团队任务的优先级顺序，让每个人都了解阻碍开发、业务和运营活动的障碍。接着，服务工程负责人会概述项目中即将发生的事件、即将进行的工作，以及计划和执行所需的背景和资源。从这儿开始，队列大师浏览一遍工作流程，提出问题启发团队，找到阻碍计划和重要工作、妨碍工作节奏的问题。大家都同意的改进项目，以及现成的工作项目会一起放到"就绪"队列中。大家各司其职，会议结束。

（1）启动会和迭代周期的计划会之间的重要差异

对一些人来说，启动会看起来像是一个精简的迭代计划会议或看板的队列补充会议。两者有很多的相似之处，对于兼具开发和运营职责的团队来说，可以将两者叠加在一起。不过，在这样做之前，你需要注意一些非常重要的差异。

运营工作具有不可预测性，这意味着用预先计划的工作填满一个迭代周期并祈祷一切顺利的想法是愚蠢的。人们根本无法判断可用资源是否会受到运营灾难、高优先级紧急任务或其他事件的严重影响。这会使规划和协调变得困难。

应对这种不可预测性的最佳方法是限制团队中受到干扰的人员数量。设置队列大师角色会有很大帮助。应对不可预测性的另一种有用方法是限制工作任务的大小和不均匀分布，最大限度地减少特殊任务数量。这样做可以提高团队的灵活性，使意外中断所造成的损害大大减轻。

工作流程本身也很有用，可以帮助你了解团队因可能的中断而出现的人员不足，以及某些类型的中断产生的影响。这对于管理期望和降低风险非常有用。

两种会议还有另一个重要的区别，启动会上很少有一组稳定的高优先级任务来自同一个利益相关者。客户、基础架构、安全风控和高层需求的不可预测性，意味着新来的任务很容易在一个周期中取代原来的高优先级任务。队列大师和服务工程负责人可以减少这种不可预测性，完全清除则不太现实。

以下拓展提供了一个周期启动会的示例，以帮助你了解其典型的动态。

拓展：启动会

轮到艾德当队列大师了。队列大师管理的每个星期总是有点不稳定，但艾德真的越来越欣赏他们提供的广阔视野。他们还帮助自己真的在为团队做出贡献。

他觉得自己得为当天晚些时候的启动会做准备了，所以他拿起一支笔和一张纸，走到工作看板前看了看。他已经非常熟悉它现在的状态，不过他知道在工作中，总有一些没有注意到的事情。他记下一些简短的笔记，然后询问任何他认为需要知道细节的事情。

看板上一如既往地忙碌。在过去的一周里，团队成功地完成了很多任务，尽管有些事情本可以做得更好。例如，凯西线上值班时比平时忙得多，这意味着她还有大量积压的工作要做，比如研究最新的云缓存技术。贝丝主管的小组中还有一些任务，她在担任队列大师时交给了西蒙，但没有按计划进行。艾德认为这需要在总结会中提出来。每个人都需要知道是否存在沟通或交接问题，比如当其他人接手工作时，交付团队中是否再次出现了令人讨厌的"这不是我管的"之类的信任问题。

艾德看到艾米丽在"就绪"队列中列了一堆工作，为订阅团队即将发布的版本做准备。她始终是团队中最积极主动的服务工程负责人。艾德惊叹于她对每件事都能刨根问底。话虽如此，他注意到她放的几个任务，看起来可能会触及贝丝领导的团队正在开发的一些服务。他记录了一个待办事项，询问她们是否对此保持同步。

在检查完任务看板后，是时候看看本周的队列大师在干啥了。贝丝忙着收集她本周的笔记，并总结一些剩余的黑洞任务。

"嘿，贝丝，这一周过得怎么样？"

"基本上还好，"贝丝回答，"我不得不处理一个来自产品的问题，他们居然忘了做准备工作，我两周前就告诉他们了。他们完全忘记了需要新的报告引擎测试版和足够的数据才能在下周的贸易展上演示。如果我们没有将达内拉的环境管理工具集成到构建过程中，事情会变得很糟。"

埃德沉吟道："好在这件事有你。"

"我也这么觉得。目前工作流程状况良好。我有一些存档黑洞任务要处理，我需要在总结会之前去找西蒙聊聊。"

"哦，我注意到艾米丽的一些工作涉及你的项目。"

"我注意到了。谢谢提醒！"贝丝回答，"要是西蒙不知道的话，我会在启动会上提出来。"

艾德路过比利的办公室，看看下周有没有重要的事情。他还去找了珍妮特，以确保参加贸易展的各项工作准备就绪。然后，他在总结会开始前快速与相关服务工程负责人碰了头。

大家都觉得，在总结会结束后的周五下午立即在工作流程中召开新一周的启动会是有意义的。一些团队成员对此有点不满，因为大多数人在周末都非常疲惫。尽管任务看板和队列大师通常在周一之前就了解了所有的内容，但他们可能会忘记讨论内容的一些背景。还有一个问题是，一些影响客户的大型发布往往放在周末，以最大限度地减少对客户的影响。这有时需要在下周一做收尾工作。星期一总是很忙，很难留出时间召开启动会。但是紧接着总结会召开启动会非常有用，因为它可以将前一周的经验教训立即纳入下一个迭代中。

为了解决大家的"遗忘问题"，他们同意在星期一的例会前，队列大师将进行 5 min 的简要回顾。启动会开始了，很明显，接下来一周有两个主要议题：为艾米丽的发布做准备，以及帮助凯西完成她的项目。在贝丝的帮助下，艾德迅速了解了贸易展的范围。尽管珍妮特还在推进并且代码仍处于测试阶段，但贸易展上要展示的大部分都是静态内容，因此不太可能造成太大问题。

然后艾米丽开始检查她要做的工作。"好的，下周我被安排了六个任务。前两个是我乐于完成的事情。第三个概述了发布的内容，因此应该由其他人完成。第四个需要在最后两个任务之前完成，所以我将其标记为依赖项。"

贝丝指着最后一个说："那个看起来好像涉及接送服务，我团队的人正在研究。

"是的，确实如此，"艾米丽回答，"你可能想解决这个问题。咱们在会后见面聊聊，对齐一下。"好的。"贝丝回答。

之后，凯西过了一遍她的缓存项目。山姆主动提出要找一些人来帮她。

然后，贝丝浏览了她的三个项目，并表示可能还会有些项目加进来，但由于团队还没有讨论下一个迭代的细节，所以提出更多也没有意义。

等大家说完，就轮到达内拉了。达内拉是该团队的工具和自动化工程师。她负责处理其他人没有时间或技能去做的事情。她的大部分工作都来自总结会讨论的问题，团队一致认为需要自动化来帮助解决。然后，这些任务将由团队在启动会时优先考虑。在迭代期间，她通常不必对任何事情做出快速反应，因此她通常能够提交稳定的工作成果。

对于本轮迭代，达内拉将继续致力于自动化部署工具的一些日志和审核功能。其中大部分功能是为了报告特定日期的实例和服务配置，以及列出谁在哪些日期做出了哪些变更。由于没有其他紧迫的事情，团队问了几个关于实现方法和交付计划的问题，但大部分问题都放手让她去做。

艾德在会议结束后对本轮迭代周期感觉很好。一切似乎都比他们刚开始搞迭代时更加可控和透明。即使是来自产品的计划外需求现在也更容易满足。

（2）每日例会

除启动会外，还有一个迭代机制是每日例会，每日例会是为了强化团队意识。和类似的机制相比，它每天发生，而且时间不长。它旨在增强团队的能力，发现和整理不断出现的问题、冲突或协调机会，不然团队可能会错过解决问题的最佳时间。

和类似的机制相比，每日例会不是一场决定地位的会议，不应该变得重要而冗长。关键是只提及其他人应该注意的事情。

迭代管理员（Scrum Master）的对团队推动功能由队列大师承担。队列大师的目标与之有很多相似之处，如保持会议简短（最好不超过 15 min），专注于使团队成员保持同步，以及帮助面临障碍和冲突的成员。不同之处在于，队列大师将工作流程作为一种工具来帮助发现冲突。

每日例会可以从轮值的人汇报他发现的生产事故开始。这可以简短地提示大家，问题是否还存在，是否有人依然参与其中，是否有事故报告可以供大家查看。关键是要保持简短。如果有必要，可以在会后进行更深入的讨论。

然后队列大师会起个头，提到工作流程的重点，包括团队成员在任务队列中需要注意的有趣、重要或高优先级的工作、一项或多项需要引起大家注意的潜在问题，以及团队成员需要注意的依赖关系或障碍。

在队列大师之后，大家轮流发言。对于兼有的开发和运营的团队来说，这和其他普通例会差不多。对于专门的运营团队来说，这通常比普通例会要快得多。对于任务看板上的工作，每个团队成员只需要提及大家应该了解的特定事项，无论是已经完成的还是即将发生的。他们还可以提出有关特定事项的问题，然后在例会后解决。

拓展：某日的例会

现在是星期二，到目前为止，艾德作为队列大师的一周进展得相当顺利。当然，他仍然会接到需求不明确的任务，例如"你能用服务器做那件事吗？"每个队列大师都必须打回这些请求并要求澄清。在大多数情况下，工作流程中的任务执行得相当顺利。

西蒙本周线上值班，所以艾德让西蒙第一个发言。

"昨晚调度程序出现了几次故障，"昏昏沉沉的西蒙抱怨道，"没什么大不了的。我知道贝丝正在发布，所以如果我发现有任何问题，会让她知道的。"

接下来轮到艾德发言。通常，队列大师首先要关注上报和加急的工作，然后询问工作流程中任何被阻碍或有问题的工作。今天唯一需要注意的重要工作是部署任务，这些工作已经排在贝丝和艾米丽负责的任务队列中。他提到了这些工作，随后让这两个人填写工作细节。

山姆下一个发言。"我今天可能会从艾米丽的团队中拉出一些前置任务，如果没啥问题，也没碰到其他重大事情，干完后我会和艾米丽同步。"艾米丽回答："好的。"

艾米丽接下去发言。她已经完成了她的首要任务，但又来了其他几项任务，她需要把它们加到队列中去。"我们希望下周部署，"艾米丽说，"与贝丝不同，我没有那么多重要的改动。我已经更新了阿森纳项目的文档，并将在总结会上指出一些有趣的部分。"

托马斯接着发言。他说有两个任务正在进行中，因为他无意中挑了一个有两个前置条件的任务。他想在本周末的总结会上讨论如何防止这种情况发生。

贝丝是下一个发言者。"调度程序失败的时间点挺容易找到的。迈克一直在钻研这段代码。"然后，她伸出手，将两个任务从"就绪"列中移出。"我们需要推迟这两个任务，直到西蒙、迈克和我搞清楚到底发生了什么。其他任务继续推进。今天晚些时候，我可能还会再补充几个。按照惯例，如果你对这些任务有任何疑问，请告诉我。"

达内拉是最后一个讲话的。"我准备在今天晚些时候更新仓库数据和取证数据。到目前为止，他们变化很小。欢迎大家提出意见。我打算先更新预发布环境。如果一切正常，我将在生产环境中发布。我发布前会和艾米丽、贝丝聊聊。如果有人有兴趣了解更多信息，请联系我。"

艾德随后结束了会议，每个人都开始了忙碌的一天。

（3）总结会

在每个迭代周期结束时会召开总结会。这是团队回顾前一周的工作、谈论发生的事情并设法改进的时刻：

- ❑ 优先级是不是不正确？在本周是否意外发现团队缺失了重要信息？
- ❑ 团队自认为能完成的目标和工作量是否过于激进？或者任务完成的速度出人意料地快，使得团队能够处理额外的工作？
- ❑ 是否有任务处理的顺序错了？或者是否有任务需要大量本可避免的返工？
- ❑ 是否有太多的工作在并行处理？如果存在这种现象，为什么？
- ❑ 团队是否需要进一步了解或适应即将发生的变化？
- ❑ 是否存在某些发现和进展对团队有帮助？

总结会让团队成员从事件中、从同事身上学习，为下一次迭代做改进。它还可以充当天然检查点和潜在防火带，使问题和功能障碍浮出水面。这给处理问题提供了更好的背景，以减少它们造成的潜在损害。它还可以帮助团队更好地阐明需要获得管理层哪些帮助和支持。对于投资，总结会可以帮助收集证据，为管理层提供评审的案例。

总结会也标志着本周队列大师的任期结束。这是团队期望的切换点。这样做的好处是允许当前的队列大师确保任何重要的队列大师项目都得到正确处理，不会丢失。

总结会的长度在很大程度上取决于团队需要讨论并同意下一步行动的项目数量。一般来说，你应该把时间定为一个小时，但要考虑冗余，以便在必要时可以延长到两个小时。保持简短有助于每个人保持专注和投入。时间越长，影响力越小，大多数团队成员通常喜欢在日程中安排多余的空闲时间。

邀请每个人参加总结会，以下角色更需要积极参与，每个角色都有承诺要履行：

❑ 本周的队列大师。
❑ 下周的队列大师。
❑ 服务工程负责人（要是有的话）。
❑ 线上值班人员汇报的事故细节（或者值班时的重要发现）。
❑ 在迭代期间提出需要讨论的重要项目的关键人员。这些人可以根据需要引入，不需要完整地参与整场会议。

重要的是，在总结会中做记录，以确保所讨论的内容被记录下来并随后跟踪。为了帮助下周的队列大师跟上进度，最好让此人负责做会议记录，并在会后发布。这些记录至少应包括潜在讨论项目的列表、讨论项目的详细信息，以及具体负责人的决定和后续步骤。这些注释应通过在线文档的形式发布，包含指向所引用工作项的链接。这些记录提供了对问题模式、历史和进展的洞见，可支持进一步的战略研讨。

本周的队列大师在会议开始时提供了上周关键工作流程细节的摘要，并回顾了本周的主题。这份摘要应该简短，主要关注值得进一步讨论、调查和跟进的异常情况，而不是重复整个星期发生的一切。队列大师应该在黑板上或便利贴上列出每个项目，并附上 30s 的摘要，说明为什么该项目值得注意（让人们更加了解情况，指出需要改进的领域，需要进一步调查的失败或冲突，会引入更大问题的黑洞项目等）。团队可以添加任务到列表中。完成后，团队对要讨论的前 3 ~ 5 个项目进行投票。

下一步是让服务工程负责人总结他们参与交付或运营项目的细节。重点主要放在团队其他成员感兴趣的新进展、学习内容或问题上。他们可能会列出新的文档、演示项目或需要检查的内容，以及即将进入工作流程的软硬件安装、配置或运维工作。

服务工程负责人的总结最好尽可能简短。任何需要深入了解细节的事情应该在会后单独进行。

服务工程负责人、队列大师和团队其他成员应该帮助团队加快进度。如果大家认为团队可能存在单点故障，应在这时候指出，以便讨论补救措施。

服务工程负责人讲完后，线上值班和处理生产事故的人可以趁这个机会提出团队值得考虑的项目。同样，就像队列大师做的一样，不要重复这个星期的流水账。他们应该着眼于现有服务需要额外了解、讨论或调查的问题，以及线上轮值可以改进的方面。我们的目标是改进现有服务的缺陷，同时提高事故管理的有效性和降低线上轮值的难度。

工具和自动化部门遵循生产事故和管理的原则，提供他们认为值得向团队提供的更新或反馈。有时，会讨论到团队用到的新工具或功能，并留出时间与团队成员一起试用它们。有时，他们就某些特定问题向团队提出问题或提供反馈，进而深入讨论。

在讨论前 3 ~ 5 个的高票项目之前，介绍队列大师对黑洞任务的快速统计。主要目标是查看数字是增加还是减少，以及是否有新的东西出现。由于黑洞任务可以由自动化的方式处理，团队可以利用这段时间讨论是否应为工具和自动化创建工作流程任务，以及这些任务是否应该优先于其他工作。

完成这些后，团队将返回到最重要的讨论项目。如果在会议的其他部分，有人提出的内容与深入讨论更相关，团队可以投票将其包括在内。

当讨论到最重要的项目时，团队往往会把时间花在抱怨上。虽然这可以起到心理按摩的效果，但这并不能很好地利用总结会的时间。相反，团队应该将总结会的这部分时间用于阐明问题并分配解决问题的后续步骤上。

每个项目的讨论由如下几部分构成：

❏ 问题的初始陈述。

❏ 问题如何阻碍团队取得成果。

❏ 深入研究问题的方法（在不清楚根本原因的情况下），或者就像后面拓展中描述的调度器问题一样，总结会需要包含对该问题更深入的解释。

❏ 如果问题涉及战术变更，团队需要确认可以采取或已经采取的对策，以最大限度地减少或消除问题。这种确认应包括由谁决定，以什么成本（时间、金钱、资源）以及在什么时间范围内决定。它还应包括如何衡量对策的效果，由谁衡量，以及何时评审这些对策。

❏ 如果问题涉及战略性变更，团队需要确定是否将其提交给下一次战略评审会议。如果是的话，需要收集哪些证据，由谁来提供帮助？

讨论应该有时间限制，通常在团队商定的时间内进行，并进行调整，使每个人都能关注主题。主持人可以是下周的队列大师（假设他们不是积极推动话题的人）、团队经理，或者，如果这是一个活跃的话题，可以是中立的第三方。

一旦团队完成了上述讨论，就应该进行投票，看看每个人是否对结果感到满意。如果还有争议，则可以将该话题拿到与各方单独商定的会议上，或者向上反映问题争取解决。

拓展：艾德和总结会

最终，艾德的迭代周期接近尾声。这一周很长，过得有点坎坷。他期待着将队列大师的责任交给山姆，山姆已经开始收集启动会议所需的信息。

团队聚在任务看板旁。西蒙和贝丝邀请玛丽参加总结会，讨论调度器发生的一些问题，并回答团队围绕它和即将发布版本的问题。通常，当关于调度器的话题出现时，玛丽就会被请来，这次玛丽决定参加整个会议，她觉得了解运营部门的总体情况会很有趣。

比莉也决定参加会议。团队已经习惯了她的出现。她通常不参加会议，尽管当出现需要向她汇报的重大事项时，让她参加会很有帮助。人齐了，艾德开始了会议。

"与上周相比，本周没有那么疯狂。从工作流程的角度来看，我们似乎在这两个主题上取得了很大的进展。艾米丽设法完成了她所有的工作项目，而凯西的项目也弥补了上周大部分的延误。

"我听说可能很快就会有一个新的项目启动，需要一个领导。我认为山姆适合当这个领导。虽然我们还没收到请求，不过这事儿快来了。

"这周我注意到了一些奇怪的事情。托马斯本周积累了不少进行中的任务。我知道其中一个是由遗漏的依赖项引起的，但'进行中'队列中还有其他几个项目。调查清楚那里是否有更大的问题对我们有利。

"还有一个问题，贝丝团队的开发人员一直试图绕过贝丝的允许，将工作塞进工作流程中。我知道这些人有点问题。最好搞清楚这种现象是他们所独有的还是共性问题。

"我们本周遇到的调度器问题可能是另一个有价值的话题，特别是当玛丽在场的时候。

"我们在调度器项目中断后有一个加急项目。'就绪'列中还有几个项目在整个迭代中都处于停滞状态。搞清楚做哪些具体工作来推动这些项目对我们有利，同时也需要搞清楚如何改变处理方式来防止这种情况发生。

"最后，关于解锁账户的问题出现了大量工单。如果我们能知道这是一个需要开发的潜在漏洞，还是应该开始创建一个自助服务工具，那就太好了。"

艾德贴了几张便利贴，一个是关于进行中的任务，一个是关于领导工作问题的，一个是关于停滞的任务，一个是关于解锁账户的问题。"在我们投票之前，还有人要补充吗？"艾德问道。

贝丝举手了。"我有个问题，正好比莉也在这儿。当两个团队前后脚发布同一组件时，该怎么办？我不确定我们是否有能力独自解决，艾米丽和我要面对同一个问题了。"

"好，太好了！让我们加上去。"艾德回答道，"现在大家开始投票。每个人都可以投票给其中的三个问题。"

投票结束，很明显，得票最多的前三名是领导工作问题、调度器问题和贝丝的前后脚发布问题。西蒙把所有的选票都投在了调度器问题上，因为他担心它可能会再次失败，并希望团队更多的关注它。

艾米丽开口了："让我先说吧。我可能需要早点离开，去处理一些正在进行的发布工作。""没问题。"艾德回答道。

"谢谢。正如大家听到的，我们将在本周末做发布。你们中的大多数人都看过了我周三所做的关键修改。幸运的是，改动不大。我本周末值班，以防出现任何问题。托马斯和我会在启动会议后同步，然后在周六和周日晚上9点再同步一次。如果你们中有人希望在周末加入同步会议，请告诉我。"

贝丝喃喃自语："事实上，我可能会周六来看看发布重叠项目的状态。否则，我整个周末都会想这个事儿。"艾米丽回答："好的，我会给你发会议邀请。"

贝丝接着说："我的项目估计是下一个发布的。大家都知道，我的团队也在准备发布。最初我们希望下周发布。然而，由于艾米丽和我的发布有重叠项，加上我们本周的日程安排有问题，它看起来得延迟了。当我们安排好发布时间，会让大家知道的。"

贝丝继续说："我把调度器的话题留到后面讨论。我们稍后也会和团队讨论我们面临的问题，但现在我想说几件事。我的团队仍然纠结于服务工程负责人的想法。凯西大概是我们最好的服务工程负责人，她上次是其他项目的主管。"

"是的，团队挺痛苦的。"凯西回答，"他们还经常丢三落四，做不出项目计划吗？"

"是的，这只是其中一部分问题，"贝丝说，"他们的工作涉及很多服务，不是每个人都认同这些工作。要是能找到一些方法帮助他们、帮助所有人，那就再好不过了。"凯西接着感谢大家帮助她在缓存项目中争取了一些时间。"我们很快就会进行一些验证试验。如果你有问题或有兴趣了解我们正在做的事情，请告诉我。我们距离正式开发还有大约一个月的时间。"

现在轮到西蒙线上值班了。"我们稍后会重新启动调度器，这是本周要填的坑。"

西蒙讲完后，达内拉向团队介绍了工具和自动化方面的最新情况。

"仓库数据和取证数据的更新进展顺利。我们对未来的变化有了更好的跟踪记录。我做了一个小组件，你们可能会发现它在一段时间内对显示配置变化很有用。我还更新了聊天机器人，可以更好地注释我们发布的阿森纳项目内容。它对用户更加友好。你们有任何反馈，请告诉我。

"关于账户解锁问题，最好多了解一点问题产生的原因。我们不应该只做一个治标不治本的工具。我在会后和艾德聊聊，也许下周会做一些调查工作。"

"太好了，谢谢！"艾德回答，"好的，这是黑洞任务的统计数据。正如大家看到的，被屏蔽的账户激增。服务器重启次数在下降，这很好。现在达内拉的工具做好了，可以让开发人员实时重建和恢复大多数内容。我们收到的大多数请求都是模糊不清的，需要更多的授权。这是我们想进一步调查的领域，看看是否需要在这方面做自动化。其他方面基本都还好。"

艾德继续说道："好吧，是时候回顾一下我们的讨论话题了。由于领导工作问题得票最多，让我们从这里开始。"

"团队没能有效地与服务工程负责人合作。有一个问题是，在服务工程负责人不知情的情况下，不为人知或不合格的工作会影响到队列大师。这通常会给队列大师带来更多的工作。但更大的问题是，为什么服务工程负责人没有收到必要的通知。并不是所有的工作都需要通知服务工程负责人。但就泽佛的团队而言，他们似乎不习惯与他们的领导接触。因此，我们无法发现类似发布重叠项目这样的问题，也无法有效地赋能，甚至无法确保发布顺利进行。"

凯西接着开口了："我注意到一个问题，泽佛的人有点激进。他们似乎认为自己无所不知，听不进我们的任何意见。他们觉得我们只是不懂技术性的看门人一类的角色。这蛮奇怪的。"

"我一直在尝试解决问题，"贝丝回应道，"有另一个问题，与不合格的任务围绕项目主管的问题有关，一些团队尤其是泽佛的团队，喜欢把小步迭代的交付看成零和游戏，要么全部完成要么一点也不交付。我全身心投入迭代周期，承受压力，因为大家总是说只有我才能完成任务，其他人都不行。另一个问题是，与我对 Scrum 的理解相反，大家觉得他们可以决定我做什么、怎么做。这是个大问题，尤其是当他们天马行空乱提要求的时候。"

贝丝继续说："这是本周的两个例子。一张工单是希望将生产数据导入开发环境，其中包括 PII（个人身份信息），那样暴露用户数据根本不安全。另一张工单是请求管理员权限来访问部署调度器的线上服务器。泽佛的团队拒绝执行，即使是他们自己也尽量减少用脚本访问生产环境！"

艾德回答说："我看到那些工单进来了。我们可以采取什么对策呢？"

由于泽佛和她属于同一个团队，玛丽于是大声说："我知道团队中有一些个性很强的人，有时会让他们成为少数派。不过我们可以帮助他们重新融入团队。这样每个人都可以知道发生了什么。"

"我们可以考虑为团队制定某种'服务工程负责人成熟度'评级。"艾米丽回答道，"我们刚开始的时候碰到过这样的事情，我们为达成特定目标的团队提供了特殊奖励。也许我们可以用这样的方式来推动泽佛的团队朝着正确的方向前进。我们需要管理层的支持。"

"我能帮上忙。"比莉说，"弄个提案吧，然后我们这边通过。我认为，如果指标恰当，制定一些成熟度指标通常会有所帮助。"

艾米丽回应道："我可以开始制定一些指标了。我需要凯西、贝丝和其他想参与的人的帮助。然后我们可以和比莉一起完成它，得到她的批准，然后推出。"

西蒙说："算我一个。"

艾德笑了："对我来说，这听起来是个不错的计划。每个人都同意这个提议吗？"

大家都赞同。

艾德接着谈到了调度器的问题。在西蒙的帮助下，玛丽介绍了这个问题的一些背景知识、如何观测到事故何时发生，以及如何解决它们。然后，她仔细研究了他们正在做的事情，争取找到一个永久性解决方案。这意味着他们即将发布的版本将被推迟，但随着面临其他的一些挑战，推迟这种事不可避免。玛丽将在下次总结会中提供最新情况。

最后，大家看了一下发布项目重叠的问题将这个问题归结为正在开发的代码缺乏透明度，以及开发小组之间缺乏信息共享。大家同意将代码库的透明度纳入艾米丽正在做的成熟度工作中。比莉还决定与每个团队的高级工程师谈一谈这个问题。

就这样，团队宣布会议结束了。

13.2.2　战略周期

以运营为导向的工作本质上是持续不断的，并且非常注重战术。在这种应激性的氛围中，人们可能会在不知不觉中习惯处于救火队员模式。这导致人们不仅无法喘口气来理解和解决潜在的问题，而且还会忽视关键利益相关者试图达成的目标结果。

在职场和个人生活中，大多数人看到过短视的各种例子。也许是一个过度劳累的职员为了完成一些文书工作而拒绝客户，随机中断和关闭与重要客户的会话，导致他们失去工作，或者一个团队将重要的服务遗忘在生产环境中，因为没人有时间弄清楚如何重建它，这个服务成为不可复制的没人敢碰的"雪花"。

虽然总结会确实有助于团队反思和改进，但团队很容易过于专注于解决眼前的战术问题，以至于他们错过了周围其他正在发生的事情（例如必须填写文书工作，或者填写得太着急，以至于客户搞不清楚从而影响销售）。

战略周期试图打破这种模式。它采用两种方式。一种是明确地将团队的一部分资源预留出来，让团队从日常战术活动中喘口气，并用批判性的眼光看看是否存在更有效的方法来达到预期的结果。这段时间允许对系统性问题进行更深入的探索，并尝试更激进的改进工作，从而打破短期折中措施的怪圈，这种折中措施往往会阻碍变革。

战略周期打破这种模式的另一种方式，是让团队拥有改善自身效率的决定权。这种微妙而重要的视角转变将改进的责任从管理层转移到一线人员，他们更有可能做出有效和持久性的变革。这也有助于个人和团队感到有能力发起变革，并为他们做出的任何改进感到自豪。

为团队提供改进的资源并不意味着改进是一场杂乱无章的运动。战略周期依赖于三种机制保证在整个过程中不偏离重点。

第一种机制是改进和解决问题的套路。团队成员使用特定的套路来组织和探索针对既定目标条件的改进。作为套路的一部分，生成的工作会像其他团队项目一样集成到工作流程中，以便对其跟踪，并且团队成员也不会疲于奔命。

从事战略周期项目工作的团队成员有时需要帮助和指导才能步入正轨并取得进展。教练是第二种机制，这是由教练、管理者和团队领导帮助团队成员塑造和改进套路的一种工作方式。教练会帮助团队成员分析问题、归纳投资案例，提供资源来帮助他们努力工作，或者重新调整战术工作，拓展他们进步的空间。

第三种机制是战略评审。战略评审将整个战略周期整合在一起，并为这些改进提供了目标条件。下一节将详细讲解战略评审，它是战略周期的主要事件，也开始和结束战略周期的标志。这是一种涉及整个团队的机制，他们在其中评审和重置目标结果，回顾更大更难处理的总结会讨论主题，进行兵棋推演，以找出新的潜在解决方案，并改善跨团队的协调一致性。

总之，这些活动共同创造了必要的氛围，促进了个人和团队的学习和专业成长，帮助大家取得成功。

战略周期会刻意设置得比它覆盖的战术周期要长，最佳长度为每月一次。这不仅有助于打破阻碍，客观看待整个生态系统的日常压力，还让团队有机会获得支持，以解决阻碍其发展的大问题。

对于忙碌的团队来说，可以选择使用战略双循环。在这种情况下，有一个主周期来处理大型问题和每季度一次的重大转型工作，还有一个小周期来解决较小的战略项目，或者让分布式团队解决长周期项目的局部问题。这种模型还不太完美，只有在常规方法不起作用的情况下才推荐使用。

让我们来看看战略评审的机制和它的不同形式，理解它如何锚定整个战略周期。

13.3 战略评审

战略评审的目的是通过确定一个或多个目标条件来确认战略周期的重点。团队在举行会议前大约一两周选择主题及依赖条件，然后投票决定主题（团队中的每个人被分配 3 ～ 5 票，他们可以对一个或多个项目进行投票，得票最多的主题入选）或选择最紧迫最重要的主题。提前选择主题可以最大程度地延长评审中用于解决问题的时间。团队还可以通过收集对会议有价值的证据、材料来做好准备。

主题有三个典型的来源。最常见的来源是战术周期的回顾。通常，更大更复杂的项目需要更长的时间，远超战术周期能提供的时间。另一个来源是服务供给或组织结构的重大转变。这种转变通常会对团队产生非常现实的影响，需要探索并理解，进行适当的调整。

第三个来源是以前战略周期中的主题，需要对其进行评审，以确定是否需要进一步探索或者设定新的目标条件。通常，一个主题的大小应该符合一两个战略周期内可以完成的条件。需要多个周期的主题应在下一轮战略评审中审议，以确定它是否偏离正轨或需要调整。如果无法在第二个周期结束前完成，要么是目标条件的范围有误，要么是工作人员没有得到足够的支持来完成任务。就后者而言，战略评审应致力于提出新的办法，以确保他们今后能够获得足够的支持。

非常重要的一点是，评审不是一种管理层启动商业计划的机制，业务驱动的商业计划与团队的学习和改进本身几乎没有关系。评审是针对团队的。这一点很重要，召开和主持会议的人通常是团队领导。在团队组建初期，问题很多，例如理解不够、无法达成一致等，如何妥善利用会议解决上述问题，帮助团队学习成长呢？利用外部协调人员，或者擅长评审的第三方是个好主意。

评审可以说是团队最重要的活动之一。它不仅有助于提高团队凝聚力和跨团队的一致性，也是一个机会，可以让每个人从日常角色中走到一起，通过接触其他人对运营生态系统的见解，学习并摆脱潜在的畏难心理。因此，邀请团队中的每一个人是很重要的。

许多团队发现这种定期的战略评审非常难以进行，尤其是当团队第一次开始他们的

DevOps 之旅时。会议可能很长，你被迫暂时脱离日常工作，无论会议最终是否有帮助，一心二用总是让人很难受。

让每个人都参与进来也是一个挑战。团队规模大、忙碌、地理位置分散、电信设施差的情况并不少见。那些真正在地理上分离的团队（如美国－印度、美国－欧洲、美国/欧盟－亚洲）面临着更大的问题。有些人可以开展交叉协调的本地战略评审，每个地点的评审都专注于特定领域，然后与另一个地点的人员共享结果。即便如此，每季度至少进行一次联合评审也很有价值。可以通过在不同地点之间轮换评审主持人，并让关键人员远程出差来帮助交叉审阅。这种方法并不完美，可能与本地职场文化脱节，不过比什么都不做强得多。

13.3.1　通用评审结构

典型的战略评审分为三个部分。第一个部分是对上次评审后续措施的进展情况进行快速审阅。通常，会定期更新进展给整个团队查看，以便在稍后评审中讨论重大问题时使用。第一部分的目的是进行简短而集中的更新，根据需要的动作为主题标注颜色，通常每次不超过 5 min。

评审的第二部分是主题本身。首先是初步陈述主题，说明为什么需要在会议上讨论它。这不需要很长，只要为会议的其余部分铺垫一下即可。

要记住一件事：评审不一定非要纯粹基于问题。有时，它可能用来探讨新技术，深入了解上下文或子系统，或与客户会面。在每一种情况下，都需要在一开始就商定一个明确的可衡量的目标，这个目标必须在周期结束前实现，例如：

❑ 改变团队工作的方式方法，进一步提高团队的态势感知能力。

❑ 采用或拓展新的技术、工具或流程方法，帮助团队提高态势感知能力、决策和交付能力，以实现目标结果。

当一个问题是主题时，讨论应该遵循与总结会类似的结构，包括对问题的初步陈述，以及它如何妨碍团队达成目标结果。这种讨论的时间不要超过 15 min。

一旦团队同意一个主题的陈述，就会进入评审的第三部分，即深入研究问题，找出解决问题的途径。要多做尝试，不要相互指责，努力向目标结果进发。有时候问题的根本原因不太明显，在这种情况下，需要通过试验发现更多线索。和任何其他改进措施类似，这些解决方案应该具有明确的目标条件，可以融入学习套路中。

根据你尝试解决问题的种类，有许多解决问题的工具可以很好地提供帮助。A3 模板是解决常用问题的通用工具之一。

13.3.2　A3 模板如何解决战略评审问题

通常，分析问题的根本原因需要的不仅仅是简单地谈论一个主题，还要认识其客观组成要素。有时，为了找到根本原因并制定解决办法，你需要一个工具或一份手册。这就是许多精益工具的价值所在。

A3 问题解决模板是一种帮助规划评审主题的工具。它是一个简单的模板，尺寸和 A3 大小的纸差不多。控制尺寸很有用，因为它既便携又能让团队保持专注，只关注重要的相关内容。一些团队希望在 A3 纸上包含图表和图片，以更有效地传达丰富的信息。此模板可以在每周的总结会、日常解决问题甚至事故分析中发挥很大作用。A3 模板还可以在战略评审期间用于更大规模的战略项目，帮助你组织思路，解决不同规模的问题。

图 13.1 展示了一个 A3 模板的例子。

A3 模板	标题：		日期： 版本：
背景 当前进展如何？描述当前情况和驱动因素。 为什么要这样做？为什么要现在做？		**制定对策** 我们的行动计划是什么？如何测试这些选项？ 我们评估对策的标准是什么？	
现状 当前状态如何？ 基准指标是什么？		**执行计划** 在某时某地，谁要做什么？ 执行顺序是怎样的？	
目标结果 我们期望的结果是什么？我们将如何衡量它们？ 怎么判断我们已经成功了？		**评估影响** 实际发生了什么？？ 对目标结果产生了多大影响？	
分析根本原因 到底发生了什么？ 问题的根本原因是什么？		**学习和调整** 我们学到了什么？ 我们的下一步行动是什么？	

Mobius　mobiusloop.com
by Gabrielle Benefield

图 13.1　A3 模板

A3 模板的标题通常是目标主题。主题不能是解决方案，如"我们需要更多的自动化工具"或"我们需要 XYZ 工具"，而应该是你要解决的问题（如"安装软件费时费人"或"排查 XYZ 问题容易出错"）。

A3 模板包含以下几个部分：

❑ 背景：为什么这个主题很重要？有无类似的商业案例？它需要与公司目标相关，并且简洁明了，能传达出解决这个问题的价值。如果这个主题还有其他额外的好处，例如学习经验，也可以列出。这部分一般需要足够清晰，不仅能让团队上心，还能帮助大家开始规划需要投入的时间和金钱。

❑ 现状：当前发生了什么？当前情况面临的实际问题是什么？描述要明确并基于事实，如果可能的话，用基准指标进行量化。图表和其他视觉指标也有用。

❑ 目标结果：你打算实现的可衡量和识别的目标结果是什么？要具体，并确保它与当前条件下获得的商业案例和指标相关联。指出如何衡量或评估结果也很有用。

❑ 分析根本原因：找出问题的根本原因。有些人像疯子一样用各种工具来解决问题。用什么工具不重要，重要的是找出问题为什么发生，以及发生的根本原因。尤其是在运营中，当前问题是更深层次问题的表象。

❑ 制定对策：如果团队已经找到了根本原因，现在可以一起努力，商量出一个或多个对策，以解决问题或改善当前情况。应对措施需要解决根本原因的一个或多个方面。它们应该有可衡量和观察的标准，以验证其影响，并确定该行动能否防止问题再次发生。

❑ 执行计划：谁在什么时候？该做什么？这些问题的答案需要明确并达成一致。此外，执行顺序要明确和合理。

❑ 评估影响：详细说明了执行计划的结果，确定计划是否达到了预期目标。如果没有达到改善的效果，请详细说明原因。这部分内容通常在未来商定的日期填写，在随后的评审阶段完成。

❑ 学习和调整：我们从上述情况中学到了什么？根据这些新知识，我们应该怎么做？需要做什么来防止问题再次发生？还有什么需要完成的？是否需要做沟通工作？如果需要，与谁沟通？以何种形式沟通？

在评审影响之前，通常会收集并讨论主题、与当前状况相关的背景和可用的支持信息。这使团队能够快速评审信息，就合理的目标达成一致，然后将大部分时间集中在分析根本原因、制定对策以及执行计划上。

在分析根本原因的过程中，团队应借此机会检查环境的相关部分，更好地了解情况，为数据提供更好的上下文。这包括现场巡视⊖、直接与客户或其他业务领域接触，从外部视角来审视当前情况。

如果可能的话，这些讨论应该条理化和有时间限制，确保团队能够就问题的根本原因达成一致，然后在评审结束前有足够的时间来制定对策和计划。

执行计划的结果都需要在随后的战略评审或其他议定的时间点进行审查。我倾向于尽可能在下一次战略评审时进行审查，因为这既有助于团队成员保持冲劲儿，也有助于在方便的时间讨论和安排后续活动。

下面是 A3 的例子。

标题：安装环境太消耗时间和人力了。

背景：

❑ 安装环境的请求需要提前通知，否则会产生延迟。

❑ 每个请求都会严重占用团队资源导致其他工作延迟和堆积。

❑ 开发、客户和业务部门都在抱怨新环境所需的交付周期太长。

⊖ 现场巡视包括巡查生态系统的相关部分，通过工作示例查看流程的具体细节，查看开发过程和其中的基本条件，分析构建或部署环境构造 / 创建 / 健康度来了解情况和可能的潜在问题，检查日志记录或监测噪声，调查部署出错的问题并消除根本原因，了解客户如何与服务交互，提高他们实现目标结果的能力，等等。

现状：

❑（通过图表来反映。）

目标结果：

❑ 安装环境的时间缩短到一天或更短。

❑ 安装错误导致的返工减少 80%。

❑ 运营团队工作量降低 75%。

分析根本原因：

❑（某种思维导图、鱼骨图或其他你认为有用的东西。）

制定对策：

❑ 操作系统安装自动化。

❑ 安装时间缩短到 2 h 以内。

❑ 操作系统安装返工减少 90%。

❑ 使用操作系统的 Docker 镜像进行云上虚拟化。

❑ 将常用预设配置的安装时间缩短到 2 h 以内。

❑ 软件安装包标准化。

❑ 软件安装返工减少 90%。

❑ 软件部署自动化。

❑ 减少人工工作量。

执行计划：

❑（包含后续步骤的具体行动计划。）

成果评估、学习和调整：

❑（后续进行。）

随着典型问题的规模开始缩小，团队发现他们有更多的时间来处理战略评审中更大更复杂的项目。

实现同步和改进机制，将协调、反思和学习转变为整个团队共同的习惯。较短战术周期中的事件有助于团队进行规划、平衡工作量、维持团队意识和进行战术改进，而较长的战略周期有助于及时进行稳定的学习和改进。二者相互结合，帮助团队取得成功。

第 14 章

治　理

如果你想让人们思考，不要给指令，只给意图。

大卫·马奎特（David Marquet）

IT 治理是 IT 服务交付中一个重要但经常引起争议的话题。很少有人会反驳这样一种说法：管理者和投资者都需要确保 IT 投资的实施和运营既有效又符合组织及其客户的需求。受监管的行业，如银行、医疗保健、食品、能源、电信和运输，需要有一种方法既能确保严格满足法律和监管要求，又能最大限度地降低健康、财务、法律和个人风险。

治理通常被视为缓慢而烦琐的过程。它们经常与敏捷和持续交付等强调迭代的交付方式冲突，甚至到了水火不容的地步，这会带来许多问题。

本章旨在展示如何确保组织内的治理机制既有效，使其对开发运营一体化（DevOps）的干扰最小。首先，我们介绍了成功治理的关键因素，它们如何与本书中的许多主题相吻合，以及许多组织为什么没能满足这些条件。其次，我们说明常见的治理错误。最后，我们提供了有效的 DevOps 治理技巧。

14.1　成功治理的关键因素

很少有事情能像成为全面审计那样让人集中注意力。对一些人来说，审计意味着失败。有些人则将其比作在堆积如山的文件中艰难跋涉，并回答爱管闲事的审计员的侵略性问题，为最轻微的违规行为辩护。从不同的角度来看，审计提供了一个回顾反思的机会，可以让你了解治理机制是否有效并满足组织的要求。

在我的职业生涯中，审计无处不在。这些审计涵盖了从法律纠纷、调查监管到资格认证、风险投资和并购相关的条件，以及由执行委员会深入推动审查的方方面面。虽然其中大多数都相对平淡无奇，但我发现这些审计对我自己和被审计的组织来说都是很好的学习和改进的机会。

从审计中得到的最有价值的教训之一是，治理质量似乎与一个组织是否使用特定的落地方案或治理框架、有多少治理委员会、谁在其中或他们开会的频率无关。治理质量似乎也不取决于流程的详细程度、文档的数量，或者组织及人员获得的认证。重要的是具备以下关键因素：

- ❑ 治理流程满足法律法规和业务需求背后的意图。
- ❑ 治理、汇报和管控流程要有助于组织实现目标，而不是妨碍它。
- ❑ 治理和管控的流程要支持组织的态势感知和学习，而不是损害它。

让我们逐一介绍一下，如果缺少这些因素中的任何一个，都会削弱现有治理机制的整体效能。

14.1.1 满足需求背后的意图

确保治理流程满足需求背后的意图，这似乎是一个显而易见的目标。大多数审计都是从列出审查需求开始的，通常人们会对每个需求的意图进行简短的陈述或讨论，这样能容易地比较各个系统在多大程度上满足需求的意图。

例如，考虑一下清点 IT 投资回报的意图。衡量这一点的最佳方法是检查目标结果是否实现，尽管有些结果难以衡量或不精确。常用的方法是使用代理度量值，如交付的功能点。不幸的是，这些措施并不能告诉你实际意图是否实现。为了演示这一点，我曾经展示了同一服务的两种实现方式，其中一个的功能点比另一个多。功能点较少的那个更快、更稳定，并且在满足交付需求方面做得出色。然而，通过测量功能点，功能点较多而执行效果较差的实现方式，却往往被认为投资回报更高。

在应对监管和法律要求时，误解意图、联系中断和衡量误差可能会更频繁地发生。假设你的组织必须满足职责分离的要求。这些需求被设计成检查点，以确保在组织完全了解和批准，以及有不同部门参与的情况下，某人才能进行变更。这限制了欺诈、盗窃、蓄意破坏和错误的可能性。

为了实现职责分离原则，大多数组织将构建软件的开发团队与部署和运行软件的运营团队分开。由管理委员会（其成员具有适当的责任感）负责审批流程，评审所有变更。

表面看起来，上述做法还不错，但流程如何有效地满足需求背后的意图，将潜在欺诈、盗窃、破坏或错误的风险降至最低呢？

了解变更的内容及其背后的原因有助于确定是否存在风险。为了方便理解，一般向管理委员会提供变更摘要、详细的需求文档、展示现有服务变更的测试结果、发布说明、部署过程以及概述文档。

虽然这种方法看起来不错，但也有很多麻烦的地方。首先，它假设所提供的细节是完整的，并充分捕捉到所有风险。然而任何故意试图违反意图的人都不太可能将其记录下来。这意味着你需要一些其他机制来确定和呈现潜在的风险，例如直接检查实际的代码和配置实现。但是，开发团队之外的任何人都很少这样做。

其次，虽然管理委员会的成员可能会承担适当的责任，但他们往往缺乏必要的技能、时间甚至态势感知能力，无法吃透提交的文档和相关技术细节，不能做出明智的决定。这意味着实际的治理由以下因素混合而成：

❏ 具体干活的人会清理现场，不会留下任何可能被禁止的东西。
❏ 傻人有傻福，风险会自己从提交的数据中跳出来，非常明显。

最后，这种方法假定运营团队执行的所有部署活动都与所提交的部署过程完全一致。这样说通常没错，不过经常会有些许差异。有时，这些差异是由一个小错误引起的，例如步骤的录入错误或顺序错误。有时，指令本身存在错误或差异，需要进行计划外（通常是未被感知到的）工作。这些错误或差异可能表现为对配置文件的调整、文件权限的变更或维持工作正常所需的其他活动。

虽然运营人员不太可能故意进行破坏、欺诈或制造错误，但很少有人费心去监控他们执行的操作，更不用说检查这些操作是否符合提交的部署过程了。这会产生潜在的未知因素，从而将隐藏的风险引入生态系统。

如果运气好的话，你可以避免被这种缺陷破坏自己的工作成果。然而，你也必须意识到，为填坑而采取的许多传统修复措施几乎没用，如增加文档数量或将更多高级人员引入管理委员会。

14.1.2　流程造成的干扰

没能有效地满足需求背后的意图并非你实施的治理和汇报机制的唯一问题。治理等流程还会干扰第二个要素，即你为实现更大的服务交付目标所做的努力。

能够实现目标成果显然很重要。治理机制通常会通过额外的工作、交接和满足要求的审批的组合来引入一定程度的交付摩擦。这种摩擦将不可避免地对你的交付能力产生一些影响，这些摩擦可以而且应该积极管理，以将其影响降至最低。有很多方法可以通过定期监控、精简流程、智能工具和其他改进相结合来实现这一点。

不幸的是，除了对问题边缘的浅尝辄止，很少有公司愿意做更多的事情。在某个公司中，我被邀请来尝试优化长达 18 个月的交付周期。我发现，在 18 个月的时间里，所有的技术领域，包括架构设计、编码、测试和部署，最多占 6 周。剩下的时间都花在了围绕它的治理审批流程上。

虽然很少有公司会功能失调到如此地步，但不少公司发现自己陷于两难境地，一方面是迫切需要提供变革以满足客户需求，另一方面是缓慢的治理流程。治理流程通常需要占用重要人员的宝贵时间，而这些重要人员往往缺乏时间，从而导致进一步的延迟和士气低落。这种延迟不仅浪费时间，而且任何被困在治理流程和不耐烦的客户之间的人都知道，在外界看来，他们往往显得很无能。

所有这些都会让努力交付的人感到非常沮丧。交付人员被逼无奈，会寻找方法绕过治理流程。最简单可行的方法是将所有变更放到一个大型交付中批量处理，这意味着治理流程只需执行一次。如此大的批处理也意味着只有重大的变更才会被注意到，小的变更没人在意。有些公司的做法是，通过紧急补丁或地下渠道来绕过或干扰治理流程，以偷偷实现目标。

这些做法都无助于实现治理意图和获得目标成果。

14.1.3　保持态势感知和学习

考虑治理对态势感知和学习的影响似乎很奇怪。治理过程应该是一种机制，捕捉和揭示你需要了解和学习的生态系统动态。然而，令人惊讶的是，治理的实施方式直接或间接地干预了信息的流动，以及人们对信息的理解。

1. 直接干预

大多数直接干预的情况往往发生在公司以过于严格的方式解释法律和监管要求的时候。以数据处理要求为例，例如关于个人身份信息（PII）的要求。有些人认为，这种要求禁止对数据或数据要素的任何共享或外部使用，即使是那些重要但本身并不能识别的数据或数据要素。

但是，切断所有类型的数据共享不仅是错误的方法，甚至可能带来潜在的危险。就医院患者记录而言，如果这种保护措施阻止医院报告关键的公共卫生数据，这就太荒谬了。虽然患者的名字不能透露，但其他可识别因素应该共享出来，例如疾病的类型、患者可能在哪里感染以及如何感染的、患者居住的社区、患者的性别 / 种族 / 职业 / 性取向、疾病如何影响患者，以及使用的治疗方法及其有效性。这些有助于卫生官员确定疾病的来源、在社区中的流行率、可能的传播方向和速度、潜在的死亡率，以及治疗和控制疾病可能需要什么。

职责分离也是如此。虽然职责可能需要分开，但这种要求通常并不妨碍开发和运营团队合作或共享信息和专业知识。

2. 间接干预

虽然间接干扰要微妙得多，但也同样具有破坏性。为克服治理障碍，人们不可避免地会采取各种变通方法，从前面提到的大批量发布和紧急补丁到其他变通方法，例如将大变更拆分为小变更以避免额外的治理审查，所有这些都倾向于隐藏或混淆细节。这使得人们很难了解当前的情况和动态，也难以利用这些知识进行学习和改进。

另一种形式的间接干扰更成问题。人们很容易被误导，认为为治理创建的文件和报告本身对保持态势感知和学习是有效的。但是，即使是最全面的治理流程也被设计成对特定要求或条件的快照检查。因此，收集的文件往往只提供一个静态的碎片视图，充其量是一个不完整的生态系统动态视图，很少有人能完全读懂和理解。这使其成为一种低质量的保持主动态势感知和学习的机制。

这些功能障碍的例子都很常见，并且有造成重大损害的趋势。因此，重要的是要通过定期审查和回顾来检查它们可能出现的地方。

14.2 常见的治理错误

传统治理方法的所有缺点都不是凭空出现的。绝大多数是由常见的治理错误引起的，这些错误很容易让人踩坑。

认识到他们的存在就成功了一半。虽然你可能无法立即纠正它们，但了解它们如何导致问题可以帮助你解决问题，并有助于将由此造成的损害降至最低。接下来的部分重点介绍了一些常见的治理错误，并就如何减轻这些错误提供了一些指导。

14.2.1 需求起草和理解能力差

法规和合同包含绝大多数需求，编写它们的律师最终定义了治理流程的大致轮廓。不巧的是，并不是每个人都精通他们为之撰写法规和合同的案例的所有技术细节。法律语言通常以技术团队无法理解的方式编写。

公司签订的法律合同是这些令人头疼问题的最大根源。并非所有组织都有自己的内部法律顾问，即使有，他们也主要与管理层和团队（如销售和供应商管理）进行沟通。因为在技术交付方面接触有限，合同和其他法律协议的起草人不太可能避免造成重大的技术实施问题。

避免此类问题的最佳方法是让技术团队尽早与法务人员建立牢固的关系。通过介绍你的团队所做的事情，并阐明表达你和其他人不愿当背锅侠的愿望，你可以建立一个皆大欢喜的沟通桥梁。法务部门都是聪明人，他们也希望自己为公司的最大利益奋斗。他们熟谙已经签署的合同，可以帮助你了解合同的条件以及它们背后的法律条款和意图。他们还可以帮你了解需要遵守的任何法规，甚至可能指出潜在的值得注意的陷阱和漏洞。这可以帮助你关注它们的影响并找到有效遵守它们的方法。

如果你成为了法务部门的知心好友，法律工作人员也更有可能在合同谈判时找到你。他们可能会寻求帮助来解释技术细节并避免主动引发问题。他们还可以提出对谈判的见解，为你提供一些关于谈判的动态和分歧点的高级预警，这对于提升态势感知非常有用。

即使是作为谈判的辅助部分，你也可以发现组织内部的意识差距。例如，销售和营销团队成员可能误解了关键能力，或与某些承诺相关的风险。谈判还为潜在客户可能的目标结果提供了有用的见解，并指出了供应商需要注意的问题。

拓展：拔刀相助与法务部门双赢

许多技术人员不愿意主动联系法务部门，他们要么没有看到法务部门的意义，要么担心可能会意外增加自己本已繁重的工作量。而我发现在这方面付出一点努力是值得的，这可以将法律部门转变成对你和客户有益的强大力量。

当我为一家服务提供商工作时，该服务提供商正在与他们最大的客户谈判续签合同。两家公司都需要彼此。虽然不是唯一的客户，但该合同占供应商收入的近50%。对于客户而言，供应商所提供的服务是将他们最重要的产品推向市场的关键。

这种严重的相互依赖往往会造成一种不健康的动态情况。对于供应商来说，过多地依赖一个客户会导致他们卑躬屈膝。如果销售部门在公司决策中具有强大的影响力，那么情况可能会更糟。无论有多少利润，销售部门都会被激励完成交易。这种情况极大增加了签订合同的风险，例如包含繁重的交付要求。

客户也知道他们对供应商有多重要。虽然不让供应商倒闭对本方有利，但谈下来这份合同也很重要，该合同能给客户足够的杠杆，帮助他们实现两个关键成果。

由于所提供的服务对客户很重要，他们首先希望确保服务质量高可用且性能良好，能满足他们的需求。停机和服务故障不仅打击士气，而且实际上可能会危及客户自己产品的交付计划。这在产品生命周期的某些关键点尤其重要。客户需要供应商确保将这种风险降至最低。

客户还希望确保他们可能需要的其他功能都能获得适当的高优先级。他们的产品交付如此错综复杂，这意味着他们依赖于我们提供某些功能的能力。我方任何的响应不及时都可能给他们带来灭顶之灾。

当客户来到谈判桌上时，他们试图主导合同，以满足他们的需求。问题出现在他们寻求实现这些目标的方式上。

为了确保服务的高可用性，客户要求从他们的角度衡量99.99%的服务正常运行时间，无论何时他们出现故障，我们作为供应商都会受到严厉的经济处罚。为了确保所需功能的安全，他们要求能够查看、确定优先级、甚至在新的服务版本中添加功能。

从客户的角度来看，这种要求似乎是合理的。我方销售团队急于签订合同，来者不拒，所以客户很快就相信他们的要求是合理的。然而，我方律师知道这不是一份普通的合同。她想保证我方不会签署后患无穷的合同，所以她找我来过一遍合同。

从一开始就很明显，我方不可能做出这样的承诺。然而，我方团队不能只是说"不"。团队需要真正理解客户请求背后的意图，然后以双赢的方式拟定合同条款。

我方团队从服务正常运行时间开始谈判。虽然很明显，服务正常运行时间和可靠性很重要，但正常运行时间的数字实际上没什么用。首先，对方测量的对象尚不明确。担保的措辞没有具体说明该服务是否可用。一家不太道德的公司可以通过提供兜底服务来满足这一要求，这样就能绕过烦琐的条款，兜底服务在出现问题时也会返回结果，但结果其实毫无意义。

这种粗糙地保证正常运行时间有个副作用：它们不能反映客户的使用模式。与大多数企业一样，客户的使用模式因时间而异。有一段时间，正常运行时间对客户至关重要。哪怕停机 1 min 都会对他们的业务造成严重损害，更不用说我们全年停机时间的分配了。然而，也有很多时候，客户的办公室关闭或业务淡季，服务的使用率很低，以至于我们的服务可能会中断数小时甚至数天都没有人注意。

其次，重要的升级和维护活动，特别是那些需要大量数据操作的活动，通常需要一些停机时间来降低风险。对苛刻地保证正常运行时间，将不可避免地导致升级和维护活动变少、潜在风险变高，这些与客户自己的目标背道而驰。

了解了这些，我方团队回到客户那里，就能制定出符合他们理想中的服务方案，满足可用性和可靠性的要求。第一步是扩展双方协调维护活动的机制。这使双方对彼此的情况有了更多的了解，提供了一种方法来主动确定需要高可用的关键时间段。这种认知对减少潜在的冲突大有帮助。客户对我方活动的可见性也增加了他们的灵活性，允许在关键窗口期之外进行升级和维护活动。

对于服务协议本身，我方团队与客户合作，为关键服务定义可用性指标，这些指标对双方都有意义。我方团队创建了探测点，这些探测点将收集和显示环境中重要位置的指标。当发现问题时，还会收集支持数据以帮助进行故障排除。这使双方能够确定问题并制定改进方案。

让外人控制我方的工作和功能交付的优先级，这种需求是极不合理的。对我方和其他客户来说，让某个客户控制我们的工作优先级是危险的。我们的服务非常复杂。公司外部的人很难理解我方一些核心工作的重要性，以及为什么这些项目的重要性要高于客户自己的项目。

要是客户非要控制到这种程度，那么唯一明智的解决方案就是单独给他们克隆出一个服务版本。但是，与正常运行时间保证一样，结果也将与他们的目标背道而驰。每个额外的服务版本都会使交付和支持工作加倍，从而导致一组不太稳定的服务，交付节奏要慢得多。

不过，我方团队做了三件事来解决客户的担忧。首先，与组织中的关键人员定期举行峰会，讨论他们的需求，并讨论我们路线图中专属于他们的要素。这有助于增进相互理解和信任。

其次，为了保持路线图的平衡，我方团队还举办了一个更广泛的峰会，我们邀请客户社区的其他关键成员查看我们的路线图并提供反馈。有趣的是，随着时间的推移，每个人都变得更愿意分享想法和讨论方案，甚至与他们认为是主要竞争对手的其他人分享，个性化峰会的必要性也消失了。

最后，我方团队更广泛地开放我方的服务，并提供软件开发工具包（SDK），使客户能够自行扩展我们的许多服务。这既使客户能够更快地交付他们想要的许多功能，还增加了双方的工程师之间的互动和友谊。一些客户决定与他人共享自己的插件，在许多情况下甚至开始相互协作以扩展我们的服务。

14.2.2　使用现成的治理框架

在制定法规或合同方面没有发言权远非技术团队面临的唯一问题。很多时候，我们甚至没有意识到即将到来的合规需求，直到它们被摆到我们面前，我们需要尽快找到遵守它们的方法。当我们询问细节时，我们经常会遇到充满难以理解的法律语言的文件。面对如此迫切的需求，有哪些选择呢？

一个解决方案是找到一个顾问或现成的治理框架，帮助我们解决问题。总能找到声称能够为你提供一切需要的供应商。许多人也会走捷径，通过调整现有的实践框架来做到这一点。那些倾向于以 IT 为中心的人可能会找到 ITIL 或 COBIT 之类的工具，其中包括事件处理、服务设计、安全和变更管理模块。那些想要更多项目和项目管理的人可能会看到 Prince2 或 PMI，强调规划、风险评估、商业案例和投资组合管理。

这样的产品可能非常有吸引力。采用现成的治理框架通过预先构建的示例打开一系列增值流程，这些示例可用于构建、记录和管理着你拥有的交付和运营活动。这不仅意味着你所得到的一切都经济而有效，而且还具有遵循公认标准的额外好处。这些现成的治理框架都有自己的培训课程、认证级别和可以借鉴的熟练从业者社区。许多合同和法规甚至会直接引用它们，或以它们为榜样。谁会在毫无必要的时候重新发明轮子呢？

但是，这样的方法会带来一些严重的问题。

首先，这些现成的解决方案强调过程合规性而不是交付的目标结果。事实上，你可能会争辩说："过程合规是这些解决方案的目标结果。"然而这并不是说他们忽略了交付的内容，只是重点在流程检查。

造成这种情况的部分原因是，大多数方案都是基于方法驱动的。这些方案通过控制工作的执行方式和由谁执行来确保交付成果。在这样一个世界里，遵守严格的流程是保持这种控制的好方法。这也恰好与许多人对治理作用的看法一致，尤其是在组织必须确保其满足法律或监管要求的情况下。

问题在于，大多数现代服务交付系统相当复杂，管理层很难提前严格地详细编排每项任务，尤其是在实际实施前几周或几个月就被要求提供这些信息的时候。

所有这些都使得流程本身过于脆弱而缓慢，无法有效处理未知和不可预见的情况。随着新需求的不断涌现，流程驱动的框架迫使管理者做出糟糕的选择。要么通过微观管理一切而造成瓶颈，自己最后会不知所措并错过重要的细节，要么雇佣知识渊博、具有态势感知的人，他们知道实现目标结果的必要条件，并让他们在流程中导航。

流程繁重的治理框架一般都有额外的前期规划、文件编制和批准，这些东西施加了很多额外的阻碍，会增加时间和精神压力。评审人员面临着巨大的压力，他们没有足够时间有效地对细节建立足够深入的理解，从而推进提案。

这对每个人来说都是可怕的结果。外面的人看到组织的交付速度非常缓慢，却看不到员工们可靠地遵守着法律和监管要求。组织内部的人面临着海量的功能失调，负责交付的人发现他们的大部分时间和精力都浪费在看似无用的工作上，而负责管理的人则认为他们离灾难只有一个决定。

拓展：将过程误认为是治理

需要注意的是，人们普遍认为，严格遵守流程的顺序等同于有效的治理，这是一个组织不能使用任何形式的迭代或持续交付机制的唯一原因，我必须证明这种观点是错的。

在我们开办一家敏捷交付技术的公司时，这种担忧是如此强烈，我们邀请了政府监管机构进行审计，以确保我们没有违反必须遵守的法规。

政府尽职尽责地向我们的办公室派遣了一些审计员。

他们的第一个要求是让我们出示详细的文件，列出我们的交付要求。我们向他们指出了各种团队积压的工作，向他们展示了每个工作项，并解释了产品所有者如何确定它们的优先级。作为一个大型组织，我们还有一位负责更大业务领域的首席产品负责人，负责该领域积压的高优先级工作。该人员与团队产品负责人协调，后者将工作从较大的积压队列中拉到他所在区域的积压队列中。

他们的下一个要求是证明所有工作都符合交付要求。我们展示了团队是如何计划并将工作引入到他们的迭代周期中的，然后将所执行工作的工件或记录与工作项目联系起来。对于代码来说，这可以贯穿于构建过程，在构建过程中，构建的结果和工件也会被捕获并与工作项相关联。测试大多是自动化的，只有当工作满足完成的所有要求时，才能通过。这些也被记录下来并与工作项相关联。

他们的下一个要求是让我们演示如何处理变更管理和部署。我们跟踪了整个服务生态系统中的所有联系和依赖关系，并根据风险以及是否需要明确批准才能满足已知的法律或监管要求对区域进行了标记。从技术上讲，风险低且与需要批准的事项无关的变更可以随时部署。其中大多数是数据和次要配置元素，或者是与受监管服务无关的一些次要支持子系统的一部分。尽管无须批准，但每次变更的细节、目的、执行变更的人员以及执行时间都会被记录和跟踪，以备日后审查。

对于被认为风险较高或包含一些需要官方审查和批准的要素的变更，流程略有不同。与许多典型的变更管理评审不同，那些需要评审和批准特定变更的人员将收到批准通知。此通知包括为什么需要由该人员审查和批准更改的概要，以及详细说明受更改影响内容的报告集合、对工作项 ID 的引用、关于变更必要性的解释、构建和测试的结果、与变更相关风险的分析、受影响的服务，以及更改（如果获得批准）的时间与发布的细节。这些细节大多来自各种自动化系统，必要时可以进一步查询。

受批准的申请还包括评审会议的日期和时间，该日期和时间也是批准或拒绝变更的截止日期。如果没有问题，审查人员只需登录并批准，团队就可以发布这些项目。如果还有其他问题，可以向请求变更的团队提出，以便通过工具或在审查会议上回答和记录。

如果审批人错过了截止日期，则会记录错过截止日期的通知，并通过管理链迅速上报。我们发现，几乎不需要上报就可以防止审批过期。

政府审计员提出的最后一个问题是关于项目完成后或发布后的审查。我们展示了评审实际上是滚动的，并且是交付团队总结会的一部分。评审本身也被存储以供审查。为了提供额外的透明度，还引用了工作项、执行的发布和事件。如果总结会中有任何跟进动作，也将在生成的工作项中引用。

当我们回答完他们的问题，并展示了每种机制是如何运作的，以及如何遵守所有监管要求时，审计人员表示他们非常满意。事实上，他们说在职业生涯中从未见过如此有效的治理和报告机制。后来我们听说，政府内部也在努力采取类似的做法。

14.2.3　开箱即用型工具的弊端

在没有详细了解将要部署的生态系统的情况下，我不愿意推荐特定的工具解决方案。工具的选择会对你能否满足一系列法律或监管要求背后的意图产生重大影响。

一些组织更进一步，使用工具作为强制执行一组流程的手段，以便有效地管理交付生态系统中可能存在的工件和活动。这可能非常有帮助。我自己使用工具来防范错误，从手动坏境配置更改，到变更合并，再到与特定任务无关的软件库。

然而，通过工具进行治理可能很棘手。一旦工具正式嵌入你的交付生态系统中，就很难剥离出来。出于这个原因，为了避免造成混乱和功能障碍，你必须确保所执行的内容都能合适地融入你的生态系统，以一种对大多数人来说显而易见的方式清楚地实现你的意图，并且足够灵活，可以随着条件的变化进行调整。

不幸的是，就像流程一样，组织采用现成的治理解决方案是非常诱人的。一些人将内置的"最佳实践"流程视为开箱即用工具的一个引人注目的功能，或者将其纳入现成治理流程框架的一部分，达到配置升级。这种"快餐式"的方法很有吸引力。它们易于实施，并能得到老板的认可。

或许你运气不错，找到了一组适合你的工作流程；但是，一刀切的方法往往会强制使用不符合当前生态系统的流程、审批、依赖关系和完成标准。

对于工作流程，适合大众的东西可能不适合你的个人需求。在服务交付中，这种不匹配会导致大量的阻碍和挫折，从而限制服务交付过程，使参与其中的人更难知道如何有效地完成他们的工作。

我曾在许多组织中采用此类工具和工作流程，但是在交付生态系统中剥离它们太困难、太耗时了，我非常后悔当年为何要这样做。人们会绕过它们，要么使用工具之外的其他方式执行和跟踪工作，要么在必要时两套工具并行，要么干脆根本不认真跟踪任何内容。这造成了所有场景中最糟糕的情况，即拥有一套治理流程和工具，却无法有效地捕获和管理生态系统中的所有活动。

值得指出的是，你不应该被错误观念左右，认为只要遵循的流程是迭代的敏捷方法，使用一个糟糕的工具或一组工作流程也没什么大不了的。我见过许多冠名"敏捷"的工具和工作流程，它们强迫大家实施重量级的依赖项目和完成标准，并造成可怕的组织功能失调。在不止一个案例中，我看到业内一些最温和的敏捷专家都沮丧地诅咒并拒绝使用它们。

拓展：工具

作为公司重组的一部分，高层领导决定让我将负责 IT 服务管理工具的团队整合到我的团队中。到目前为止，我的大部分精力都集中在负责开发和发布的团队中，所以我对工具团队的了解相对较少。我决定去拜访他们，更多地了解他们、他们的工具和他们正在开展的项目。

第一个项目是一个新的服务管理工单系统。它使用了该领域一家知名公司的工具，团队与供应商密切合作，构建了所有工作流程以及发布策略。

我很感兴趣。工作流程以 ITILv3 为模型，该版本尝试从一开始就管理整个 IT 服务生命周期，包括深入到产品管理和开发。该项目声称距离在整个公司发布只有短短几周的时间，但这是我第一次听说它。

我问他们有没有与会受到工作流程影响的产品管理或工程团队合作过。他们回答说，由于该工具使用了众所周知且广为认可的流程，使所有治理流程更清晰，更易于跟踪，因此他们不需要这样做。显然，每个人都想接纳它。

所以我决定和他们一起走一遍流程。

第一步有很多奇怪之处。有一种假设是，所有工作都将从投资案例开始。然而，团队执行的大多数工作都涉及对现有产品和服务的持续改进、添加和修复。所以我们同意继续前进。接下来的步骤更加奇怪。流程审批由各种咨询委员会建立，委员会居然要审查不存在或直到生命周期下一步之前不需要的文档和工作项。委员会中还有一些成员，他们获得了最终批准权，这些成员在组织上不仅没有这种权力，而且在流程中也没有给他们足够的信息来做出这样的决定。

在这一点上，很明显，该项目正处于一个非常糟糕的轨道上。即使该项目能够克服它肯定会遇到的所有架构和推广障碍，它最终造成的功能失调也会是惊人的。但团队很努力也很热情，我必须要向他们说明原因了。

我们对他们的流程进行了模拟，这些流程来自我的团队中非常真实的项目。这些场景将今天的工作处理方式与工具中工作流的预期进展方式进行了比较。在许多情况下，工具中的工作进展会被误导，导致无意义的变更批准或由通常不参与交付的团队进行不必要的处理。这会导致工作意外停止，重要信息未能在正确的时间流向正确的人。模拟显示了该流程如何无法实现开发人员、测试人员和运营人员之间的连续工作流。

尽管工具团队越来越明显地认为这个项目行不通，但供应商一直试图洗脑，说使用 ITILv3 的事实意味着它优于我们自己的流程，因此会成功。供应商决定试图越过我向首席信息官求情。首席信息官看了一眼这些流程，问他为什么这些流程让他每周参加 800 多次审查委员会会议，然后把它们扔进了垃圾桶。

14.3 有效的 DevOps 治理技巧

实际上，有效的治理远没有大多数人想象的那么复杂。它实际上可以归结为针对以下三个关键因素，而不是将遵守流程或到处打补丁等同于治理。

- ❑ 满足你的需求意图。
- ❑ 不干扰组织为实现目标结果所做的努力。
- ❑ 支持组织态势感知和学习。

14.3.1 理解治理的意图

理解治理或法律 / 监管要求的意图至关重要。大多数交付团队都收到过采用"更好的"治理方案的需求，或者更糟的是，他们被告知必须实施一些令人头大的流程，但没有解释原因。很少有团队愿意询问结果或潜在意图背后的细节。有时，即使提议的机制很笨拙或很糟糕，也有可能找出真实意图，例如投资回报率或质量审查。有时，这些术语含糊不清或被难以理解的法律术语所包裹。有时，整个需求会被半真半假的谣言所笼罩，就像萨班斯 – 奥克斯利法案的合规性报告那样。

当事情不清楚时，请善意地要求澄清潜在的意图。如果目的是实施内部政策，找一位友好的领导来指导，找出这些政策的来源及其背后的历史。

对于法律和监管问题，你可能需要尝试联系法律团队寻求帮助，询问有关法律或监管要求是什么以及它们适用于谁的任何详细信息，并澄清它们可能意味着什么。

我已经做过很多次了，HIPAA、Sarbanes-Oxley 和 GDPR 是最常见的法律 / 监管障碍。咨询法务团队将帮助你发现与你的生态系统相关的重要的细微差别，你可能没有考虑到它们。你需要问一些问题来梳理这些细微差别，所以姿态放低一点，态度要友好，你的目标是了解法律和监管要求背后的意图，以便以最佳方式实现它们。

14.3.2 可视化

有时，没有人能够真正连贯地解释治理过程背后的意图；有时，要求遵循流程的个人或团体会坚持将执行流程本身等同于满足背后的意图。对所治理的内容缺乏清晰的认识不仅会导致治理质量低下，还会对整体服务的提供产生更大的影响。

使流程所完成的工作及其对服务交付的影响可视化，是解决这个问题的一个好方法。对于任何新流程来说，这都是必需的，但也可以通过审查现有流程来完成。

我通常从构建一个价值流图开始，该图显示了各个步骤，执行这些步骤的人以及执行这些步骤所需的时间和可用的时间。在这张图上，我还列出了所做的工作，并试图详细说明工作背后的假设意图。

在此过程中，我注意到已知或潜在的失败领域。对于现有流程，这些可能包括遗漏或误解的细节、低质量的测量手段，或者某些可能违反要求背后意图的流程元素或细节。

同样值得关注的是流程本身的有效性以及其中的各种工件。例如，收集了什么证据？用于什么目的？它是否创造了足够的态势感知来使人做出明智的决定或从中学习？参与流程的人员是否具备履行职责和做出有效决策的能力？他们能自己做到这一点吗？还是需要某人/某处的支持？如果需要外部支持，该流程是否能确保安全性？

最后，我会为这个流程寻找审查机制，以便发现问题并进行改进。如果存在这些审查机制，谁来运行？多久运行一次？如何确定流程的有效性？如何改进？

对于管理层和领导治理项目的人来说，让流程可视化总是一种令人大开眼界的体验。大多数人根本没有意识到功能失调的程度，而是将注意力集中在更具体的活动上，如代码创建和部署。

14.3.3　提出合理的解决方案

发现问题并收集证据很棒。但是任何管理过团队或项目的人都知道，与其只是指出或抱怨问题，不如提出合理的问题解决方案。在治理交付问题或无法有效实现目标结果的情况下，这一点尤其重要。当一个建议是一个团队的努力成果，或者至少得到其他人的强烈支持时，提出合理的解决方案就更棒了。

最好的建议从概述治理过程的意图开始。你可以在需要时提出新的治理方案，也可以修复现有的治理方案。你不需要列出所有的细节，但请务必做好功课，以防被人挑战。

如果你要指出一个现有的治理问题，请突出显示有问题或遗漏的元素。概述当前的问题，无论是治理、造成的障碍、会议结果，还是态势感知和学习。可以举一些例子，但尽量简明扼要。

然后提出一些解决问题的方法。你的建议将如何解决这个问题？它是如何保持或提高整体治理效率的？请确保在治理意图方面立论清晰、基础扎实。

每当我这样做的时候，我从不一个人或与外界隔离。我总是试图找到那些自己感受到问题或对工作过程的有效性有强烈兴趣的人。这有助于建立信任，并可能加强建议，最终提高建议的有效性。

关于这方面的一个例子是恶意变更管理与自动化部署的矛盾。我经常看到公司在建立环境或配置清理之前自动执行部署，导致在将变更部署到生产环境时出现意外故障和未知状态。对此的常见反应是实施更严格的变更管理审批流程，其中包含更多步骤、文档和审批者。这些对解决根本问题几乎没有帮助（我经常称之为"随机部署到流沙上"）。相反，我发现了未知问题及其影响，并演示了新添加的流程对解决问题几乎没用。然后，我构建了一个分步的方法来解决潜在的问题（使底层基础设施和配置可感知又可从头开始自动重新创建，使打包和配置原子化等），并改革变更审批流程，使其更加有用。

有时你的建议一开始可能不会被接受。没关系，试着找出你提出的建议中存在的问题，看看是否有办法解决这些问题。

14.3.4　自动化与合规性

虽然工具肯定会引起问题，但它也确实有助于治理和需求合规性。流程将不可避免地需要随着时间的推移而发展，因此如果工具仅仅是一种对执行工作的人几乎没有价值的执行机制，这是没有意义的。相反，我试图将其自动化，使其变得灵活和有用，收集细节并提高透明度，这也可以用来帮助人们完成工作。将自动化作为一种灵活的辅助工具，使人们的生活更轻松，同时帮助他们以正确的方式完成任务，自动化会更频繁地使用而不仅仅作为一种变通手段。

例如，强迫人们将任务 ID 添加到代码合并流程中，一开始听起来可能很烦人；然而，当你尝试找出为特定的工作更改了哪些代码，或者你为什么要这样更改它时，它可以节省大量的时间和精力。如果你有严格的合规性要求、严格的安全审查，或者由于某种原因正在接受审计，那么任务 ID 也是一种非常方便的方式，可以自动生成所有文档和报告，这些文档和报告涉及了所做的工作、针对它运行的测试及其结果，以及创建了哪些包、何时发布。

另一个有用的自动化工具例子来自部署端。如果做得好，全自动部署可以让你确切地知道发布了什么以及在哪里进行了哪些变更，所有这些都不必担心潜在的变化、遗漏的步骤或手工执行的未经跟踪的额外工作。还可以对交付流水线进行配置，允许设置更改阈值，从而让正确的人用正确信息对高风险和高依赖的工作进行审查，并做出明智的决定，同时可以通过更少的控制来发布风险较低且不受监管的变更。

14.3.5　灵活应变，随时准备改进

无论你是个人贡献者、管理者还是负责治理的高管，都要铭记于心，实现良好治理的三个关键因素比你使用的手段更重要。有很多方法可以实现良好的治理。你的工作是与组织的其他成员合作，找出最适合你的方法。随着人员、服务、客户及其目标结果的变化，手段可能也需要随着时间的推移而改变和调整以弥补不足。

要做到这一点，你需要灵活变通。定期审查你的治理承诺、履行这些承诺的程度，以及你用于管理这些承诺的机制在多大程度上影响组织对你手段的响应能力和意识。为了提高你满足要求的能力，你可能需要不时地进行试验，或者放弃一个值得信赖的工具或流程，用一个新的工具或过程来代替它。

最后，你可能想使用一种新的工具或方式来做一些似乎与治理要求有冲突的事情。例如，一个团队的 DevOps 方法经常与职责分离的要求相冲突。综合考虑需求的意图和你自己的目标，大多数想要使用单团队 DevOps 模型的人都希望减少交付障碍，同时保持开发人员对运行服务的意识、响应能力和所有权。虽然你可能无法让每个人都同时做每件事，但你可以使用创造性的方法并使用工具创建组织结构，让它们实现你的愿望和需求的意图。

治理是许多 IT 交付和运营团队需要处理的重要且必要的元素，以帮助公司遵守各种

法律和法规要求。不幸的是，任何法律、法规和业务需求背后的潜在意图通常都不会被交付生态系统中那些本该遵守它的人传达，更不用说理解了。这往往导致不必要的烦琐治理、报告程序及控制措施，阻碍组织的态势感知和学习，并干扰组织实现目标成果的努力。这些问题不仅在交付团队中造成了相当大的挫败感，而且还被错误地视为采用 DevOps、持续交付工具和技术的不可逾越的障碍。

通过保证对法律和监管要求背后的意图有一个清晰和最新的理解，可以拥有足够的治理控制权，并允许交付团队建立一个交付生态系统，使他们能够有效地追求和交付重要的目标结果。